A Field Guide to Bryophytes in Korea

선태식물 관찰도감

A Field Guide to Bryophytes in Korea

Edited by Jin-Seok Kim, Sun-Yu Kim, Byoung-Yoon Lee,
Young-Jun Yoon, Seung-Se Choi and Byung-Yun Sun

Published by GeoBook Publishing Co.
Platinum 1015, 28, Saemunan-ro 5ga-gil, Jongno-gu, Seoul, 03170, KOREA
Tel: +82-2-732-0337, **Fax:** +82-2-732-9337, **E-mail:** geobookpub@naver.com

ISBN 978-89-94242-29-3 96480

Printed in Korea

A Field Guide to Bryophytes in Korea

한국 최초로 자생 이끼류
302종을 수록한 컬러도감

선태식물 관찰도감

국립생물자원관 지음

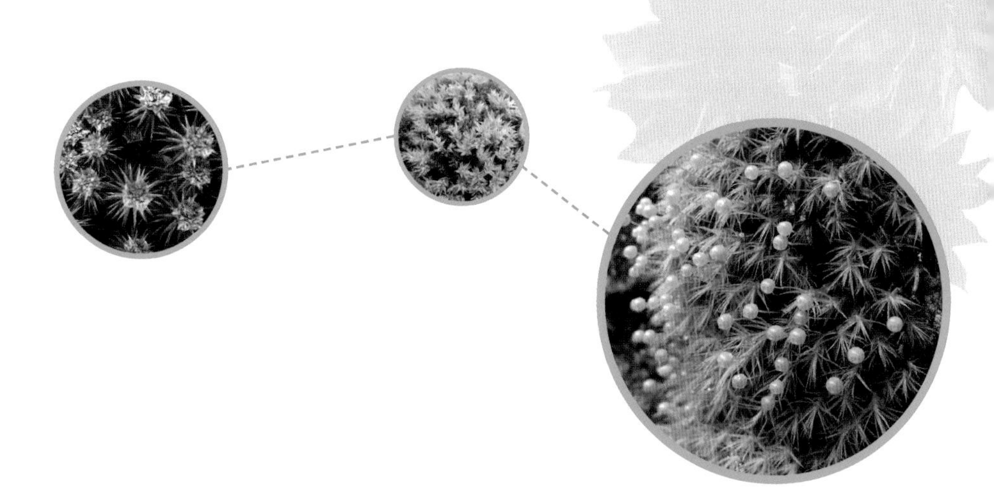

GEOBOOK 지오북

발간사

선태식물은 전 세계적으로 약 16,000분류군이 분포하는 것으로 알려져 있습니다. 비록 종의 수는 관속식물에 비해 적지만 극한 환경인 사막, 극지방을 포함해 전 지구의 다양한 생태계에서 지표면을 점유하여 생물종다양성을 안정화시키는 중요한 역할을 하고 있습니다. 또한 선태식물은 생육 가능한 환경적 범위가 좁아 특수한 환경에서만 분포한다든지, 반대로 선호하지 않는 조건에서는 전혀 나타나지 않는다든지 등의 민감성을 가지고 있습니다. 그래서 환경지표종으로 매우 높이 평가되고 있습니다.

인류는 예로부터 주변에 있는 선태식물을 약용, 건축재, 피복재 등으로 다양하게 이용하여 왔습니다. 최근에는 조경용, 포장재, 대체연료용, 천연물 시료 등의 산업화 소재로도 이용범위가 증가하고 있습니다. 국내에서도 농산물 포장용, 조경 소재로 자생종 일부가 이용되고 있으며, 원예용 보습재로 수요가 많은 물이끼류는 국외에서 대량으로 수입되기도 합니다.

자생 선태식물의 연구는 소수의 학자에 의해 이뤄져 왔기 때문에 다양한 분야에서 활용할 수 있는 자료가 많지 않은 것이 현실입니다. 최근 선태식물에 대한 일반인의 관심이 높아지고, 산업계에서도 폭넓게 활용하고자 하는 움직임이 나타나고 있습니다. 그러나 식별과 동정에 활용도가 높은 도해나 사진으로 구성된 선태식물도감의 부족으로, 야외 현장에서 자생 선태식물의 식별과 동

정에 많은 어려움을 겪고 있습니다. 이런 문제점으로 인해 분류학, 생태학, 생물지리학, 생물자원학 등의 연구분야로 저변 확대가 이뤄지지 않아 환경지표종 개발, 보호관리 대상종 지정 등 생물다양성의 보존 및 관리 측면에서도 선태식물이 제외되어 있는 경우가 많습니다. 또한 국외에서는 선태식물이 유전공학적 소재나 천연물 소재로 활용가치가 증가하고 있지만 국내에서는 선태식물의 상업적 이용이 포장용, 원예용 등 1차 산업 범주를 벗어나지 않는 것도 자생 선태식물에 대한 기초자료 부족이 그 원인 중 하나일 것입니다.

이번에 발간되는 『선태식물 관찰도감』은 국내 최초의 자생 선태식물 컬러도감이라는 점에서 큰 의미가 있습니다. 본 도감이 선태식물에 대한 관심을 증가시키고, 그 관심이 학술적, 상업적, 문화적 영역으로 보다 확대될 것을 기대합니다. 마지막으로 그동안 『선태식물 관찰도감』 발간을 위해 노고를 아끼지 않으신 많은 연구자들과 감수를 맡아주신 전문가들께 깊은 감사를 드립니다.

2013년 9월 30일

국립생물자원관장

차례

* 표시는 유사종

태류식물문

각태류식물문

일러두기

1. 종

국내에서 자생하는 선태식물 가운데 비교적 쉽게 관찰할 수 있는 종으로 선별하였다. 표제종 251종과 유사종 51종을 포함하여 총 302종의 선태식물을 수록하였다.

2. 분류체계

『한국동식물도감: 제24권 식물편(선태류)』(최, 1980)을 근간으로 발간된 『국가 생물종 목록집(선태류)』(국립생물자원관, 2011)의 분류체계를 따랐다. 과와 속 내의 배열순서는 알파벳순으로 정리하였지만, 일부 편집 과정에서 불가피하게 약간의 변동이 있었다.

3. 용어

우리말 표현을 사용하는 것을 원칙으로 하였으나, 학술적인 선태식물의 형태 용어는 『한국동식물도감: 제24권 식물편(선태류)』(최, 1980)을 참조하였다.

4. 학명과 국명

학명과 국명은 『국가 생물종 목록집(선태류)』(국립생물자원관, 2011)를 기준으로 정리하였다.

5. 기재문

『Illustrated Moss Flora of Japan』(Noguchi, 1987~1991) 1~4권과 『한국동식물도감: 제24권 식물편(선태류)』(최, 1980)을 참조하여 정리하였으며, 『선태식물 관찰도감』의 제작 취지를 감안하여 현미경적 세부 형태 형질에 대한 기재는 가급적 제외하였다. 기재문과 별도로 현장에서 식별이 쉽도록 유사종과의 구분법을 제시하였다.

6. 생육지 및 분포

『한국동식물도감: 제24권 식물편(선태류)』(최, 1980)을 바탕으로 정리하였고, 『Illustrated Moss Flora of Japan』(Noguchi, 1987~1991) 1~4권과 최근 발표된 문헌을 이용하여 보완·수정하였다.

7. 사진

기본적으로 종당 생태사진 3장과 현미경사진 1장으로 구성하였고, 유사종 사진을 포함하여 총 1,080여 장을 수록하였다. 선태식물은 건조 시 마른 형태도 식별에 유용한 형질인 점을 감안하여 가급적이면 마른 모습의 사진도 수록하였으며, 잎의 주요 형질(가장자리 치돌기, 잎맥)에 대한 이해를 돕기 위해 현미경사진을 함께 제시하였다.

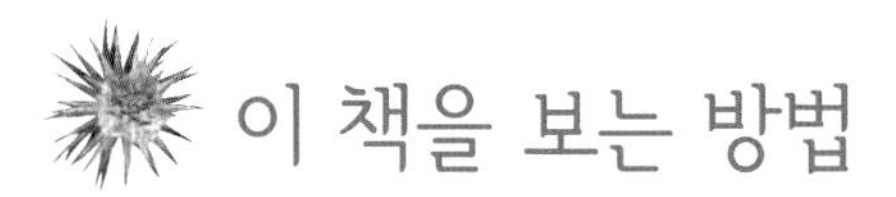

이 책을 보는 방법

선류식물문 | 물이끼과 Sphagnaceae

물이끼

학명 : *Sphagnum palustre* L.
생육지 : 주로 산지 습지 주변에 생육하며 간혹 습한 산지 사면이나 바위지대에서도 모여 자란다.
형태 : 식물체는 백록색~연한 녹색이며, 줄기는 보통 길이가 10~20cm이다. 가지는 줄기 끝에서 3~5개가 뭉쳐나며 2~3개는 크고 1~2개는 작다. 줄기잎은 혀모양이며 끝이 고르지 못하고 길이 1.3mm 정도이다. 가지잎은 길이 1.5~2.0mm이고 넓은 타원형~넓은 난형이며 비늘모양으로 겹쳐난다. 잎가장자리는 안쪽으로 말리고 매우 작은 치돌기가 있다. 암수딴그루이지만 삭은 드물게 생긴다. 수그루는 가지가 황색 또는 약간 적색이다. 암포엽은 넓은 난형이며 끝부분 가장자리는 백색이다.
유사종과의 구분법 : 물이끼속(*Sphagnum*)의 다른 종과는 주로 세포형질로 동정이 이루어지기 때문에 육안으로는 동정하기 쉽지 않다. 물이끼는 백록색~연한 녹색이며, 가지잎이 넓은 타원형~넓은 난형이고 잎가장자리에 작은 치돌기가 있는 것이 주요 특징이다.
세계분포 : 전 세계
국내분포 : 북한(대백, 장진, 차일봉), 경기(수리산, 칠보산), 경남(지리산), 전남(대둔산, 해남)

경기 수원시, 2013.9.25

가지잎

잎, 경기 수원시, 2013.9.25

전남 해남군, 2012.4.4

18 선태식물 관찰도감

강원 평창군, 2012.8.16

가지잎

강원 평창군, 2012.8.16

산림물이끼, 백두산 원지, 2011.6.2

선류식물문 | 물이끼과 Sphagnaceae

가는잎물이끼

학명 : *Sphagnum girgensohnii* Russow
생육지 : 주로 아고산대 산지의 부식토 위에 모여 자란다.
형태 : 식물체는 중~대형이고, 줄기는 보통 길이 15~20cm 정도 자란다. 습하고 그늘진 곳에서는 녹색을 띠지만 양지에서는 흔히 황갈색이고 건조하면 백색~백녹색을 띤다. 가지는 줄기 끝에서 보통 4~5개씩 두상으로 모여나며 2개는 줄기 옆으로 개출하고 나머지는 가늘고 길어 아래로 처져 달린다. 줄기잎은 혀모양~넓은 혀모양~혀모양상 주걱형이고 길이 0.8~1.3mm이며 끝은 넓고 편평하다. 가지잎은 난상 피침형~난형이며 가장자리는 안쪽으로 강하게 말린다.
유사종과의 구분법 : 붉은빛이 돌지 않으며, 줄기잎이 혀모양으로 끝이 편평하고 작은 치돌기가 있으며 가지잎 상반부가 안쪽으로 강하게 말리는 것이 특징이다. **산림물이끼(*S. capillifolium*)**는 가는잎물이끼에 비해 전체가 붉은빛(적갈색)이 도는 게 특징이며, 주로 고층습지의 수분이 많은 곳에서 자란다.
세계분포 : 북반구
국내분포 : 북한(금강산, 백두산, 포태산), 강원(설악산, 두타산, 평창, 화천)

19

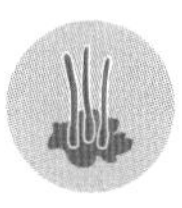

선류 태류 각태류

선태식물이란?

흔히 이끼류를 말한다. 포자로 번식을 하는 통도조직(관다발)이 분화되지 않은 비관다발 식물이다. 그래서 선태식물은 관속식물과 달리 진정한 의미의 잎과 줄기가 분화되지 않은 식물이다. 하지만 관습적으로 잎과 줄기라는 용어를 선태식물에서도 사용하고 있다. 일부 선태식물학자들은 관속식물의 잎, 줄기와 구분하기 위하여 선태식물에서만 적용되는 새로운 용어를 제안하기도 한다. 선태식물은 크게 선류, 태류 그리고 각태류로 구분하며 전 세계적으로 14,000~16,000종이 분포하는 것으로 알려져 있다. 선태식물은 줄기, 잎, 헛뿌리로 이뤄져 있다. 대부분의 선태식물은 줄기와 잎이 분화된 경엽체의 형태이지만 우산이끼류나 뿔이끼류와 같이 잎과 줄기가 분화되지 않은 엽상체를 보이기도 한다. 헛뿌리는 수분, 흡수작용이 거의 없으며 다른 물체를 붙잡거나 줄기를 지탱하는 역할을 주로 한다. 생활사는 배우체세대와 포자체세대의 두 단계로 구분된다. 배우체세대는 우리가 흔히 보는 이끼류의 식물체이며, 경엽체 또는 엽상체의 형태로 살아간다. 포자체세대는 정자와 난자가 수정하여 만들어지는 접합자가 배우체 위에서 발아하여 포자체가 된다. 포자체는 포자낭을 만들며 그 안에서 포자가 생성된다. 포자가 발아하면 새로운 배우체가 만들어진다. 배우체는 엽록체가 있어서 독립영양생활을 하며 포자체는 배우체에 부착되어 물과 영양분을 의존한다. 선류, 태류 그리고 각태류의 일반적인 주요 특징은 다음과 같다.

선류(mosses) 잎은 잎맥이 있고 세포 내에 기실 및 유체가 발달하지 않는다. 삭은 보통 삭개가 떨어지며, 삭과 삭병이 오래 유지된다. 삭 내에는 기공과 축주가 있고 탄사는 없다.
태류(liverworts) 잎은 잎맥이 없고 세포 내에 기실 및 유체가 발달한다. 삭에는 삭치와 삭개가 없으며, 삭과 삭병은 2~3일 후 녹아내린다. 삭 내에는 기공과 축주가 없고 탄사는 있다.
각태류(hornworts) 태류에 비해 엽상체의 조직이 분화되지 않으며 유체와 화피가 없다. 삭병이 없으며, 삭 내에는 엽록체와 기공이 있다.

한국의 선태식물 현황

	선태식물(Bryophytes)			계 (Total)
	선류식물문 (Bryophyta)	태류식물문 (Marchantiophyta)	각태류식물문 (Anthocerotophyta)	
과(Families)	50	41	2	93
속(Genera)	194	84	3	281
종(Species)	587	260	4	851
아종(Subspecies)	2	7	–	9
변종(Varieties)	33	10	–	43
분류군(Taxa)	622	277	4	903

※『국가 생물종 목록집(선태류)』(국립생물자원관, 2011) 기준

선태식물의 구조

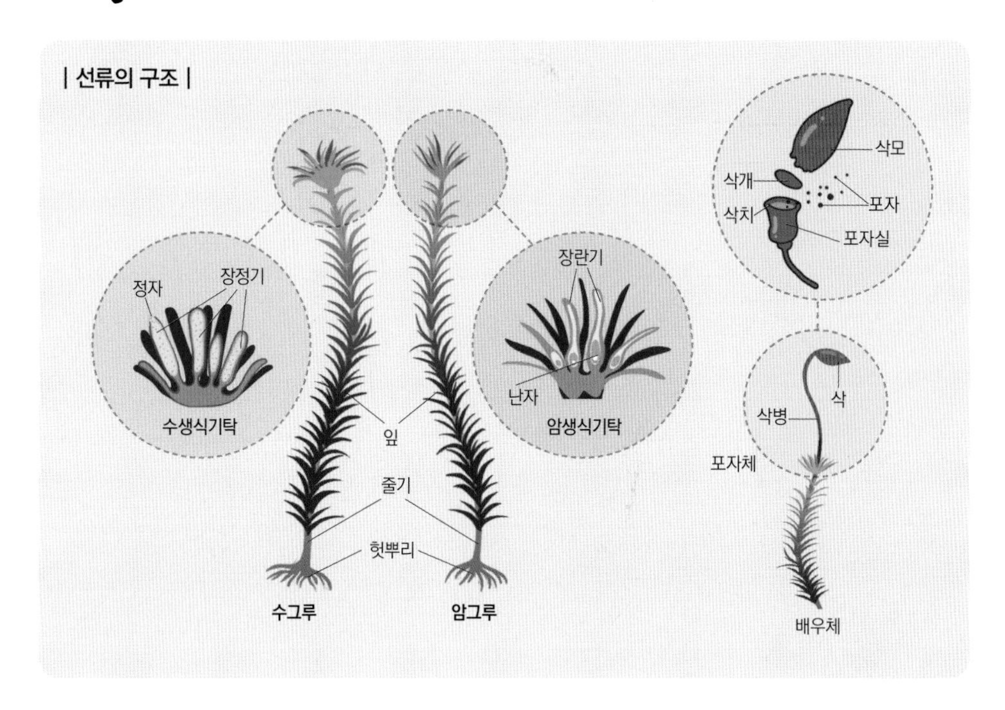

| 선류의 구조 |
정자
장정기
수생식기탁
잎
줄기
헛뿌리
수그루
암그루
장란기
난자
암생식기탁
삭모
삭개
포자
삭치
포자실
삭
삭병
포자체
배우체

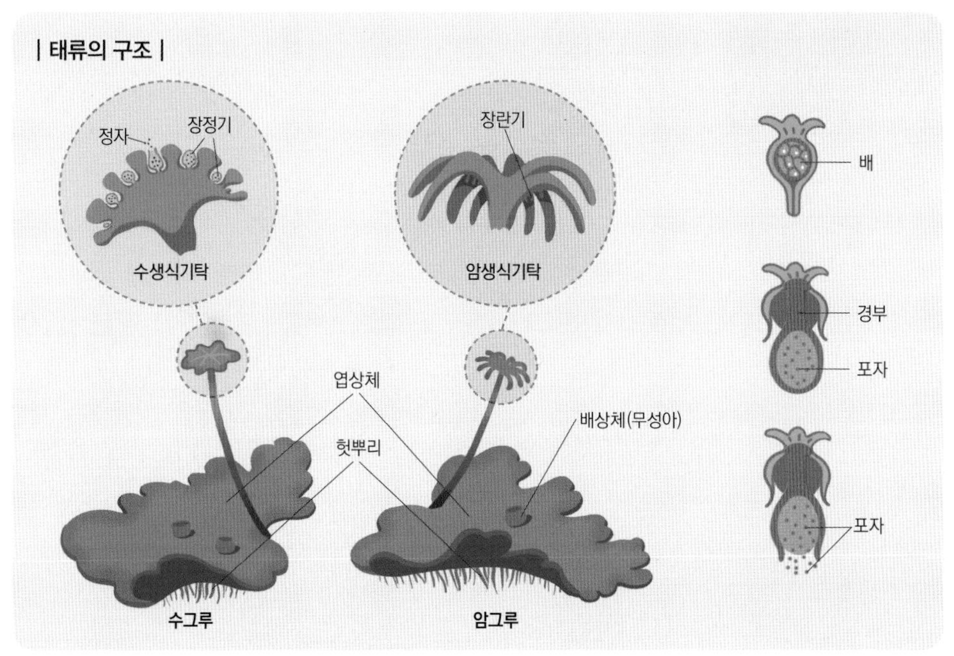

| 태류의 구조 |
정자
장정기
수생식기탁
장란기
암생식기탁
엽상체
헛뿌리
배상체(무성아)
수그루
암그루
배
경부
포자
포자

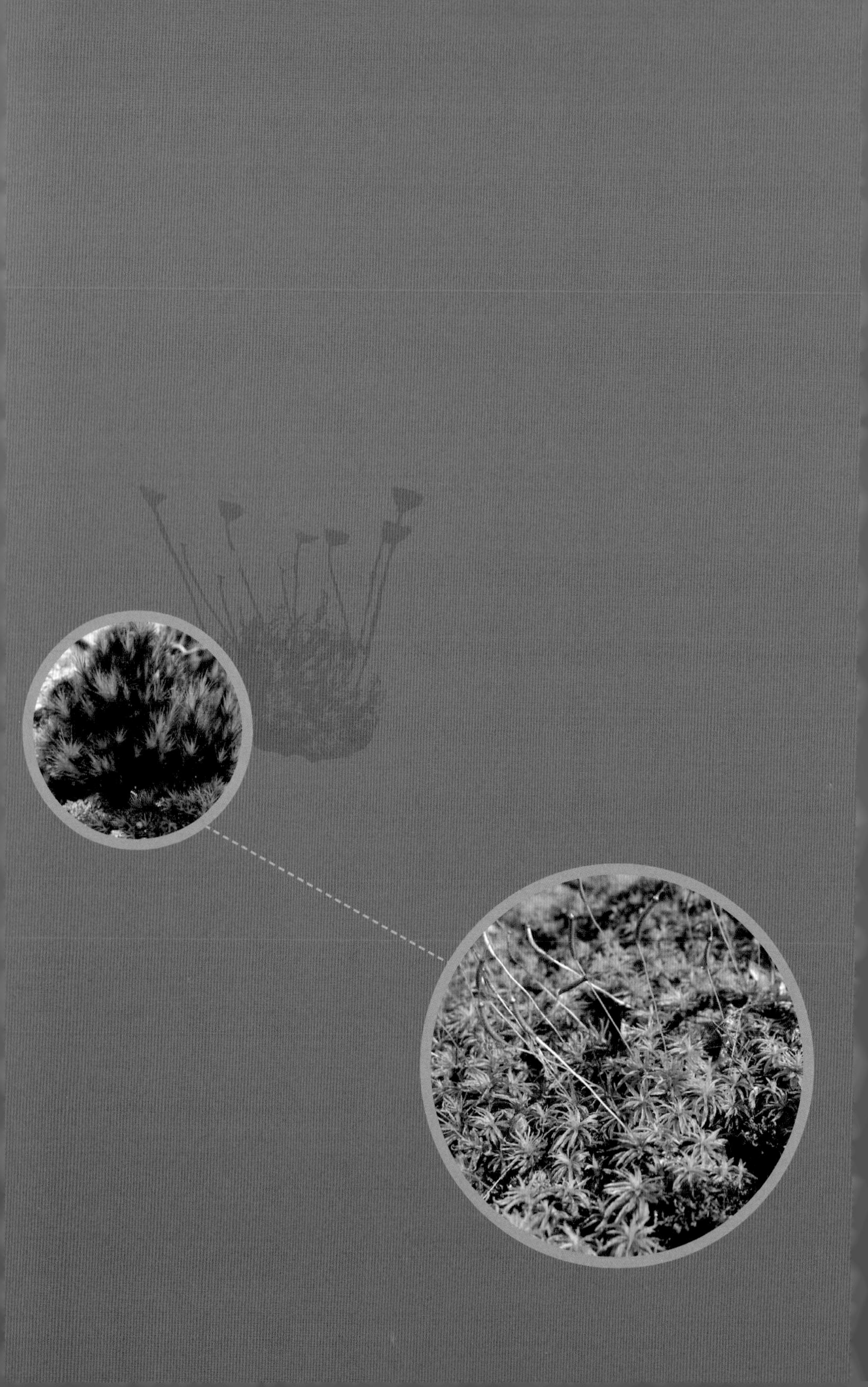

B r y o p h y t a

선류식물문

경기 수원시, 2013.9.25

물이끼

학명 : *Sphagnum palustre* L.

생육지 : 주로 산지 습지 주변에 생육하며 간혹 습한 산지 사면이나 바위지대에서도 모여 자란다.

형태 : 식물체는 백록색~연한 녹색이며, 줄기는 보통 길이가 10~20cm이다. 가지는 줄기 끝에서 3~5개가 뭉쳐나며 2~3개는 크고 1~2개는 작다. 줄기잎은 혀모양이며 끝이 고르지 못하고 길이 1.3mm 정도이다. 가지잎은 길이 1.5~2.0mm이고 넓은 타원형~넓은 난형이며 비늘모양으로 겹쳐난다. 잎가장자리는 안쪽으로 말리고 매우 작은 치돌기가 있다. 암수딴그루이지만 삭은 드물게 생긴다. 수그루는 가지가 황색 또는 약간 적색이다. 암포엽은 넓은 난형이며 끝부분 가장자리는 백색이다.

유사종과의 구분법 : 물이끼속(*Sphagnum*)의 다른 종과는 주로 세포형질로 동정이 이루어지기 때문에 육안으로는 동정하기 쉽지 않다. 물이끼는 백록색~연한 녹색이며, 가지잎이 넓은 타원형~넓은 난형이고 잎가장자리에 작은 치돌기가 있는 것이 주요 특징이다.

세계분포 : 전 세계

국내분포 : 북한(대택, 장진, 차일봉), 경기(수리산, 칠보산), 경남(지리산), 전남(대둔산, 해남)

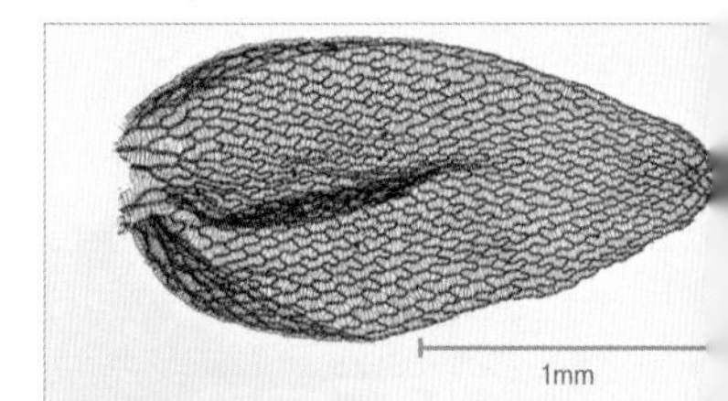

가지잎

잎, 경기 수원시, 2013.9.25

전남 해남군, 2012.4.4

강원 평창군, 2012.8.16

가는잎물이끼

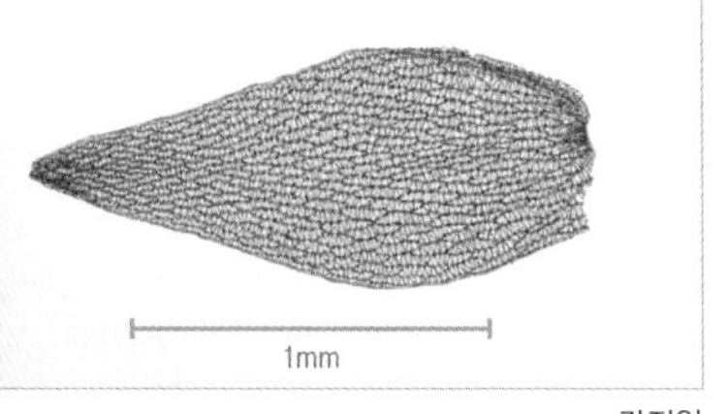

가지잎

강원 평창군, 2012.8.16

산림물이끼, 백두산 원지, 2011.6.2

학명 : *Sphagnum girgensohnii* Russow
생육지 : 주로 아고산대 산지의 부식토 위에 모여 자란다.
형태 : 식물체는 중~대형이고, 줄기는 보통 길이 15~20cm 정도 자란다. 습하고 그늘진 곳에서는 녹색을 띠지만 양지에서는 흔히 황갈색이고 건조하면 백색~백녹색을 띤다. 가지는 줄기 끝에서 보통 4~5개씩 두상으로 모여나며 2개는 줄기 옆으로 개출하고 나머지는 가늘고 길어 아래로 처져 달린다. 줄기잎은 혀모양~넓은 혀모양~혀모양상 주걱형이고 길이 0.8~1.3mm이며 끝은 넓고 편평하다. 가지잎은 난상 피침형~난형이며 가장자리는 안쪽으로 강하게 말린다.
유사종과의 구분법 : 붉은빛이 돌지 않으며, 줄기잎이 혀모양으로 끝이 편평하고 작은 치돌기가 있으며 가지잎 상반부가 안쪽으로 강하게 말리는 것이 특징이다. **산림물이끼(*S. capillifolium*)**는 가는잎물이끼에 비해 전체가 붉은빛(적갈색)이 도는 게 특징이며, 주로 고층습지의 수분이 많은 곳에서 자란다.
세계분포 : 북반구
국내분포 : 북한(금강산, 백두산, 포태산), 강원(설악산, 두타산, 평창, 화천)

경남 밀양시, 2011.12.9

검정이끼

학명 : *Andreaea rupestris* var. *fauriei* (Besch.) Takaki

생육지 : 주로 아고산~고산대 산지의 바위에 모여 자라며, 간혹 나무줄기에 붙어 자라기도 한다. 고산에 자라는 대표적인 북방계 이끼이다.

형태 : 식물체는 적갈색~흑갈색~흑자색이며, 줄기는 높이 1~2cm 정도 자란다. 잎은 난형~난상 타원형이고 길이 0.6~0.8mm이며 끝은 둔하고 잎맥은 없다. 잎 중앙부가 안으로 약간 오므라져서 전체적으로 바이올린모양이다. 암수딴그루이지만 간혹 암수한그루인 것도 있다. 암포엽은 보통 잎보다 훨씬 크며 잎집모양으로 되어 있다. 포자체는 가지 끝에 생기며 삭은 길이 0.8mm 정도이고 난상 타원형이며 포엽 상부가 약간 돌출된다. 삭은 4열하고 끝이 잘 떨어지지 않으며 마르면 전체적으로 둥글게 굽어지고 습기가 있으면 길게 뻗는다. 삭병은 길이 1.6mm 정도이다. 삭개와 삭치는 없다. 삭모는 작고 빨리 떨어진다.

유사종과의 구분법 : 검정이끼는 흔히 흑자색을 띠고, 삭이 4열하며 끝이 붙어 있는 것이 특징이다.

세계분포 : 한국, 중국, 일본

국내분포 : 북한(관모봉, 금강산, 차일봉), 강원(두타산, 설악산), 경남(가야산, 지리산, 천황산), 제주(한라산)

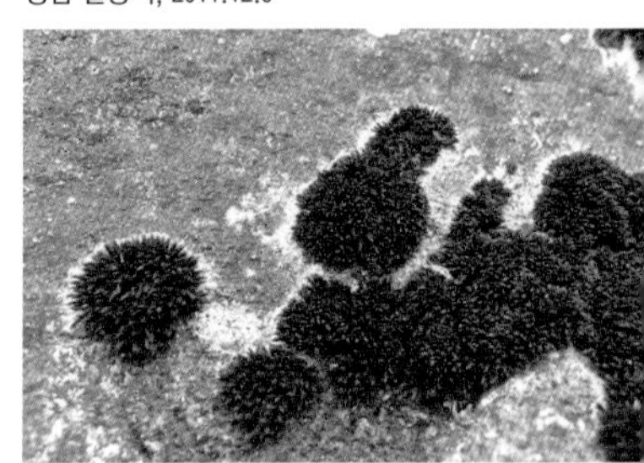

경남 밀양시, 2011.12.9

강원 설악산, 2012.8.7

삭, 경남 밀양시, 2010.5.12

경남 밀양시, 2012.12.11

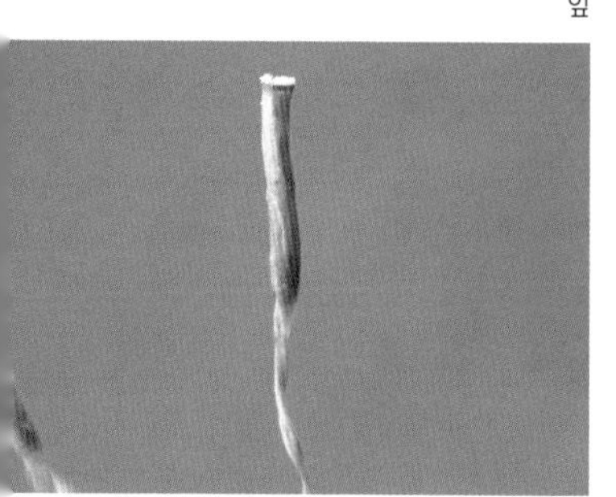

1mm

잎

삭, 경남 밀양시

경남 밀양시, 2012.5.12

아기주름솔이끼

학명 : *Atrichum rhystophyllum* (Müll. Hal.) Paris
생육지 : 주로 민가 또는 산지의 반음지 땅 위에 모여 자란다.
형태 : 식물체는 흔히 어두운 녹갈색이지만 오래된 것은 적갈색으로 변한다. 줄기는 높이 0.5~2.0cm이다. 잎은 길이 6mm 이하이고 선상 피침형~피침형이며 가장자리는 다소 물결진다. 가장자리는 상반부에 치돌기가 있으며 잎맥의 배면에는 작은 치돌기가 있다. 암수딴그루이다. 삭은 길이 2.0~2.5mm이고 좁은 원통형이며 약간 굽는다. 삭병은 길이 2cm 정도이고 황색이며 1개의 줄기에 1(~2)개씩 달린다.
유사종과의 구분법 : 주름솔이끼(*A. undulatum*)와 비슷하지만 보다 작고 잎의 길이가 6mm 이하로 작은 것이 다른 점이다.
세계분포 : 한국, 중국, 일본, 러시아(시베리아), 유럽
국내분포 : 경남(밀양), 제주(한라산)

대구, 2013.3.23

주름솔이끼

학명 : *Atrichum undulatum* (Müll. Hal.) Paris var. *undulatum*
생육지 : 민가 주변 또는 산지의 땅 위에 모여 자란다. 해발이 낮은 곳부터 높은 곳에 이르기까지 넓게 분포한다.
형태 : 줄기는 곧게 서고 높이 4cm 정도까지 자라며 보통 단생한다. 기부에는 헛뿌리가 빽빽이 난다. 잎은 피침형이고 기부가 가장 넓다. 잎과 잎맥의 배면에는 가시 같은 치돌기가 있다. 잎가장자리는 양쪽에 주름이 많고 상반부에 겹으로 된 치돌기가 있다. 줄기 아래쪽 잎은 작고 인편모양이다. 암수딴그루이다. 삭은 원통형이며 약간 굽어져 있다. 삭병은 길이 2.5~4.0cm이며 보통 1개가 착생하고 적갈색이다. 삭치는 32개이며 피침형이고 삭개는 긴 부리가 있는 반구형이다. 삭모는 고깔모양이고 끝부분에 가는 치돌기가 있다.
유사종과의 구분법 : 넓은주름솔이끼(var. *gracilisetum*)는 주로 북부지방에 분포하며, 주름솔이끼에 비해 삭병이 1개의 줄기에서 2~3개씩 모여나며, 잎이 약간 더 넓다.
세계분포 : 한국, 중국, 일본, 아프리카, 북아메리카
국내분포 : 전국

잎

마른 모습, 대구, 2013.3.23

전북 진안군, 2012.12

넓은주름솔이끼, 경북 의성군, 2011.4.8

넓은주름솔이끼, 잎

넓은주름솔이끼, 잎, 경북 의성군, 2011.4.8

넓은주름솔이끼, 강원 설악산, 2011.8.12

강원 계방산, 2012.8.31

들솔이끼

학명 : *Pogonatum neesii* (Müll. Hal.) Dozy

생육지 : 민가 주변, 길가, 들 또는 산지의 반음지 땅 위에 모여 자란다. 아기들솔이끼와 생육환경이 비슷하지만 음지를 선호하는 편이다.

형태 : 식물체는 약간 회색빛이 도는 녹색이며, 줄기는 높이 1~5cm이다. 잎은 길이 3~6mm이고 선상 피침형이다. 끝은 뾰족하고 가장자리는 날카로운 치돌기가 있다. 잎맥은 녹색이고 잎끝까지 도달한다. 삭은 길이 3~5mm이고 짧은 원통형이다. 삭병은 15~25mm이고 짙은 갈색이다. 삭모는 길이 4mm 정도이고 긴 털로 덮여 있으며 삭을 완전히 덮는다.

유사종과의 구분법 : 아기들솔이끼(*P. inflexum*)와 외부형태가 매우 유사하기 때문에 정확히 동정하기 위해서는 세포 횡단면의 끝세포 모양을 관찰해야 한다. 아기들솔이끼에 비해 건조 시 잎이 심하게 구부러지지 않는다.

세계분포 : 한국, 일본, 타이완

국내분포 : 전국

잎

잎, 강원 계방산, 2012.8.31

삭, 강원 계방산, 2012.8.31

경남 밀양시, 2010.5.12

마른 모습, 경남 밀양시, 2011.12.9

경남 산청군, 2011.5.6

아기들솔이끼

학명 : *Pogonatum inflexum* (Lindb.) Sande Lac.

생육지 : 다소 습한 밭둑, 길가, 민가 주변 또는 산지의 건조한 땅 위에 흔히 모여 자란다. 햇볕이 잘 드는 곳을 선호한다.

형태 : 식물체는 약간 회색을 띤 녹색이다. 줄기는 높이 1~5cm이며 가지는 거의 갈라지지 않는다. 잎은 길이 3~6mm 정도이고 선상 피침형이며 잎맥은 잎끝까지 있다. 끝은 뾰족하며, 가장자리에 날카로운 치돌기가 있다. 잎이 마르면 안으로 말리며 심하게 구부러져 갈고리모양으로 서로 엉키게 된다. 암수딴그루이다. 수그루는 암그루보다 작다. 삭은 길이 3.5~4.5mm 정도이고 원통형이며 곧추서고 표면에 유두상 돌기가 빽빽이 난다. 삭병은 길이 2.5~3.5cm이고 적갈색이다. 삭모는 긴 털로 덮여있고 삭을 완전히 덮는다. 삭개는 길이 1.3mm 정도이다. 삭치는 32개이다.

유사종과의 구분법 : 들솔이끼(*P. neesii*)와 비슷하지만 잎이 보다 얇으며 건조시 잎이 심하게 구부러져서 엉키는 것이 다른 점이다.

세계분포 : 한국, 중국, 일본, 타이완, 몽골, 러시아(남부)

국내분포 : 전국

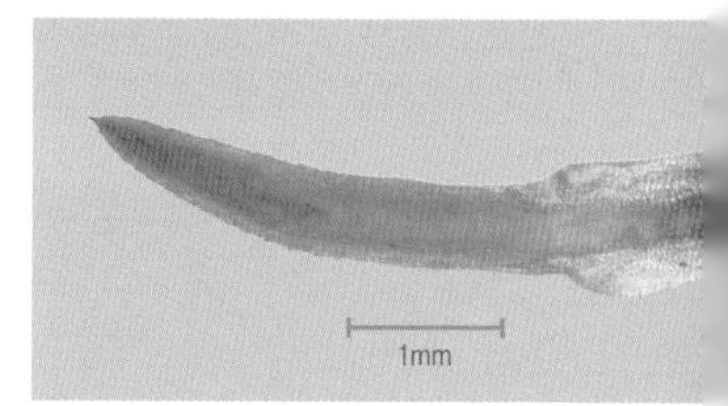

잎

삭, 경남 산청군, 2011.5.6

마른 모습, 경남 산청군, 2011.5.6

강원 동해시, 2011.9.15

강원 삼척시, 2011.9.16

제주, 2013.3.25

마른 모습, 제주, 2013.3.25

그늘들솔이끼

학명 : *Pogonatum contortum* (Menzies ex Brid.) Lesq.
생육지 : 산지의 다소 습한 반음지 땅 위에서 모여 자란다.
형태 : 식물체는 짙은 녹색이고 높이 10cm 정도까지 자라며, 들솔이끼류 중 비교적 큰 편에 속한다. 잎은 건조시 엉성하게 말리는 편이다. 잎은 길이 4~9mm이고 선상 피침형~피침형이며 끝부분은 뾰족하고 기부는 난형으로 다소 넓다. 잎의 중앙부는 너비 1mm 정도이고 기부는 너비 1.4mm 정도이다. 가장자리에는 기부를 제외한 전체에 갈색 빛이 도는 날카로운 치돌기가 있다. 암수딴그루이다. 삭은 길이 2.5mm 정도이고 좁은 난형이며 곧추선다. 수그루는 암그루에 비해 잎의 길이가 짧고 개수도 적은 편이다.
유사종과의 구분법 : 들솔이끼속(*Pogonatum*)의 다른 종에 비해 잎이 녹색이고 건조시 엉성하게(심하지 않게) 안으로 굽으며 엽초의 상부 가장자리에 수 개의 뚜렷한 치돌기가 있는 것이 특징이다.
세계분포 : 한국, 중국, 일본, 러시아(동부), 북아메리카(서부)
국내분포 : 북한(관모봉, 금강산, 백두산, 차일봉, 한대리), 강원(계방산, 석병산, 설악산, 동해, 삼척), 경남(지리산), 제주(한라산)

경남 밀양시, 2012.12.11

침들솔이끼

학명 : *Pogonatum spinulosum* Mitt.

생육지 : 산지나 들의 약간 그늘진 땅 위에 모여 자란다.

형태 : 식물체는 녹색~황록색의 원사체 형태로 땅 위에 깔려 있다. 줄기는 매우 짧고 약간의 잎이 곧고 빽빽이 난다. 아래쪽의 잎은 소수이고 넓은 난형~심장형이며 적갈색이다. 끝은 길게 뾰족하고 상부에 치돌기가 있다. 위쪽의 잎은 8mm 이하이고 피침형이며 가장 크다. 잎끝은 뾰족하고 상부 가장자리에 치돌기가 있다. 잎맥은 갈색이고 잎끝에 돌출한다. 삭은 길이 3~5mm이고 타원형이다. 삭모는 삭을 거의 전체적으로 덮고 표면에 긴 털이 빽빽이 난다. 삭병은 30mm 정도이다.

유사종과의 구분법 : 줄기가 매우 짧고, 잎이 소수이며, 땅 위에 숙존하는 녹색의 원사체를 형성하는 것이 특징이다.

세계분포 : 한국, 중국, 일본, 러시아(동부), 필리핀

국내분포 : 전국

어린 포자체, 경남 밀양시, 2011.7.13

잎과 암포엽, 경남 밀양시, 2011.5.6

원사체, 경남 밀양시, 2011.5.6

경기 연천군, 2012.8.27

잎

산들솔이끼

학명 : *Pogonatum urnigerum* (Hedw.) P. Beauv.

생육지 : 아고산대 이하 건조한 햇볕이 잘 드는 땅 위 또는 바위틈에 모여 자란다.

형태 : 식물체는 회록색이거나 갈색이며, 줄기는 높이 3cm 정도까지 자라고 윗부분 가지가 2~3개로 갈라지기도 한다. 잎은 건조하면 줄기에 압착하지만 구부러지지는 않는다. 잎은 길이 6~10mm이고 선상 피침형이며 비교적 넓은 편이다. 끝은 뾰족하고 상반부 가장자리에 거친 치돌기가 있다. 암수딴그루이다. 삭은 길이 2.5~3.5mm이고 원통형이며 거의 곧추서서 달린다. 삭병은 길이 25~30mm이고 갈색~적갈색이다. 삭모는 길이 4.9mm 정도이고 긴 털이 빽빽이 난다.

유사종과의 구분법 : 줄기가 흔히 2(~3)개로 갈라지며, 잎이 건조해도 구부러지지 않는 것이 특징이다.

세계분포 : 북반구

국내분포 : 전국

삭, 경기 연천군, 2012.11.14

마른 모습, 전북 진안군, 2011.4

강원 홍천군, 2012.8.9

산솔이끼

학명 : *Polytrichastrum alpinum* (Hedw.) G. L. Sm.
생육지 : 높은 산지의 반음지 땅 위 또는 흙이 약간 덮인 바위 위에 모여 자란다.
형태 : 식물체는 녹색~진한 녹색이다. 줄기는 높이 4~10(~15)cm이고 가지가 갈라지기도 하며 곧추선다. 잎은 건조하면 줄기에 강하게 압착하지만 구부러지지는 않는다. 잎은 길이 4~8mm이고 선상 피침형이며 뒤로 약간 젖혀진다. 기부는 타원형~난형이며 끝은 매우 뾰족하고 가장자리는 뾰족한 치돌기가 있다. 암수딴그루이다. 삭은 길이 3~5mm 정도이고 짧은 원통형~긴 원통형이며 열은 황갈색~갈색이고 성숙해도 끝이 하늘로 곧추서지 않는다. 삭병은 길이 3~5mm이고 갈색이다.
유사종과의 구분법 : 큰솔이끼(*Polytrichum formosum*)와 비슷하지만 삭이 4각지지 않는 원통형인 것이 다른 점이다.
세계분포 : 전 세계
국내분포 : 전국

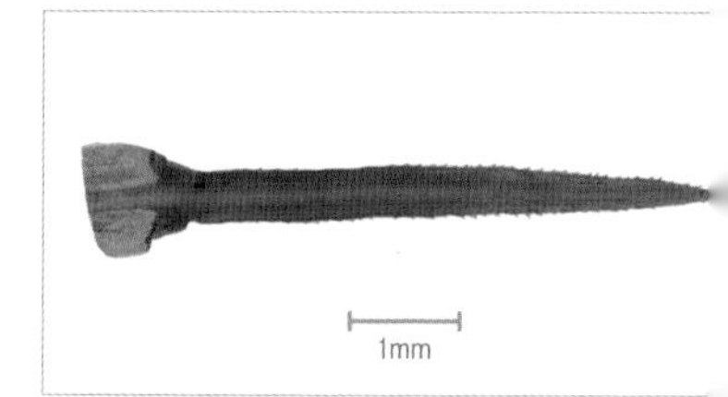

잎

마른 모습, 강원 횡성군, 2012.5.13

잎, 경기 연천군, 2012.4.29

암그루, 백두산, 2011.6.2

솔이끼

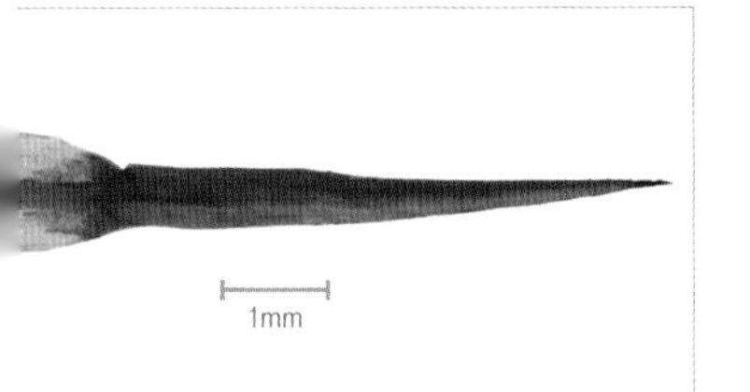

잎

수그루, 백두산, 2011.6.2

잎, 제주 한라산, 2012.11.14

학명 : *Polytrichum commune* Hedw.

생육지 : 산지의 습지나 늪 또는 양지의 점토질 토양에 모여 자란다.

형태 : 식물체는 녹색~진한 녹색이고 대형이며, 줄기는 높이 5~20(~30)cm이고 곧추선다. 가지는 거의 갈라지지 않는다. 윗부분의 잎은 녹색이지만 아랫부분의 잎은 갈색으로 변한다. 잎은 건조하면 줄기에 압착하여 붙지만 심하게 구부러지지는 않는다. 잎은 길이 6~12mm이고 선상 피침형이며 끝은 뾰족하다. 가장자리에는 뾰족한 치돌기가 있으며 잎맥은 잎 끝을 지나 짧게 돌출한다. 암수딴그루이다. 수그루는 암그루에 비해 가늘다. 삭은 길이 3.5~4.0mm이고 뚜렷이 각진 직사각형이며 경부가 심하게 잘록하다. 삭병은 길이 5~7(~10)cm이고 단단하며 갈색이다.

유사종과의 구분법 : 잎가장자리에 뾰족한 치돌기가 있으며, 삭의 경부가 심하게 잘록한 것이 특징이다.

세계분포 : 북반구

국내분포 : 전국에 드물게 분포

강원 화천군, 2012.8.2

큰솔이끼

학명 : *Polytrichum formosum* Hedw.

생육지 : 산지의 반음지 땅 위 또는 흙이 약간 덮인 바위 위에 모여 자란다.

형태 : 식물체는 황갈색~진한 녹색이며, 줄기는 높이 5~13(~20)cm이고 거의 갈라지지 않는다. 잎은 길이 7~11mm이고 평탄한 선상 피침형이며 기부는 난형이다. 끝은 매우 뾰족하고 가장자리에는 날카로운 치돌기가 기부를 제외한 전체에 있다. 잎은 마르면 줄기에 압착하여 붙지만 구부러지지는 않는다. 암수딴그루이다. 수그루와 암그루는 모양이 비슷하다. 삭은 길이 4~7mm 정도이고 뚜렷이 4각지며 옅은 황갈색~갈색이고 약간 경사져서 달린다. 삭병은 3~6mm이고 황색~적갈색이다.

유사종과의 구분법 : 산솔이끼(*Polytrichastrum alpinum*)와 비슷하지만 삭이 뚜렷이 4각지는 것이 다른 점이다.

세계분포 : 북반구

국내분포 : 전국

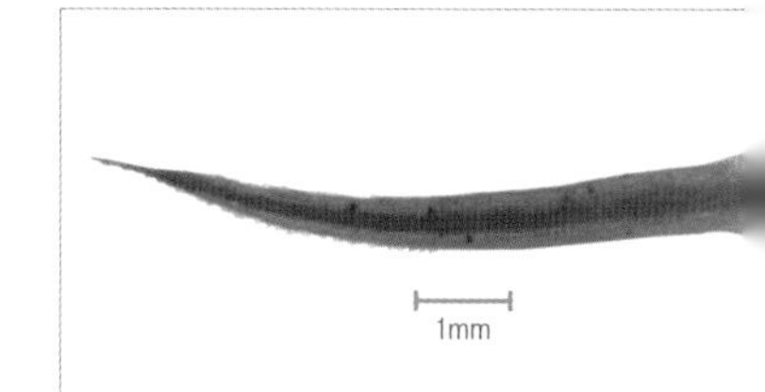

잎

삭, 강원 화천군, 2012.8.2

잎, 전남 해남군, 2012.4.4

잎, 강원 홍천군, 2012.8.9

경기 연천군, 2012.8.27

수그루, 경기 포천시, 2011.5.10

향나무솔이끼

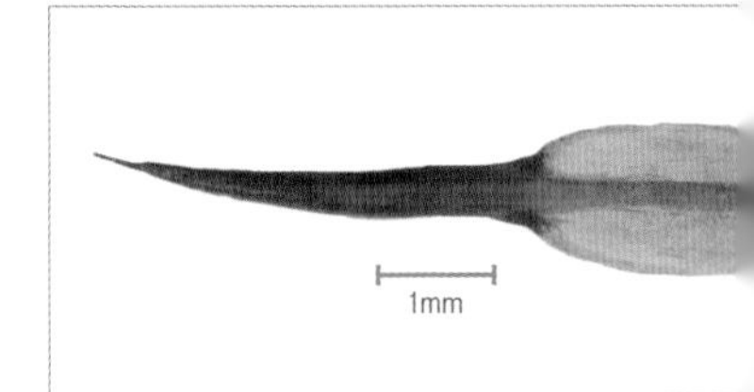

잎

학명 : *Polytrichum juniperinum* Hedw.

생육지 : 주로 북부지방 또는 해발이 높은 산지의 땅 위에 모여 자란다.

형태 : 식물체는 회녹색~청록색~적갈색이며, 줄기는 높이 4~5(~10)cm이고 가지는 거의 갈라지지 않는다. 잎은 마르면 줄기에 압착하여 붙는다. 잎은 길이 3~6(~8)mm이며 선상 피침형이고 기부는 난상 타원형이다. 끝은 매우 뾰족하며 가장자리는 약간 안쪽으로 말려 파이프모양이 된다. 암수딴그루이다. 삭은 길이 2.5~5.0mm 정도이고 뚜렷이 4각지며 열은 적갈색~흑갈색이고 마르기 전에는 윤기가 있다. 성숙하면 하늘을 향해 곧추선다. 삭병은 길이 3~5mm이고 황색~적갈색이다. 삭모는 백색~밝은 갈색이고 삭 전체를 덮는다.

유사종과의 구분법 : 잎이 단단한 편이고, 전체적으로 회녹색~회청색 빛이 많이 도는 것이 특징이다.

세계분포 : 북반구에 넓게 분포

국내분포 : 북한(경성, 관모봉, 길주, 백두산, 차일봉, 풍산 등), 경기(연천, 포천), 강원(설악산, 평창, 홍천), 경북(청송)

삭, 경기 연천군, 2012.8.27

잎, 경기 연천군, 2012.8.27

수그루, 경기 포천시, 2011.5.10

경기 연천군, 2011.4.18

백두산, 2011.6.2

고산솔이끼

학명 : *Polytrichum sphaerothecium* (Besch.) Müll. Hal.

생육지 : 주로 화산지대의 아고산대 또는 고산대 산지의 마른 화산암 바위 겉에 붙어 자란다.

형태 : 줄기는 높이 1.5~2.5cm이며 거의 갈라지지 않고 곧추 서거나 약간 경사진다. 잎은 넓은 피침형이고 기부는 장난형이다. 끝은 둔하거나 약간 뾰족하며 가장자리는 밋밋하다. 잎몸 부분의 가장자리는 안쪽으로 말려 통상을 이룬다. 잎은 마르면 줄기에 압착하여 붙는다. 암수딴그루이다. 삭은 난형 또는 거의 구형이며 다소 4각 진다. 아래를 향해 달린다. 삭병은 길이 4~9mm이고 곧게 서거나 굽어있다. 삭치는 32개이다.

유사종과의 구분법 : 삭이 4각지지 않고 다소 둥근 특징으로 인해 들솔이끼속(*Pogonatum*)에 포함시키기도 하며, 북아메리카와 유럽에 분포하는 *Polytrichastrum sexangulare* var. *vulcanicum*과 동일종으로 처리하기도 한다. **침솔이끼(*P. piliferum*)**는 잎가장자리에 치돌기가 없으며 잎끝에 잎길이의 1/3~1/2가량 되는 투명한 긴 까락이 있는 것이 특징이다.

세계분포 : 한국, 중국, 일본

국내분포 : 북한(백두산), 제주(한라산)

잎, 백두산, 2011.6.2

침솔이끼, 경북 울릉도 ©이강협

백두산 소천지, 2011.6.4

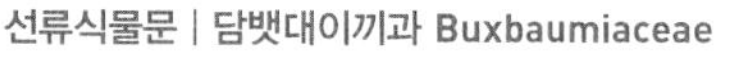

산투구이끼

삭, 경남 밀양시, 2012.12.11

담뱃대이끼

학명 : *Buxbaumia aphylla* Hedw.

생육지 : 주로 아고산~고산지대의 썩은 나무 또는 부식토에 흩어져서 자란다.

형태 : 배우체의 잎과 줄기가 퇴화되어 포자체가 생기지 않으면 발견하기 어렵다. 포자체는 가을철에 크게 발달하고 이듬해 봄철까지 남아 있다. 암수한그루이다. 포자체는 길이 4~11mm이고 삭병은 길이 5~10mm이다. 삭은 길이 3~7mm이고 넓은 타원형이며 삭병 끝에서 경사지게 달린다. 전체적으로 윤기가 나는 밤갈색 또는 황록색이다. 상하로 압착되어 있는 모양으로 상부는 편평하고 뚜렷한 능선이 있다. 삭의 경부는 뚜렷하다. 삭개는 원추형이고 끝은 둥글다.

유사종과의 구분법 : 담뱃대이끼(*B. minakatae*)와 비슷하지만 삭병이 삭보다 길거나 같은 길이이며, 삭의 표면에 뚜렷한 능선이 있고 윗부분이 편평해 쉽게 구분된다.

세계분포 : 한국, 중국, 일본, 러시아(동부), 유럽, 북아메리카, 뉴질랜드

국내분포 : 북한(백두산, 포태산), 경남(천황산)

전남 해남군, 2013.3.16

보리알이끼

학명 : *Diphyscium fulvifolium* Mitt.

생육지 : 언덕이나 산지의 다소 습한 땅 위에 모여 자란다.

형태 : 식물체는 진한 녹색~녹갈색이며 마르면 심하게 꼬이고 윤기는 없다. 잎은 길이 4~5mm 정도이고 장타원상 피침형이며 끝이 약간 뾰족하다. 상단의 암포엽일수록 잎맥은 까락모양으로 길게 나온다. 암수딴그루이다. 삭은 암포엽 사이에 침생하며 대형이고 비상칭형이다. 길이는 약 5mm 정도이고 난형이며 자루는 없다. 삭모는 원뿔형이고 매끈하다. 암포엽은 중앙맥이 매우 길어 꼬리처럼 된다. 안쪽의 암포엽 기부에는 2~3개의 긴 털이 있다. 삭개는 길이 0.4mm 정도이다.

유사종과의 구분법 : 곰이끼(*D. lorifolium*)에 비해 잎이 넓고, 주로 땅 위에 모여 자란다.

세계분포 : 한국, 중국, 일본, 타이완, 유럽

국내분포 : 북한(금강산, 통천, 함흥), 충남(공주), 경남(남해 금산, 밀양, 지리산), 전남(대둔산, 해남), 제주(한라산)

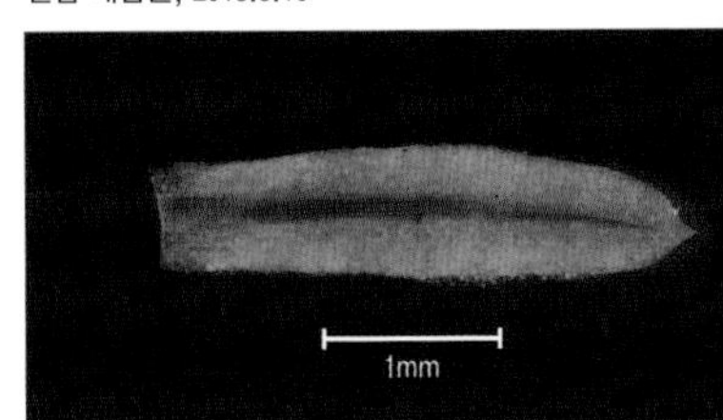

잎

삭, 전남 대둔산, 2013.3.16

잎, 전남 대둔산, 2013.3.16

경기 연천군, 2012.4.29

곰이끼 

학명 : *Diphyscium lorifolium* (Cardot) Magombo

생육지 : 산지 계곡부의 습한 바위 겉에 붙어 자란다.

형태 : 식물체는 진한 녹색이고 윤기가 있다. 잎은 길이 6~12mm이고 너비가 넓은 기부에서 차츰 좁아져 긴 혀모양 또는 띠모양으로 된다. 잎은 기부를 제외한 대부분이 잎맥으로 되어 있다. 마른 잎은 약간 안쪽으로 말린다. 암수딴그루이다. 삭은 길이 4mm 정도이며 보리알이끼와 비슷하고 비상칭형이다. 안쪽 암포엽은 보통 잎보다 작고 투명하며 상반부 가장자리에는 구부러진 투명한 털이 빽빽이 난다.

유사종과의 구분법 : 보리알이끼(*D. fulvifolium*)에 비해 잎이 매우 좁고 잎의 상반부가 중륵으로만 되어 있는 것이 특징이다. 보리알이끼는 주로 습한 땅 위에 자라지만, 곰이끼는 습한 바위에 붙어 자라는 것이 다르다.

세계분포 : 한국, 중국, 일본, 파키스탄

국내분포 : 북한(원산), 경기(연천), 강원(오대산), 충남(공주), 충북(속리산), 경남(금정산, 지리산), 제주(한라산)

1mm

잎

삭, 경기 연천군, 2012.4.29

마른 모습, 경기 연천군

강원 영월군, 2012.6.21

꼬마봉황이끼

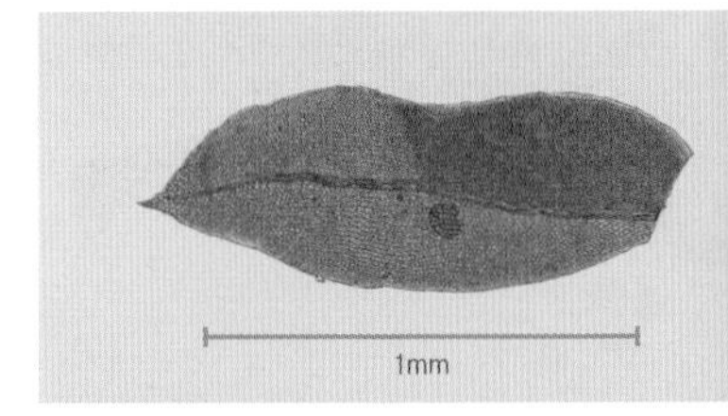

잎

잎, 강원 영월군, 2012.6.21

경북 의성군, 2012.4.26

학명 : *Fissidens bryoides* Hedw.

생육지 : 산지의 땅 위나 바위 위에 모여 자란다.

형태 : 식물체는 작고 연한 녹색~녹색이다. 줄기는 길이 2.0~13.5mm이고 곧게 서며 가지가 갈라지기도 한다. 잎은 3~20쌍이며 윗부분의 잎이 크고 줄기 기부 쪽일수록 작아진다. 윗부분의 잎은 길이 0.7~2.4mm이고 피침형~장타원상 피침형이다. 끝은 급히 뾰족해지며 가장자리에는 미세한 치돌기가 있다. 잎맥은 잎끝까지 있고 간혹 돌출하여 가시모양이 된다. 암수딴그루이다. 삭은 길이 2~4mm이고 장난형~난형이며 황갈색 또는 적색을 띠고 줄기 끝에 달린다. 수그루는 매우 작고 장정기는 둥근 싹모양이다.

유사종과의 구분법 : 작은봉황이끼(*F. gymnogynus*)에 비해 흔히 작고, 줄기에 붙은 잎도 적은 편이며 잎맥이 잎끝까지 있거나 돌출하는 것이 다른 점이다.

세계분포 : 한국, 중국, 일본, 러시아(동부), 유럽, 아프리카, 북아메리카

국내분포 : 북한(묘향산), 강원(영월), 경북(의성)

전북 덕유산, 2012.6.12

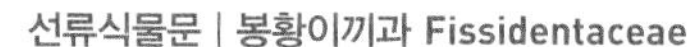

작은봉황이끼

학명 : *Fissidens gymnogynus* Besch.

생육지 : 산지의 땅 위 또는 나무줄기나 바위 겉에 붙어 자란다.

형태 : 식물체는 매우 작은 편이며 황록색~진한 녹색이다. 줄기는 잎을 포함하여 길이 5~14mm이며 드물게 가지가 갈라지기도 한다. 잎은 마르면 주먹모양으로 심하게 말린다. 잎은 8~22쌍이며 길이 1.9~2.8mm이고 좁은 피침형~피침형이다. 끝이 약간 돌출하거나 약간 오목하며 가장자리에는 균일하게 미세한 치돌기가 있다. 잎맥은 잎끝 아래까지만 있다. 암수딴그루이다. 삭은 원통형이고 곧추서며 상칭이다. 삭병은 줄기 끝부분에서 나오고 길이 1.7~4.1mm이며 적갈색이다.

유사종과의 구분법 : 주목봉황이끼(*F. taxifolius*)와 비슷하지만 잎맥이 잎끝까지 있지 않는 것이 다른 점이다.

세계분포 : 한국, 중국, 일본, 타이완

국내분포 : 북한(원산), 경기(소요산), 경남(거제도, 양산, 지리산), 전북(덕유산)

잎

전북 덕유산, 2012.6.12

마른 모습

경남 밀양시, 2011.12.9

주목봉황이끼

학명 : *Fissidens taxifolius* Hedw.

생육지 : 산지의 습한 땅이나 암반에 모여 자란다.

형태 : 식물체는 녹색~진한 녹색이다. 줄기는 길이 5~15mm이고 작은 편이며 가지는 기부에서 갈라지는 것이 많다. 잎은 7~15쌍이며 길이 1.5~2.2mm이고 장타원형~혀모양이다. 잎 끝은 둔하거나 약간 둥글며 잎맥은 뚜렷하고 잎끝을 지나 짧게 돌출한다. 가장자리에는 돌기상 미세한 치돌기가 있다. 암수딴그루이지만 간혹 암수한그루도 있다. 삭은 길이 1.5mm 정도이고 장타원형이며 갈색이고 비상칭이다. 삭병은 길이 1.0~1.5cm이고 적색~적갈색이며 줄기의 기부에서 나온다. 곧추서거나 윗부분이 약간 굽는다.

유사종과의 구분법 : 작은봉황이끼(*F. gymnogynus*)와 비슷하지만 잎맥이 잎끝에서 짧게 돌출하며 주로 흙 위에서 자라는 것이 다른 점이다.

세계분포 : 한국, 중국, 일본, 유럽, 아프리카, 북아메리카, 남아메리카

국내분포 : 경남(고성, 밀양), 경북(울릉도), 전남(완도), 제주

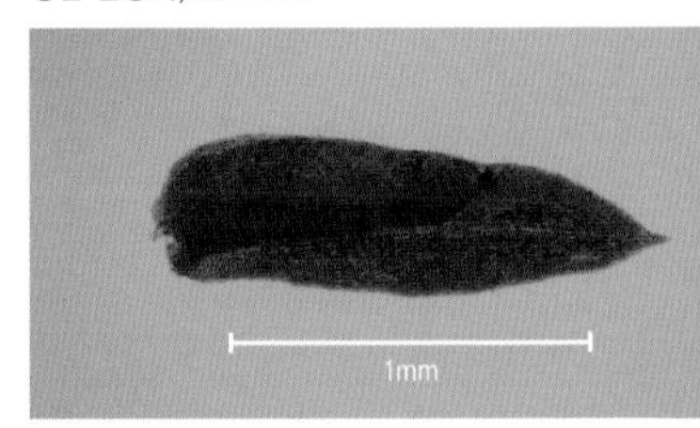

잎

경남 밀양시, 2012.12.11

경북 울릉군, 2012.4.12

제주, 2013.3.25

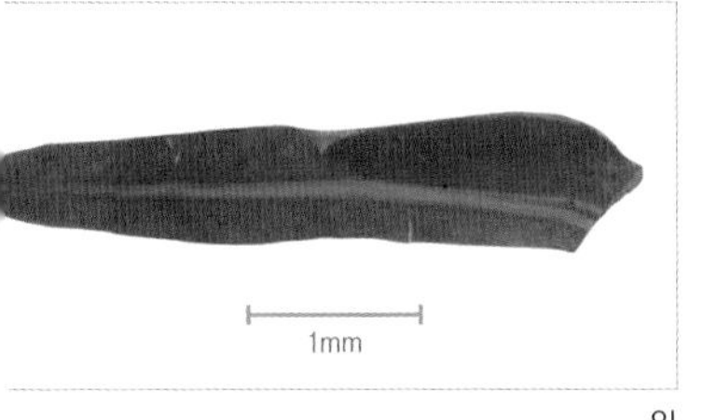

잎

봉황이끼 

학명 : *Fissidens nobilis* Griff.

생육지 : 남부지방의 그늘지고 습기가 있는 땅이나 개울가의 암반 등에 모여 자란다.

형태 : 식물체는 큰 편이며 녹색~진한 녹색~녹갈색이고 곧추서거나 비스듬히 처져 자란다. 줄기는 흔히 길이 2~5(~10)cm이다. 잎은 18~46쌍이며 길이 4.5~8.7mm이고 피침형이다. 끝은 뾰족하거나 둔하며 가장자리에는 크고 불규칙한 치아상 치돌기가 있다. 잎은 말라도 거의 오므라들지 않는다. 암수딴그루이다. 삭은 길이 2.0~2.5mm이고 장타원형이며 약간 굽고 곧추서서 달린다. 삭병은 길이 5~10mm이고 적갈색이며 줄기 상부의 잎겨드랑이에서 나온다. 삭모는 길이 2mm 정도이고 종모양이다. 수그루는 암그루보다 가늘다.

유사종과의 구분법 : 자생 봉황이끼속의 다른 종에 비해 대형이고 줄기에 붙는 잎의 수가 많다. **가는물봉황이끼(*F. grandifrons*)**는 봉황이끼와 비슷하지만 잎의 상부 가장자리에 치돌기가 없거나 작은 치돌기가 있는 것이 다른 점이다.

세계분포 : 아시아의 열대~온대지역에 널리 분포

국내분포 : 제주

잎, 제주, 2013.3.25

가는물봉황이끼, 경기 포천시, 2012.6.20

경기 포천시, 2011.4.10

벼슬봉황이끼

학명 : *Fissidens dubius* P. Beauv.

생육지 : 산지의 부식토 위나 습한 바위 또는 나무줄기 겉에 모여 자란다.

형태 : 식물체는 녹색이며 비스듬히 선다. 성숙한 배우자체는 길이 1.0~3.5cm이다. 잎은 5~19쌍이며 좁은 피침형~피침형이고 끝은 뾰족하다. 줄기잎은 길이 2~4mm 정도로 작고, 마르면 심하게 말리는 편이다. 잎의 끝부분과 가장자리에는 비교적 크고 겹으로 된 치돌기가 있어 닭의 벼슬을 연상시킨다. 잎맥은 뚜렷하고 잎끝까지 있다. 암수딴그루이다. 삭은 곧추서거나 약간 비스듬히 달린다. 삭병은 길이 1.6~3.8mm이고 약간 붉은색이며 줄기 끝에서 나온다.

유사종과의 구분법 : 주목봉황이끼(*F. taxifolius*)에 비해 비교적 큰 편이며, 잎의 끝부분 가장자리에 뚜렷한 치돌기가 있는 것이 특징이다.

세계분포 : 북반구

국내분포 : 전국

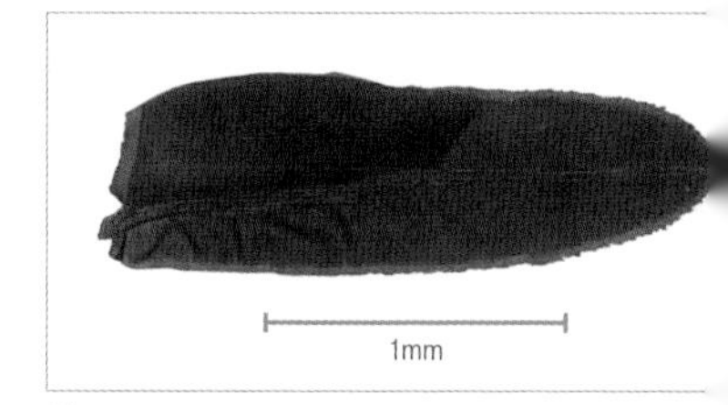

잎

잎, 경기 포천시, 2011.4

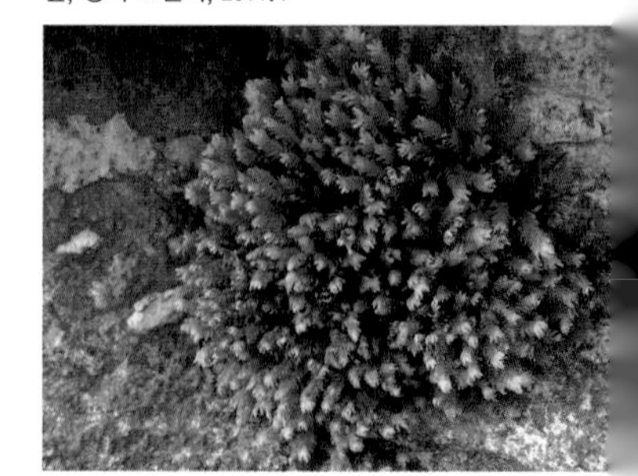

마른 모습, 전북 부안군, 2012.4.13

마른 모습, 전북 부안군, 2012.4.13

강원 평창군, 2011.4.18

경남 밀양시, 2010.5.12

지붕빨간이끼

학명 : *Ceratodon purpureus* (Hedw.) Brid.

생육지 : 초가집이나 판자집의 지붕 또는 햇볕이 잘 드는 사질토 위에 모여 자란다.

형태 : 식물체는 황록색~녹색이다. 줄기는 높이 0.5~1.0cm이며 가지가 약간 갈라진다. 잎은 길이 1.2~2.5mm이고 넓은 피침형~난상 피침형이며 끝은 길게 뾰족하다. 잎맥은 뚜렷하며 잎끝까지 있고 가장자리는 거의 밋밋하지만 끝부분에 치돌기가 있기도 한다. 암수딴그루이다. 삭이 잘 생기는 편이고 삭병 끝에서 비스듬히 달린다. 삭은 길이 1.2mm 정도이고 약간 굽어진 원통형이며 비상칭이고 아랫부분에 흔히 돌기가 있다. 적갈색을 띠며 마르면 세로 주름이 생긴다. 삭병은 길이 10~15mm이고 적자색~황갈색이다.

유사종과의 구분법 : 국명 및 종소명에서 알 수 있듯 삭과 삭병이 적갈색 또는 적자색을 띠는 것이 특징이다.

세계분포 : 전 세계

국내분포 : 전국

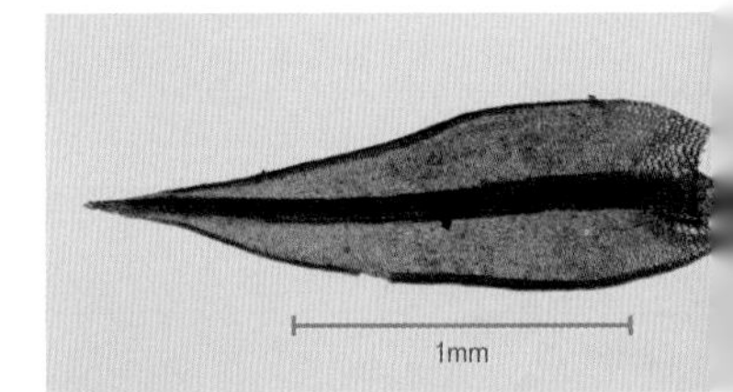

잎

잎, 경남 밀양시, 2010.5.12

삭, 경남 밀양시, 2010.5.12

전북 진안군, 2011.5.13

마른 모습, 경기 포천시, 2013.6.20

전남 장흥군, 2012.6.12

금방울이끼

학명 : *Pleuridium subulatum* (Hedw.) Rabenh.
생육지 : 낮은 지대의 습한 땅 위에 모여 자란다.
형태 : 식물체는 연한 녹색~황록색~황갈색이다. 줄기는 높이 3~5mm로 매우 작으며 가지는 갈라지지 않는다. 잎은 줄기 아래에서 위로 갈수록 점점 더 커진다. 잎은 침모양으로 뾰족하며 기부는 장타원상~난형상이다. 잎의 상부 가장자리에는 작은 치돌기가 많으며 안쪽으로 약간 말린다. 잎맥은 뚜렷하며 기부에서는 잎 너비의 1/3을 차지하고 상반부에서는 잎의 전체를 차지한다. 암수한그루이다. 삭은 길이 0.6~0.8mm이고 난형~거의 구형이며 윤기가 나는 황갈색이다. 삭병은 매우 짧다. 삭모는 고깔모양이고 삭에 비해 작다.
유사종과의 구분법 : 침꼬마이끼과(Pottiaceae)의 흙구슬이끼(*Astomum crispum*)와 혼돈할 수 있으나 줄기가 갈라지지 않으며, 잎맥이 상반부에서 잎의 전체를 차지하는 것이 특징이다.
세계분포 : 한국, 중국, 일본, 유럽, 북아메리카(동부)
국내분포 : 충남(계룡산, 아산), 전남(장흥)

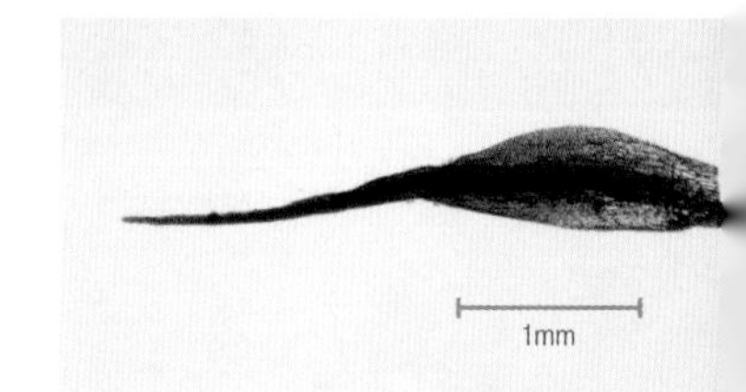

잎

삭, 전남 장흥군, 2012.6.12

잎과 삭, 전남 장흥군, 2012.6.12

울릉도, 2011.4.17

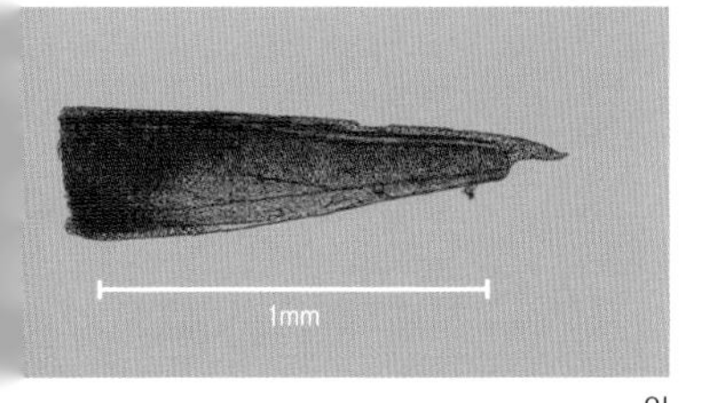

잎

잎, 경북 울릉군, 2012.4.12

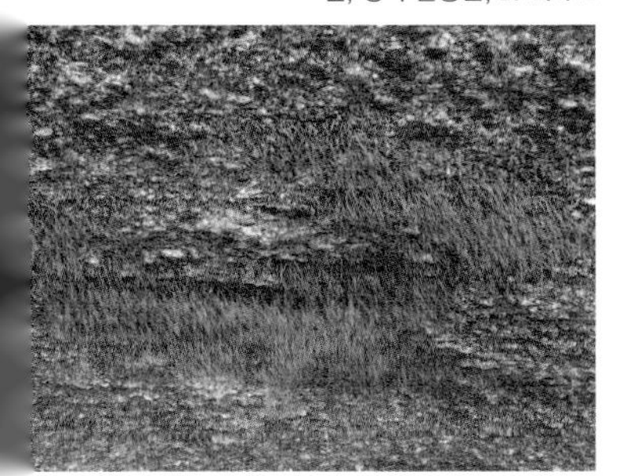

경기 포천시, 2012.4.29

새우이끼 

학명 : *Bryoxiphium norvegicum* (Brid.) Mitt.

생육지 : 산지 계곡부의 바위 겉에 모여 자라며 흔히 큰 개체군을 형성한다. 화산암지대에 특히 많이 관찰된다.

형태 : 식물체는 황갈색을 띤 녹색이며, 기부는 녹갈색이고 윤기가 난다. 줄기는 길이 1~3cm이며 때로는 5cm인 것도 있다. 잎은 인편처럼 밀집하여 2줄로 줄기에 붙어 있으며 비상칭이다. 줄기 중부의 잎은 길이 1.5~2.0mm이고 피침형이다. 잎맥은 뚜렷하고 잎끝에서는 짧게 돌출되지만 줄기 상부 잎의 맥은 잎 길이보다 3~5배 정도 돌출된다. 암수한그루이다. 삭은 길이 1.0~1.3cm이고 난형이며 곧추선다. 삭모는 길이 0.9mm 정도이다. 삭병은 길이 2~4mm이고 줄기 끝에 달린다.

유사종과의 구분법 : 줄기 상부 잎의 맥이 수염처럼 길게 돌출하는 것이 특징이며, 국명도 전체 모습이 새우와 닮은 형태에서 유래되었다.

세계분포 : 한국, 중국, 일본, 러시아(동부), 유럽(그린란드), 북아메리카

국내분포 : 전국

경북 울릉군, 2012.4.12

사자이끼

학명 : *Brothera leana* (Sull.) Müll. Hal.

생육지 : 산지의 나무 기부(간혹 나무줄기) 또는 부식토, 썩은 나무줄기에 모여 자란다.

형태 : 식물체는 백록색이며 명주실 같은 윤기가 난다. 줄기는 높이 2~10mm이다. 잎은 길이 1.5~3.0mm이고 끝이 관상으로 말려 있다. 잎맥은 비교적 넓어서 상부에서는 잎몸의 1/2을 차지하고 끝부분에서는 잎맥으로만 되어 있다. 가장자리는 밋밋하다. 대체적으로 무성아로 번식하며 포자체는 거의 생기지 않는다. 무성아는 가늘고 꼬인 실모양으로 줄기 끝에서 밀집하여 마치 사자의 갈기와 닮았다. 암수딴그루이다. 삭은 타원형 또는 난형이고 길이는 1.5mm 정도로 작다. 삭병은 길이가 0.8mm 이하이며 가늘고 아래로 활처럼 굽었다.

유사종과의 구분법 : 삭의 길이가 짧고 암포엽이 길지 않으며, 줄기 끝에 방추형의 무성아가 생기는 것이 특징이다.

세계분포 : 아시아(한국, 중국, 일본, 필리핀 등), 아프리카(말라위), 북아메리카(미국, 캐나다, 멕시코), 중앙아메리카(과테말라)

국내분포 : 북한(금강산, 백두산, 차일봉, 원산 등), 경기(소요산), 강원(설악산, 오대산, 횡성, 고성), 경남(지리산, 울산), 경북(울릉도), 전북(덕유산)

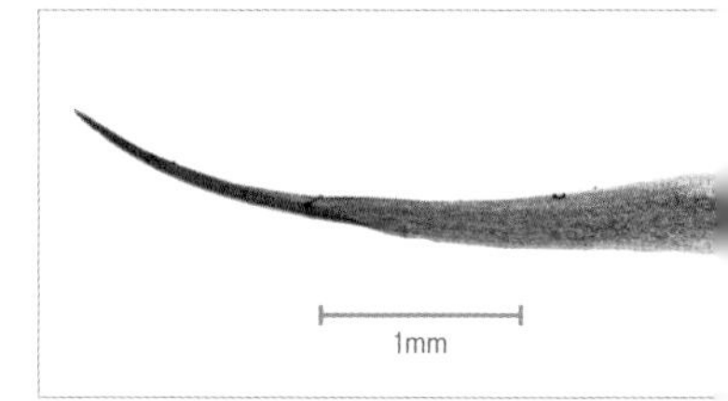

잎

강원 횡성군, 2012.5.13

경북 울릉군, 2012.4.12

제주 한라산, 2011.10.11

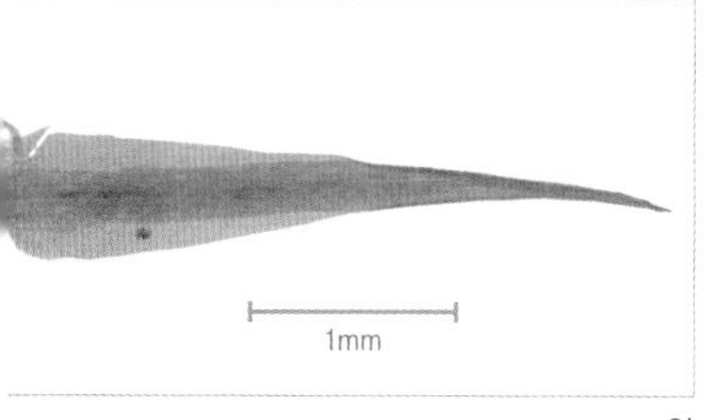

잎

무성아, 제주 한라산, 2011.10.11

전남 진도군, 2012.4.3

붓이끼 

학명 : *Campylopus sinensis* (Müll. Hal.) J. -P. Frahm

생육지 : 저지대에서부터 아고산대 산지의 다소 건조한 바위 위나 부식토에 모여 자란다.

형태 : 줄기는 높이 2~6cm이고 크기에는 변이가 심한 편이다. 줄기는 곧추서거나 경사지고 가지가 갈라진다. 가지 밑부분에는 흑갈색의 헛뿌리가 많이 난다. 잎은 길이 5~10mm이며 선상 피침형이며 건조해도 말리지 않는다. 상부의 잎은 황록색 또는 황갈색이고 윤기가 있으며 아래의 것은 대개 갈색이다. 잎맥은 비교적 넓어서 상부에서는 잎몸의 1/2 정도를 차지하고 끝부분은 잎맥으로만 되어 있다. 무성번식을 하며 포자체는 형성하지 않는 것으로 알려져 있다.

유사종과의 구분법 : 아기붓이끼(*C. umbellatus*)에 비해 크고, 잎 끝이 회백색을 띠는 것이 특징이지만 육안으로 식별하기는 쉽지 않다. 세포형질로 구분하는데, 아기붓이끼에 비해 잎맥의 배면 쪽에만 스테라이드(stereid, 후막세포층)가 있는 것이 다른 점이다.

세계분포 : 한국, 중국, 일본

국내분포 : 서울(관악산), 경기(소요산, 유명산), 강원(설악산), 경북(밀양), 전남(진도), 전북(덕유산), 제주(한라산)

전남 해남군, 2012.4.4

아기붓이끼

학명 : *Campylopus umbellatus* (Schwägr. & Gaudich. ex Arn.) Paris
생육지 : 산지의 다소 건조한 바위 위나 부식토에 모여 자란다.
형태 : 식물체 상부는 황갈색이고, 기부는 흑갈색이다. 줄기는 높이 3~7cm이고 붓이끼보다 비교적 큰 편이다. 영양줄기는 건조하면 끝부분이 꼬리처럼 된다. 잎은 길이 3~4mm 정도로 선상 피침형이다. 가장자리는 중간에서 안쪽으로 말리며 상부에는 미세한 치돌기가 있다. 잎맥은 비교적 넓어서 기부에서는 잎몸의 1/3 정도를 차지하고 끝부분에서는 잎맥으로만 되어 있다. 삭병은 길이 5~6mm로 짧은 편이고 줄기 끝에서 3~4개씩 모여나며 심하게 구부러진다. 삭은 장타원형이고 길이 1.0~1.5mm이며 갈색이다. 삭모는 고깔형 두건모양이고 길이는 1.3~1.6mm이며 기부는 술모양이다.
유사종과의 구분법 : 붓이끼(*C. sinensis*)에 비해 소형이며, 세포형질로 식별(붓이끼 참조)한다.
세계분포 : 한국, 일본, 동남아시아
국내분포 : 부산, 경남(밀양, 양산), 전남(백운산, 월출산, 해남)

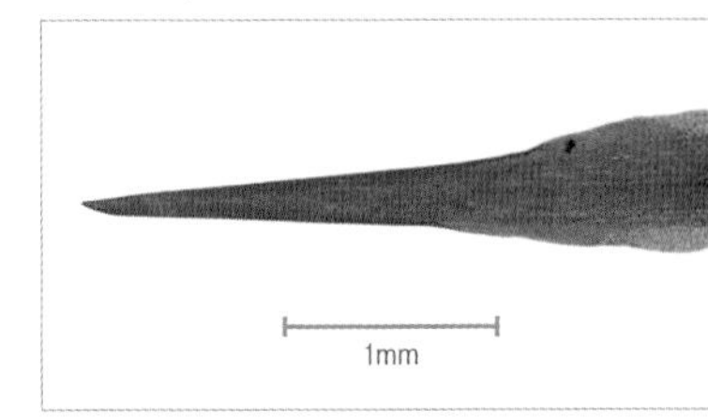

잎

잎, 전남 해남군, 2012.4.4

전남 해남군, 2012.4.4

전남 해남군, 2012.4.4

경남 밀양시, 2012.11.16

경기 연천군, 2012.8.27

억새이끼

학명 : *Dicranella heteromalla* (Hedw.) Schimp.

생육지 : 흔히 산지의 길가 주변 부식토 및 약산성 토양에 모여 자란다.

형태 : 식물체는 황색~진한 녹색이며 윤기가 있다. 줄기는 가늘고 약하며 높이 1(~4)cm 정도이다. 잎은 길이 2~3mm이고 선상 피침형이거나 낫모양이다. 기부는 피침형이지만 1/3 정도가 잎맥이며 점차 좁아져 상부는 잎맥으로만 된다. 중상부의 가장자리에는 작은 치돌기가 있다. 암수딴그루이다. 삭은 길이 1.0~2.2mm이고 원통형~난형이며 흔히 굽어져 있다. 마르면 세로로 주름이 생긴다. 삭병은 5~15mm이고 황색이다.

유사종과의 구분법 : 빨간억새이끼(*D. varia*)에 비해 전체가 황록색~녹색이며, 잎끝이 보다 뾰족하고 잎맥이 잎끝까지 있는 것이 다른 점이다.

세계분포 : 아시아(한국, 중국, 일본 등), 아프리카(동부), 북아메리카, 중앙아메리카(코스타리카, 온두라스, 파나마)

국내분포 : 북한(관모봉, 백두산, 차일봉, 통천 등), 서울(관악산), 경기(연천, 김포), 경남(밀양), 대구(수성구), 경북(울릉도), 전남(고흥), 전북(덕유산)

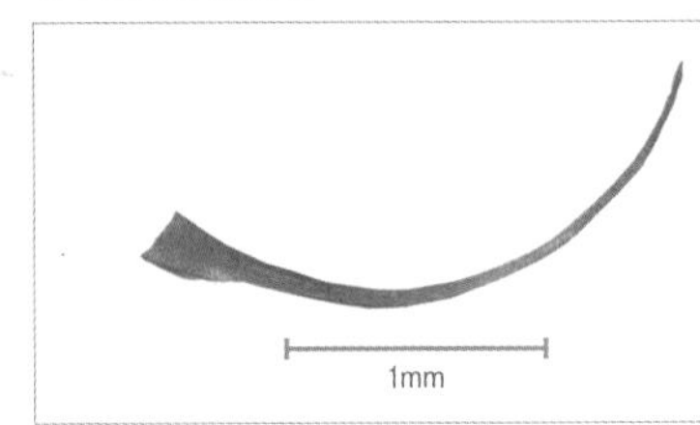

잎

잎, 경남 밀양시, 2012.5.12

대구 수성구, 2012.4.25

경기 연천군, 2012.8.27

대구 수성구, 2012.4.25

경남 밀양시, 2012.9.6

활이끼

학명 : *Dicranodontium denudatum* (Brid.) E. Britton
생육지 : 산지의 반음지 바위 위, 부식토 또는 죽은 나무의 둥치에 모여 자란다.
형태 : 식물체는 황갈색~진한 녹색이며 윤기가 있다. 줄기는 높이 1~4(~8)cm이고 기부에는 적갈색의 헛뿌리가 빽빽이 난다. 잎은 길이 3~8mm이고 약간 굽은 침상이거나 낫모양이다. 특히 건조하면 활모양으로 심하게 구부러진다. 중륵이 매우 넓어서 기부에서 1/3~1/2가량을 차지한다. 상반부의 가장자리에는 작은 치돌기가 있다. 암수딴그루이다. 삭은 길이가 1.6~2.0mm이고 원통형~장난형이며 곧추선다. 삭병은 길이 8~12mm이고 갈색이며 다소 굽거나 심하게 굽는다.
유사종과의 구분법 : 꼬리이끼속(*Dicranum*)의 종들에 비해 잎맥이 잎 기부 너비의 1/3~1/2 정도를 차지할 정도로 넓은 것이 특징이다.
세계분포 : 아시아(한국, 중국, 일본 등), 유럽, 북아메리카
국내분포 : 북한(금강산, 백두산, 차일봉 등), 경남(지리산, 밀양), 전북(덕유산)

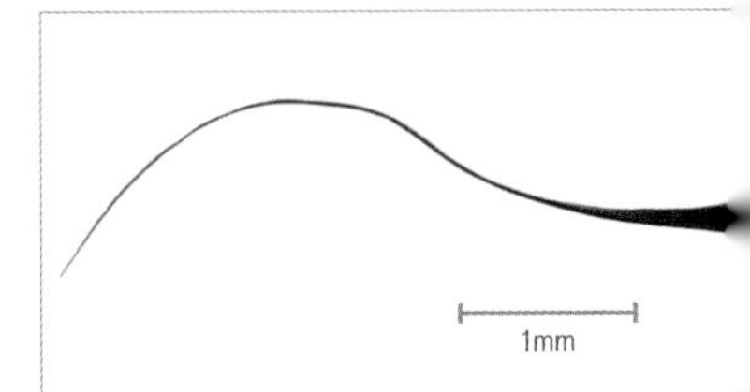

잎

전북 덕유산, 2012.6.12

잎, 경남 밀양시, 2011.12.9

경북 청송군, 2012.4.26

꼬리이끼 

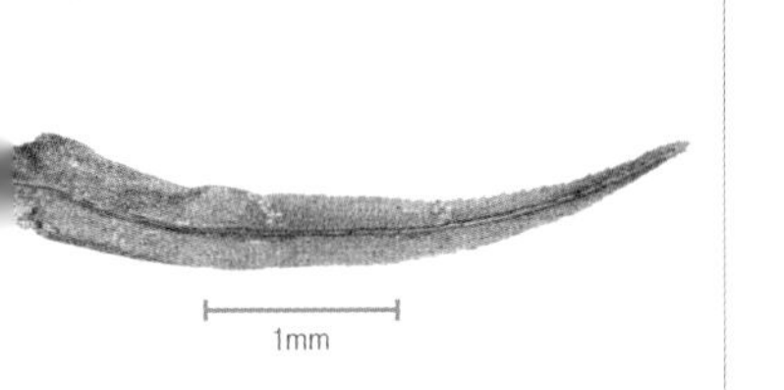

잎

경북 청송군, 2012.4.26

전북 부안군, 2012.4.13

학명 : *Dicranum japonicum* Mitt.

생육지 : 산지의 반음지 부식토에 모여 자란다.

형태 : 식물체는 황록색~진한 녹색이며 윤기가 있다. 줄기는 곧추서거나 경사지며 가지가 갈라진다. 큰 편이며 줄기는 높이 10~12cm까지 자란다. 잎은 길이 7~11mm이며 좁은 피침형이지만 휘거나 갈고리처럼 굽어 있다. 잎끝은 안쪽으로 말리며 기부는 넓다. 잎은 습하면 줄기에서 거의 직각에 가깝게 개출하며 건조해도 심하게 변하지 않는 편이다. 잎맥은 약한 편이며 배편 상부에는 뾰족한 치돌기가 있다. 삭은 곧추서거나 수평으로 기울어져 활모양으로 굽어 있다. 삭병은 1개이며 황색~적갈색이고 길이는 5~6mm이다.

유사종과의 구분법 : 비꼬리이끼(*D. scoparium*)에 비해 헛뿌리가 백색이며, 건조하면 잎이 곧추서거나 옆으로 퍼지는 것이 다른 점이다.

세계분포 : 한국, 중국, 일본

국내분포 : 북한(금강산, 백두산, 차일봉 등), 경기(소요산), 경북(청송), 전북(부안), 제주 등

강원 횡성군, 2012.5.13

큰꼬리이끼

학명 : *Dicranum nipponense* Besch.

생육지 : 산지의 반음지 부식토 또는 썩은 고목에 모여 자란다.

형태 : 식물체는 녹색을 띤 황갈색이며 윤기는 없다. 줄기는 높이 2~5cm까지 자라며 기부에 갈색의 헛뿌리가 있다. 잎은 길이 5~7mm이고 타원상 피침형이다. 마른 잎은 낫모양으로 굽어지거나 줄기에 잡착한다. 잎끝은 납작한 편이며 둔하거나 짧게 뾰족하다. 잎 상부의 가장자리에는 뾰족한 치돌기가 있으며 잎맥은 가늘고 잎끝 부근에서 끝난다. 삭은 갈색이며 길이는 4mm 정도이고 타원형이다. 단생하고 곧게 서거나 경사진다. 삭병은 황갈색이며 길이는 3~4mm이다.

유사종과의 구분법 : 꼬리이끼(*D. japonicum*)와 비꼬리이끼(*D. scoparium*)에 비해 잎끝이 둔하거나 짧게 뾰족한 것이 특징이다.

세계분포 : 한국, 중국, 일본

국내분포 : 북한(금강산, 백두산 등), 강원(횡성), 경남(지리산), 전남(진도), 전북, 제주

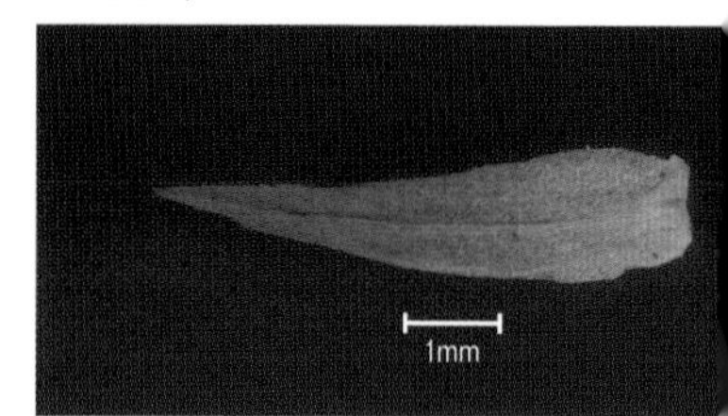

잎

강원 횡성군, 2012.5.13

전남 진도군, 2012.4.3

강원 평창군, 2012.8.8

파도꼬리이끼

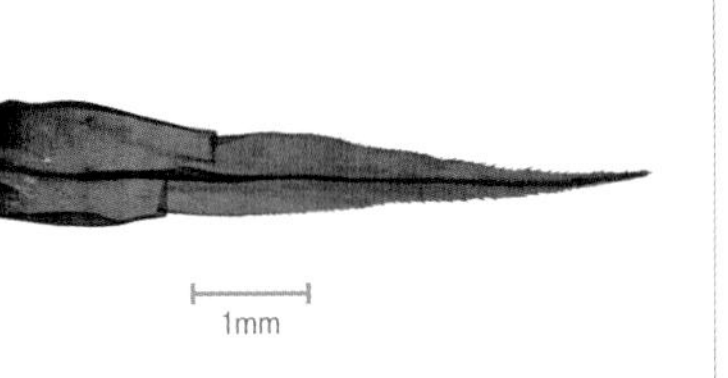

잎

삭, 백두산, 2011.6.2

잎, 강원 평창군, 2011.4.18

학명 : *Dicranum polysetum* Sw.

생육지 : 아고산~고산 산지의 반음지 부식토 또는 썩은 고목에 모여 자란다. 북부지방에서는 습지나 침엽수림 아래에 큰 집단을 이룬다.

형태 : 식물체는 밝은 녹색이고 윤기는 있다. 줄기는 높이 4~10 (~15)cm 정도까지 자라며 백색 또는 적갈색의 헛뿌리가 빽빽이 난다. 잎은 길이가 (5~)7~10mm이고 타원상 피침형이며 곧추서거나 옆으로 퍼져 달린다. 잎끝은 뾰족하고 상반부 가장자리에 뚜렷한 치돌기가 있다. 표면은 약간 주름지며 잎맥은 뚜렷하고 잎끝 부근에서 끝난다. 잎은 건조하면 보다 더 파도모양으로 변하지만 습할 때와 크게 다르지는 않다. 삭은 길이 2.0~3.5mm이고 굽은 타원형 또는 짧은 원통형이며 황갈색~적갈색이다. 흔히 수평으로 달리며 건조하면 주름진다. 삭병은 1.5~4.0mm이고 1개의 줄기에 2~5개씩 모여 달린다.

유사종과의 구분법 : 꼬리이끼속(*Dicranum*)의 다른 종에 비해 잎 표면이 약간 주름지고 삭병이 줄기에 2~5개씩 모여 달리는 것이 특징이다.

세계분포 : 한국, 중국, 일본, 유럽, 북아메리카

국내분포 : 북한(청진, 백두산 등), 강원(평창)

강원 평창군, 2012.8.9

비꼬리이끼

학명 : *Dicranum scoparium* Hedw.

생육지 : 산지의 반음지 부식토 또는 썩은 고목에 모여 자란다.

형태 : 식물체는 황록색~연한 녹색~녹갈색이고 흔히 윤기가 있다. 줄기는 높이 2~10cm 정도까지 자라며 적색의 헛뿌리가 빽빽이 난다. 잎은 변이가 심한 편이다. 길이가 4.0~8.5(~10)mm이고 피침형이다. 건조하면 흔히 낫모양이 되고 다소 일그러진다. 잎끝은 뾰족(가끔 둔두)하고 상반부 또는 1/3 이상 가장자리에 뚜렷한 치돌기가 있다. 삭은 길이 2.5~4.0mm이고 굽은 타원형 또는 짧은 원통형이며 황갈색~적갈색이다. 흔히 수평으로 달리며 건조하면 대체로 평활하다. 삭병은 2~4mm이고 줄기에 1개씩 달린다.

유사종과의 구분법 : 꼬리이끼(*D. japonicum*)에 비해 줄기의 헛뿌리가 적색이고, 잎이 빽빽이 나며 건조하면 잎이 같은 방향으로 굽는 것이 다른 점이다.

세계분포 : 아시아(한국, 중국, 일본 등), 유럽, 북아메리카, 뉴질랜드, 오스트레일리아

국내분포 : 북한(금강산, 백두산, 차일봉, 포태산 등), 경기(연천), 강원(설악산, 평창), 경남(지리산, 밀양), 전남(해남), 전북(덕유산), 제주

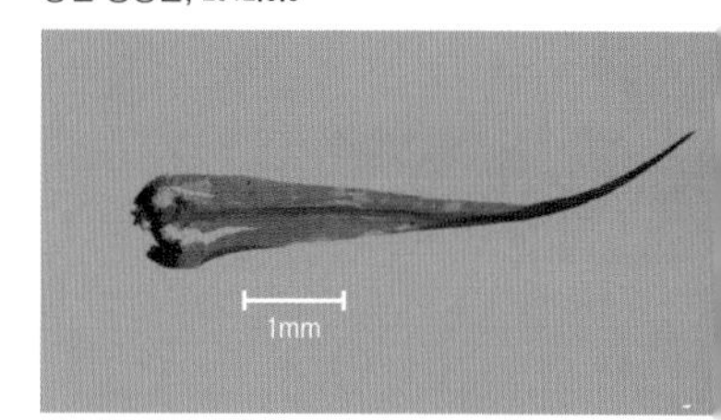

잎

삭, 경남 밀양시, 2012.11.16

잎, 경기 연천군, 2012.4.29

강원 횡성군, 2013.12.4

긴포엽이끼

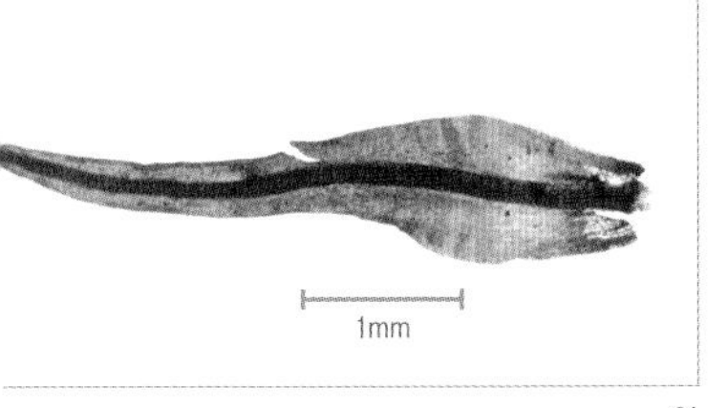

잎

잎, 강원 횡성군, 2012.5.13

마른 모습, 강원 횡성군, 2012.5.13

학명 : *Holomitrium densifolium* (Wilson) Wijk & Margad.

생육지 : 산지의 나무줄기나 바위 위에 모여 자란다.

형태 : 식물체는 녹색~황갈색이며, 줄기는 높이 1~2cm이다. 끝에는 많은 실모양의 무성아가 생기는 경우도 있다. 잎은 마르면 심하게 꼬인다. 잎은 길이 3~4mm이고 가장자리는 밋밋하다. 아랫부분은 넓고 끝부분은 선상으로 좁아진다. 잎맥은 뚜렷하며 잎끝까지 있다. 암포엽은 길이 1cm 정도이고 선형이다. 암수딴그루이다. 삭은 길이 2.3mm 정도이고 원통형이며 곧추선다. 삭병은 길이 5~10mm이다. 삭치는 피침형인데 많은 유두가 나 있다.

유사종과의 구분법 : 긴포엽이끼의 가장 큰 특징은 암포엽이 길게 자라 삭병을 둘러싸서 거의 삭까지 닿는다는 점이다.

세계분포 : 한국, 중국, 일본

국내분포 : 북한(금강산), 경기(소요산), 강원(오대산, 정선, 횡성), 충남(계룡산), 경남(고성), 제주

전남 해남군, 2012.4.4

곱슬혹이끼

학명 : *Oncophorus crispifolius* (Mitt.) Lindb.

생육지 : 산지나 들의 바위 또는 땅 위에 모여 자란다. 골짜기의 습한 바위에서 비교적 흔히 관찰된다.

형태 : 식물체는 진한 녹색이며, 줄기는 높이 1~3cm이다. 잎은 길이가 3~4mm이고 피침형이며 반투명하다. 잎집모양인 기부에서 선형으로 자라며 마르면 심하게 꼬인다. 가장자리는 밋밋하지만 상부에 작은 치돌기가 있다. 잎맥은 잎끝까지 있고 대부분이 매끈하다. 암수한그루이다. 삭은 잘 생기는 편이며 경사져 달린다. 갈색이고 비상칭이며 기부에 큰 혹모양의 돌기가 있다. 삭병은 길이 3~5mm이다. 삭치는 적색이고 뚜렷하며 피침형이다.

유사종과의 구분법 : 목혹이끼(*O. virens*)에 비해 건조하면 잎이 심하게 꼬이는 편이며 잎 기부의 잎집이 매우 넓어서 잎몸과 뚜렷이 구분되는 것이 다른 점이다.

세계분포 : 한국, 중국, 일본, 러시아(동부)

국내분포 : 북한(금강산, 백두산, 차일봉 등), 경기(소요산, 수원), 강원(설악산, 정선, 평창), 충남(계룡산), 충북(속리산), 부산, 경남(밀양), 경북(청송), 전남(해남, 진도), 전북(덕유산, 부안)

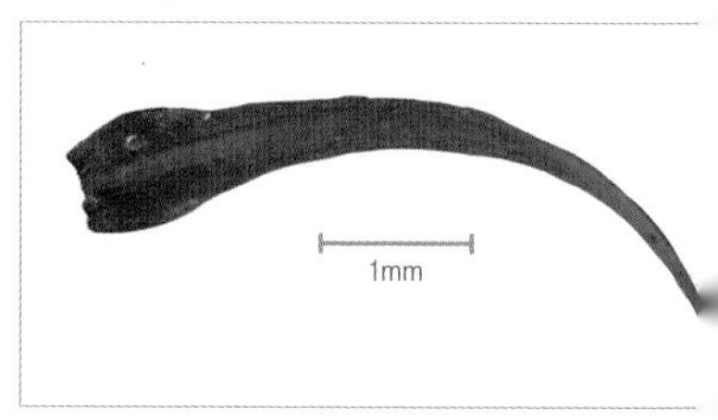

잎

잎, 전남 해남군, 2012.4.4

마른 모습, 강원 평창군, 2012.8.8

전남 진도군, 2012.4.3

전남 해남군, 2012.4.4

경기 연천군, 2012.8.27

주름꼬마이끼

학명 : *Rhabdoweisia crispata* (Dicks. ex With.) Lindb.

생육지 : 반음지의 습한 바위 위나 바위 틈 또는 땅 위에 모여 자란다.

형태 : 식물체는 진한 녹색이고 매우 작은 편이며, 줄기는 높이 5mm 이하이다. 잎은 길이 2.0~3.5mm이고 좁은 피침형이다. 잎끝은 뾰족하며 세포 돌기 때문에 고르지 못하다. 잎맥은 잎끝 부근에서 끝난다. 마르면 꼬인다. 삭은 길이 0.7~1.0mm이고 난형이다. 마르면 8개의 깊은 골이 생긴다. 삭병은 길이 2.0~4.5mm이다. 삭치는 선형~선상 피침형이고 갈색이다.

유사종과의 구분법 : 침꼬마이끼과(Pottiaceae)의 꼬마이끼(*Weissia controversa*)와 비슷하지만 삭치가 얇으며 기부가 넓고 끝부분이 실모양으로 가는 것이 다른 점이다.

세계분포 : 한국, 중국, 일본, 러시아(동부), 유럽, 북아메리카, 남아메리카(볼리비아)

국내분포 : 북한(관모봉, 묘향산, 백두산 등), 경기(연천), 경남(지리산, 천황산), 전북(덕유산)

잎

경기 연천군, 2012.8.27

마른 모습

대전, 2011.5.12

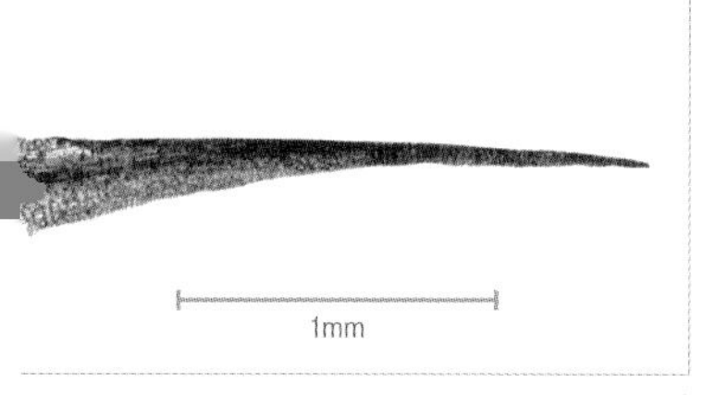

잎

삭, 전북 덕유산, 2012.6.12

잎, 전남 고흥군, 2012.4.13

두루미이끼 

학명 : *Trematodon longicollis* Michx.

생육지 : 길가, 논둑, 밭둑, 강가 등의 양지바른 습한 토양에 모여 자란다.

형태 : 식물체는 황록색~녹색이며, 줄기의 높이는 2~10mm이다. 잎은 길이 3~4mm이며 기부는 넓지만 상부로 가면서 급히 좁아져 선형으로 길게 신장한다. 가장자리는 밋밋하며 기부를 제외하고는 잎맥으로만 되어 있다. 암수한그루이다. 삭은 길이 2~3mm이고 구부러진 긴 원통형이며 황색이다. 삭병은 길이 1~3cm로 길다. 삭치는 긴 편이며 적갈색이고 기부까지 2열로 갈라진다.

유사종과의 구분법 : 삭의 경부가 포자실 부분의 2배 정도로 길어서 마치 두루미의 머리부분을 닮은 것이 특징이다.

세계분포 : 아시아(한국, 중국, 일본, 파푸아뉴기니), 북아메리카, 중앙아메리카, 남아메리카

국내분포 : 북한(금강산, 관모봉 등), 경기(소요산), 강원, 대전, 충남(공주, 서산), 전북(덕유산), 전남(고흥, 목포), 제주(한라산)

경남 밀양시, 2011.5.6

 가는흰털이끼

학명 : *Leucobryum juniperoideum* (Brid.) Müll. Hal.

생육지 : 산지의 바위 위, 부식토 또는 나무뿌리 부근에서 반구형의 큰 덩어리를 만들며 모여 자란다.

형태 : 식물체는 백록색이며 줄기는 높이 2~5cm이고 가지가 약간 갈라진다. 잎은 길이 5(~10)mm 정도이고 장난형이다. 난형의 기부로부터 피침형으로 가늘어진다. 잎끝은 뾰족하고 끝부분에 미세한 돌기가 있다. 가장자리는 안쪽으로 굽어 약간 말린다. 포자체는 거의 생기지 않는다. 삭은 약간 굽어 있으며 마르면 세로 주름이 생기고 삭병에 경사지게 붙는다. 삭병은 적갈색이며 길이 6~10mm이다. 삭치는 적갈색이고 2개로 깊게 갈라진다.

유사종과의 구분법 : 흰털이끼(*L. glaucum*)에 비해 잎 기부의 횡단면을 보았을 때 잎맥 부근의 세포 두께가 잎가장자리 부근보다 훨씬 두꺼운 것이 특징이다.

세계분포 : 한국, 중국, 일본, 동남아시아

국내분포 : 전국

잎

잎, 경북 청송군, 2012.4.26

전남 해남군, 2012.4.4

전남 진도군, 2012.4.3

전남 해남군, 2012.4.4

전북 진안군, 2011.7.12

통모자이끼

학명 : *Encalypta ciliata* Hedw.

생육지 : 아고산~고산지대 또는 한대지방의 바위틈이나 땅 위에 모여 자란다.

형태 : 식물체의 상부는 밝은 녹색이고 윤기가 나며, 줄기는 높이 2~3cm가량으로 작다. 줄기는 곧추서고 거의 가지가 갈라지지 않으며 기부는 헛뿌리로 덮여 있다. 잎은 길이 4~6mm이고 타원형~장타원형이며 끝은 뾰족하거나 둥글고 가장자리는 밋밋하다. 잎맥은 잎끝까지 연결되며 침상으로 짧게 돌출한다. 건조하면 잎은 안으로 말린다. 암수딴그루이다. 삭은 길이 3~4mm 정도이고 원통형이다. 말라도 세모 주름이 생기지 않는다. 삭병은 길이 4~14mm이고 황색이지만 점차 갈색으로 변한다. 삭모는 길이 3~7mm로 길며 삭 전체를 감싼다.

유사종과의 구분법 : 삭모가 대형이고 삭 전체를 감싸는 것이 특징이다. 삭모는 삼각형의 긴 모자를 닮았다.

세계분포 : 한국, 중국, 일본, 타이완, 몽골, 러시아(동부), 유럽, 아프리카, 북아메리카, 남아메리카

국내분포 : 북한(백두산, 관모봉, 백암산), 강원(정선), 경북(청송), 전북(진안)

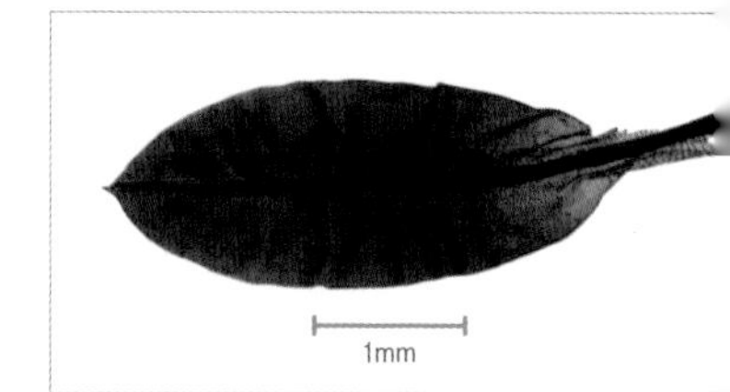

잎

삭, 전북 진안군, 2011.7.11

잎, 강원 정선군, 2011.5.1

전북 진안군, 2011.7.12

마른 모습, 전북 진안군, 2012.5.31

경북 울릉군, 2012.4.12

선류식물문 | 침꼬마이끼과 Pottiaceae

참꼬인이이끼

학명 : *Barbula unguiculata* Hedw.

생육지 : 들이나 산지의 토양이나 바위 위에 모여 자라며 민가 주변에서도 흔히 생육한다.

형태 : 식물체는 밝은 녹색~황갈색이며, 줄기는 높이 1~2cm 가량으로 작은 편이다. 잎은 길이 1.0~2.5mm이고 긴 혀모양~넓은 피침형이다. 잎끝은 넓게 뾰족하거나 둔하고 가장자리는 뒤로 약간 말린다. 잎맥은 잎끝까지 있고 침상으로 돌출한다. 잎은 마르면 꼬이거나 물결모양이 된다. 암수한그루이다. 삭은 길이 3mm 정도이고 원통형이다. 삭병은 길이 6~25mm이고 갈색 또는 적갈색이다. 삭치는 길고 강하게 꼬여있다.

유사종과의 구분법 : 부산참꼬인이이끼(*B. coreensis*)에 비해 약간 크며 잎 뒷면의 잎맥이 까칠하지 않는 것이 다른 점이다. **털꼬인이이끼(*Tortella tortuosa*)**는 삭치가 길고 강하게 꼬이는 것은 참꼬인이이끼와 유사하지만 잎이 피침형~선상 피침형이고 습할 때에도 잎이 편향되어 굽는 것이 특징이다.

세계분포 : 아시아, 유럽, 아프리카(북부), 북아메리카, 중앙아메리카, 남아메리카, 오스트레일리아

국내분포 : 전국(도시 등 민가 주변에서 흔히 관찰됨)

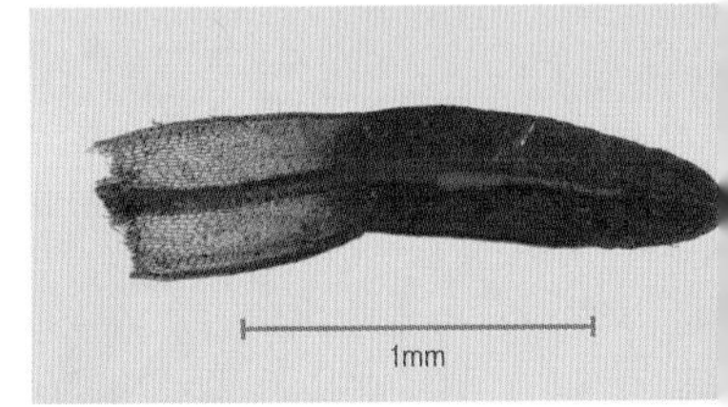

잎

잎, 경북 울릉군, 2012.4.12

경북 울릉군, 2012.4.12

강원 삼척시, 2012.4.11

털꼬인이이끼, 잎, 강원 석병산, 2012.6.1

전북 진안군, 2012.5.31

선류식물문 | 침꼬마이끼과 Pottiaceae

빨간담뱃잎이끼

학명 : *Bryoerythrophyllum recurvirostrum* (Hedw.) P. C. Chen
생육지 : 아고산지대 또는 석회암지대의 바위 위에 모여 자란다.
형태 : 식물체의 윗부분은 연녹색~황록색이고 아랫부분은 적색~적갈색이다. 줄기는 높이 2cm 이하이며 마르면 불규칙하게 말린다. 잎은 길이 1.5~3.5mm이고 선상 피침형~피침상 장타원형(~난형)이며 아래쪽 가장자리는 뒤로 약간 말린다. 잎끝은 뾰족하고 2~3개의 치돌기가 있기도 하다. 잎맥은 적갈색이고 뚜렷하며 잎끝까지 있다. 암수한그루이다. 삭은 여름~가을에 달린다. 삭은 길이 1.5~2.5mm이고 원통형이다. 삭병은 길이 8~10mm이다.
유사종과의 구분법 : 담뱃잎이끼(*Hyophila propagulifera*)에 비해 잎이 피침형으로 좁으며 잎끝이 뾰족한 것이 다른 점이다.
세계분포 : 한국, 일본(혼슈 중부), 유럽, 아프리카, 북아메리카, 중앙아메리카, 남아메리카(북부), 뉴질랜드, 오스트레일리아
국내분포 : 북한(백두산), 경남(지리산), 전북(진안)

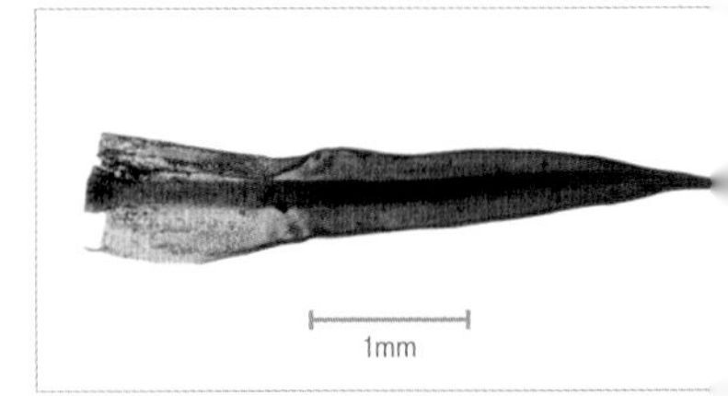

잎

삭, 전북 진안군

잎, 전북 진안군

경북 의성군, 2012.4.26

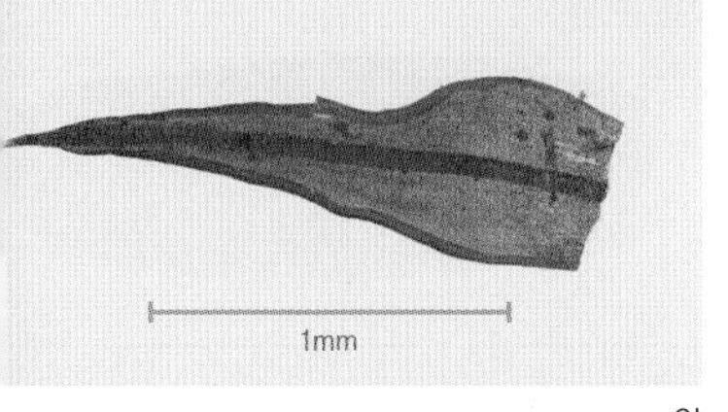

잎

잎, 경북 의성군, 2012.4.26

경남 밀양시, 2010.5.12

곧은쌍둥이이끼

학명 : *Didymodon rigidulus* Hedw.

생육지 : 산지의 햇볕이 잘 드는 바위 위에 모여 자라며 간혹 민가의 시멘트 담장에 붙어 자라기도 한다.

형태 : 식물체는 윤기가 있는 황록색~녹갈색이지만, 어린잎은 연한 녹색~녹색이다. 줄기는 높이 1cm 정도까지 자라며 마르면 잎이 줄기에 강하게 압착한다. 잎은 길이 1.8~2.3mm이고 난상 피침형이며 끝은 길게 뾰족하다. 가장자리는 밋밋하고 뒤로 약간 젖혀진다. 잎맥은 뚜렷하고 황갈색이며 잎끝에 못미치고 바로 아래에서 끝난다. 삭은 길이 1.3mm 정도이고 원통형이며, 삭병은 길이 8mm 정도이다.

유사종과의 구분법 : 쌍둥이이끼(*D. erosodenticulatus*)에 비해 크기가 다소 작고 잎이 약간 오목하며, 가장자리가 밋밋하고 잎맥이 잎끝에 못미치는 것이 다른 점이다.

세계분포 : 한국, 중국, 일본, 유럽, 아프리카(북부), 북아메리카, 남아메리카

국내분포 : 경남(밀양), 경북(의성)

강원 영월군, 2012.6.21

말린담뱃잎이끼

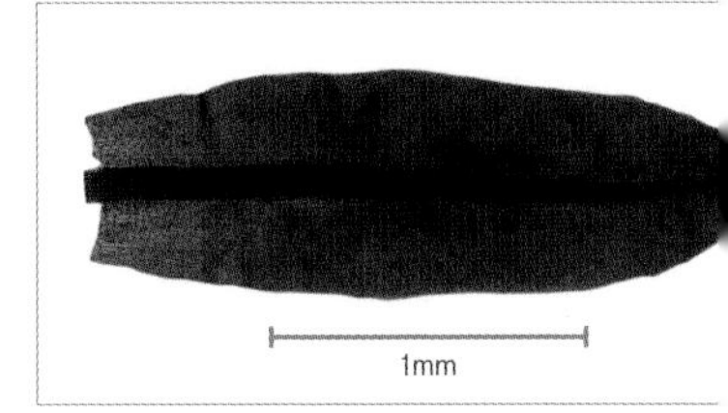

잎

경북 의성군, 2012.4.26

마른 모습, 강원 영월군, 2012.6.21

학명 : *Hyophila involuta* (Hook.) A. Jaeger

생육지 : 주로 반음지 토양 또는 돌담, 바위 절벽에 모여 자라며 민가의 콘크리트 벽에서도 생육한다.

형태 : 식물체는 진한 녹색~적갈색이고 윤기가 다소 있으며, 줄기는 높이 1.5~3.0cm이다. 잎은 길이 2.0~2.5mm이고 장타원상 주걱형~도란형이며 잎끝은 둥글다. 잎맥은 황록색이고 뚜렷하며 잎끝까지 있다. 잎가장자리 상반부에 치돌기가 있으며 건조하면 잎가장자리가 강하게 안쪽으로 말린다. 삭은 길이 1.5~3.0mm이고 좁은 원통형이며 직립한다. 삭병은 길이 6~7mm이고 황갈색~적갈색이다. 삭모는 길이 2.5~3.0mm이다.

유사종과의 구분법 : 담뱃잎이끼(*H. propagulifera*)에 비해 잎가장자리 상반부에 치돌기가 있으며 무성아가 암갈색이고 표면에 큰 돌기가 있는 것이 특징이다.

세계분포 : 한국, 일본, 인도, 유럽, 아프리카(남부), 북아메리카, 중앙아메리카, 남아메리카, 뉴질랜드, 오스트레일리아

국내분포 : 북한(금강산, 차일봉 등), 강원(영월, 제천), 경남(지리산), 경북(의성)

강원 삼척시, 2012.6.1

담뱃잎이끼 

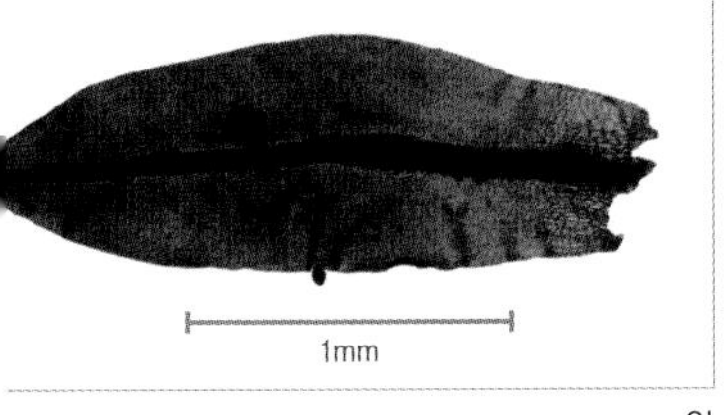

잎

학명 : *Hyophila propagulifera* Broth.

생육지 : 주로 양지의 바위 절벽에 모여 자라며 민가의 콘크리트 벽이나 돌담에서도 생육한다.

형태 : 식물체는 연한 녹색~갈색이며, 줄기는 높이 1cm 정도이다. 잎은 길이 1.5~2.0mm이고 넓은 타원형~넓은 혀모양이며 가장자리는 밋밋하다. 끝은 둔하고 잎맥은 뚜렷하며 선단까지 이어졌다. 삭은 길이 1.2~2.0mm이고 원통형이다. 삭병은 길이 3~8mm이다. 삭모는 길이 4.0~5.5mm이다. 국명은 건조하면 잎가장자리가 잎담배(엽연초)처럼 말리는 특징에서 유래되었다.

유사종과의 구분법 : 말린담뱃잎이끼(*H. involuta*)에 비해 잎가장자리가 밋밋한 것과 무성아가 황록색이고 도란형~서양배모양이며 표면에 돌기가 없이 밋밋한 것이 다른 점이다.

세계분포 : 한국, 중국, 일본, 타이완

국내분포 : 강원(삼척, 영월, 제천, 정선), 경북(청송), 전북(진안)

전북 진안군, 2012.5.31

마른 모습, 강원 석병산

전북 덕유산, 2012.6.12

선류식물문 | 침꼬마이끼과 Pottiaceae

통수염이끼

학명 : *Oxystegus tenuirostris* (Hook. & Taylor) A. J. E. Sm.
생육지 : 낮은 산지~아고산대 산지의 반음지 습한 바위 위에 모여 자란다.
형태 : 식물체는 황록색~진한 녹색이며, 줄기는 높이 1.5cm 이하이다. 잎은 길이 2~4mm이고 선상 피침형~피침형이다. 건조하면 불규칙적으로 심하게 말리는 편이다. 잎끝은 뾰족하고 가장자리는 밋밋하다. 잎맥은 잎끝까지 있거나 짧게 돌출한다. 암수딴그루이다. 삭은 길이 1.5~2.0mm이고 원통형이며 직립한다. 삭병은 길이 12~17mm이며 황갈색이다.
유사종과의 구분법 : 꼬마이끼속(*Weissia*)의 종들에 비해 잎가장자리가 평탄하며 잎에 잎집이 없는 것이 다른 점이다.
세계분포 : 북반구에 넓게 분포
국내분포 : 북한(금강산, 묘향산, 백두산 등), 강원(정선), 경남(양산), 전북(덕유산, 진안)

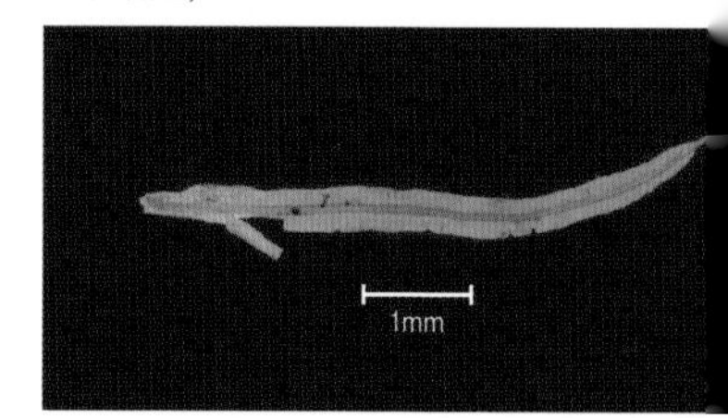

잎

삭, 2012.7.3

잎, 전북 진안군, 2012.5.31

경기 김포시, 2012.4.25

잎

구리이끼

학명 : *Scopelophila cataractae* (Mitt.) Broth.

생육지 : 낮은 산지의 습한 바위 위 또는 민가의 돌담, 땅 위에 모여 자란다.

형태 : 식물체는 황록색~녹색~암녹색이며, 줄기는 높이 5~15 mm이다. 잎은 길이 2~3mm이고 혀모양~도피침형이다. 잎끝은 뾰족하고 가장자리는 밋밋하다. 잎맥은 가늘고 잎끝 부근까지만 있다. 암수딴그루이지만 포자체는 드물다. 삭은 길이 1.0~1.5 mm이고 짧은 원통형이며 곧추서거나 비스듬히 곧추선다. 삭병은 길이 4~5mm이고 황색 빛이 돈다.

유사종과의 구분법 : 침꼬마이끼(*Pottia intermedia*)에 비해 잎맥이 가늘고 잎끝에 못미치는 것이 특징이다.

세계분포 : 한국, 일본, 동남아시아, 유럽, 아프리카(중부), 북아메리카, 중앙아메리카, 남아메리카(서부)

국내분포 : 경기(수원, 김포), 강원, 제주

마른 모습, 경기 김포시

경기 김포시, 2012.4.25

전북 부안군, 2012.4.13

꼬마이끼

학명 : *Weissia controversa* Hedw.
생육지 : 햇볕이 잘 드는 땅 위나 산지의 바위 지대, 민가의 돌담에 모여 자란다.
형태 : 식물체는 연한 녹색이며, 줄기는 높이 5mm 정도이다. 잎은 길이 2.3~3.0mm이고 선상 피침형~피침형이다. 잎끝은 좁고 뾰족하며 가장자리는 밋밋하지만 상부에 치돌기가 있다. 잎맥은 가늘고 선단까지 이어졌거나 짧게 돌출한다. 잎은 건조하면 심하게 말린다. 암수한그루이다. 삭은 길이 1.0~1.4mm이며 원통형~거의 원형이다. 마르면 길게 주름이 생긴다. 삭병은 길이 3~8mm이고 연한 황갈색이다.
유사종과의 구분법 : 납작꼬마이끼(*W. planifolia*)에 비해 잎이 가늘고 끝이 길게 뾰족하며 잎가장자리가 안으로 굽는 것이 다른 점이다.
세계분포 : 전 세계
국내분포 : 전국

잎

전남 진도군, 2012.4.3

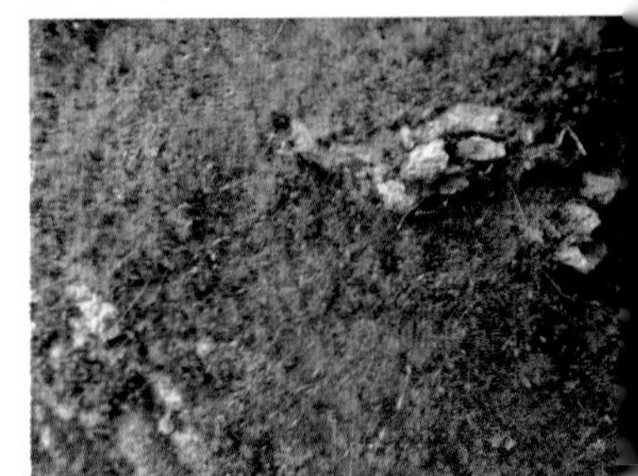

경남 밀양시, 2010.5.12

경북 울릉군, 2012.4.11

마른 모습, 경남 밀양시, 2010.5.12

전남 고흥군, 2012.4.13

들꼬마이끼

학명 : *Weissia edentula* Mitt.
생육지 : 산지의 반음지 바위 위 또는 땅 위에 모여 자란다.
형태 : 식물체는 녹색~짙은 녹색이며, 줄기는 곧추서고 높이 5mm까지 자란다. 잎은 길이 2.5mm 정도이고 좁은 피침형이다. 잎끝은 뾰족하며 가장자리는 밋밋하고 안으로 말린다. 잎맥은 뚜렷하고 선단까지 이어졌거나 짧게 돌출한다. 잎은 건조하면 심하게 말린다. 삭은 길이 1mm 정도이고 장타원상 난형이다. 삭병은 6mm 정도이다. 삭치는 없다.
유사종과의 구분법 : 꼬마이끼(*W. controversa*)와 비슷하지만 잎이 보다 가늘고 삭치가 없는 것이 다른 점이다.
세계분포 : 한국, 중국, 일본, 베트남, 필리핀, 오스트레일리아
국내분포 : 경남(지리산), 전남(고흥)

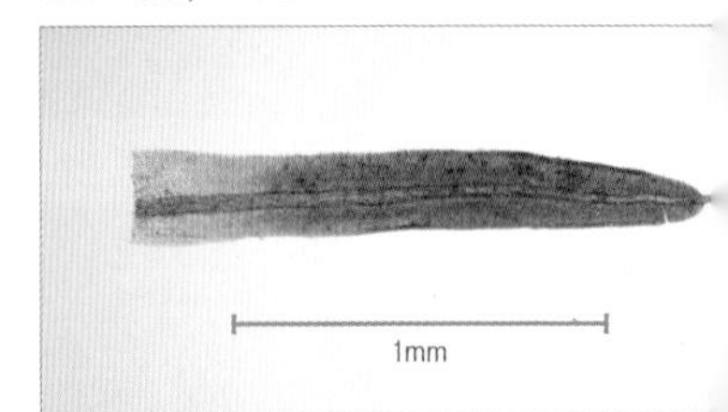

잎

전남 고흥군, 2012.4.13

마른 모습, 전남 고흥군

경북 울릉군, 2012.4.11

잎

경북 울릉군, 2012.4.11

경북 울릉군, 2012.4.11

고깔바위이끼

학명 : *Schistidium apocarpum* (Hedw.) Bruch & Schimp.

생육지 : 산지의 건조한 바위 위에 붙어 자란다.

형태 : 식물체는 황갈색~암록색이며, 줄기는 높이 1.2~4.0cm이다. 잎은 길이 2.0~2.5mm이고 타원형이고 기부는 피침형이다. 가장자리는 밋밋하고 뒤로 젖혀진다. 잎맥은 선단까지 이어졌고 흔히 돌출하여 짧은 투명첨이 된다. 암수한그루이다. 포엽은 크고 장난형이다. 삭은 길이 0.7~1.3mm이고 짧은 원통형~장타원형이며 암포엽에 싸여 있다. 삭병은 길이 0.5mm 정도로 매우 짧다. 삭모는 작은 고깔모양이다.

유사종과의 구분법 : 흰털고깔바위이끼(*Grimmia pilifera*)에 비해 잎끝의 투명한 침상 돌기가 짧거나 없으며, 구환이 없고 삭모가 작은 고깔모양으로 삭개만 덮는 것이 특징이다.

세계분포 : 한국, 중국, 일본, 유럽, 북아메리카

국내분포 : 북한(갑산, 경성, 금강산, 백두산, 칠보산 등), 강원(정선), 충남(계룡산), 경북(울릉도), 전북(부안), 제주

강원 정선군, 2011.5.11

흰털고깔바위이끼

학명 : *Grimmia pilifera* P. Beauv.

생육지 : 산지의 양지바른 바위 위에 모여 자란다. 전국 산지에서 흔히 관찰된다.

형태 : 식물체는 짙은 녹색~녹갈색이며 마르면 더욱 검게 된다. 줄기는 높이 2~4cm이고 가지가 많이 갈라진다. 건조하면 잎은 줄기에 압착해 붙는다. 잎은 길이 2.0~4.5mm이고 선형~피침형이며 잎끝은 길게 뾰족하고 투명한 침상 돌기가 있다. 잎맥은 뚜렷하다. 암수딴그루이다. 암포엽은 잎에 비해 매우 크다. 삭은 길이 1.0~1.5mm 정도이고 장난형이며 갈색이고 암포엽에 둘러싸여(침생) 있다. 삭병은 길이 0.5~1.0mm 정도로 매우 짧다.

유사종과의 구분법 : 고깔바위이끼(*Schistidium apocarpum*)에 비해 줄기 윗부분의 잎이 훨씬 길고 잎끝의 투명한 침상돌기가 긴 것이 다른 점이다.

세계분포 : 한국, 중국, 일본, 몽골, 러시아(동부), 북아메리카(동부)

국내분포 : 전국

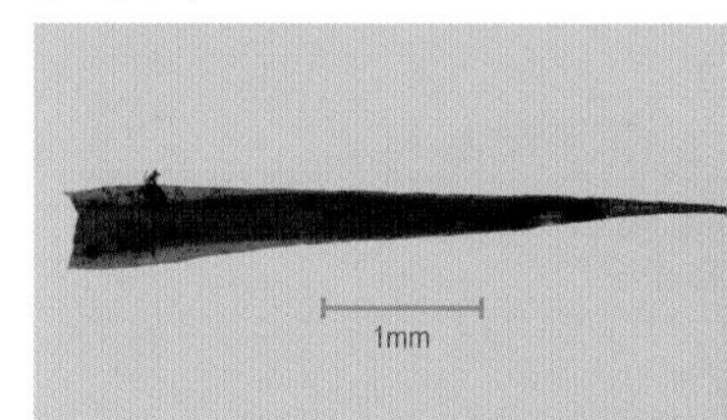

잎

삭, 경남 밀양시, 2012.12.11

전북 부안군, 2012.4.13

경남 밀양시, 2011.12.9

경남 밀양시, 2012.5.12

경기 포천시, 2011.6.10

물가곱슬이끼

학명 : *Ptychomitrium dentatum* (Mitt.) A. Jaeger
생육지 : 주로 산지 골짜기의 양지바른 바위 위에 붙어 자란다.
형태 : 식물체는 녹색~진한 녹색이며, 줄기는 높이 2~3(~5) cm이다. 잎은 길이 3.0~4.5mm이고 넓은 피침형~장타원상 난형이다. 마른 잎은 약간 꼬인다. 잎끝은 뾰족하거나 둔두이다. 상부의 가장자리에는 뚜렷한 치돌기가 있다. 잎맥은 정단의 약간 아래에서 끝이 난다. 삭은 길이 2mm 정도이고 장타원상이며 곧추선다. 삭병은 길이 2~3mm이고 황갈색~적갈색이며 1~3개씩 모여 난다. 삭모는 삭의 1/2 정도 덮는다. 삭치는 깊게 2열한다.
유사종과의 구분법 : 곱슬이끼(*P. sinense*)에 비해 잎의 상부에 뚜렷한 치돌기가 있으며 삭모가 짧아 삭의 1/2 정도만 덮는 것이 다른 점이다.
세계분포 : 한국, 중국, 일본, 베트남
국내분포 : 경기(포천), 경남(양산), 전남(덕유산)

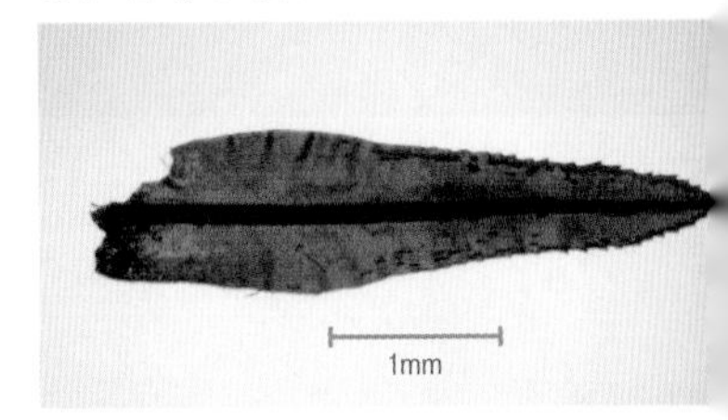

잎

경남 양산시, 2012.5.11

마른 모습, 2012.6.10

강원 정선군, 2012.4.27

1mm

잎

돌주름곱슬이끼

학명 : *Ptychomitrium linearifolium* Reimers & Sakurai

생육지 : 산지의 건조한 암반이나 바위 위에 둥근 덩어리를 만들며 모여 자란다.

형태 : 식물체는 황록색~녹색이며, 줄기는 높이 2~4(~6)cm이고 거의 가지가 갈라지지 않는다. 잎은 길이 4~6mm이고 선상피침형이다. 마른 잎은 심하게 꼬인다. 잎끝은 길게 뾰족하고 상부의 가장자리에는 치돌기가 드물게 있다. 잎맥은 정단의 약간 아래에서 끝이 난다. 삭은 길이 1.5~2.0mm 정도이고 장타원형~타원형이며 곧추선다. 삭병은 길이 2.5~7.0mm이고 황색~황갈색이며 1~2개씩 난다. 삭모는 삭의 1/2 정도 덮는다.

유사종과의 구분법 : 물가곱슬이끼(*P. dentatum*)에 비해 잎이 좁고 잎끝이 길게 뾰족한 것이 다른 점이다.

세계분포 : 한국, 중국, 일본

국내분포 : 강원(정선), 경남(밀양, 지리산), 전북(덕유산), 제주

삭, 강원 정선군, 2012.4.27

전북 덕유산, 2012.6.12

전북 덕유산, 2012.6.12

곱슬이끼

학명 : *Ptychomitrium sinense* (Mitt.) A. Jaeger
생육지 : 산지의 건조한 암반이나 바위 위에 둥근 덩어리를 만들며 모여 자란다.
형태 : 식물체는 황록색~암록색~갈색이며, 줄기는 높이 1cm 정도이고 가지가 갈라지기도 한다. 잎은 길이 2.5~4.0mm이고 장타원상 피침형~피침형이다. 마른 잎은 안쪽으로 말리면서 나선모양으로 심하게 꼬인다. 잎끝은 뾰족하고 가장자리는 밋밋하다. 잎맥은 정단까지 있다. 암수한그루이다. 삭은 길이 1.0~2.5mm 정도이고 장타원형~난형이며 곧추선다. 삭병은 길이 2.5~9.0mm이고 황갈색이며 1개씩 난다. 삭모는 삭 전체를 덮는다.
유사종과의 구분법 : 주름곱슬이끼(*P. fauriei*)에 비해 잎이 피침형이며 삭병이 황갈색~갈색인 것이 다른 점이다.
세계분포 : 한국, 중국, 일본, 러시아(동부), 북아메리카
국내분포 : 북한(경성, 묘향산, 백두산, 포태산 등), 경기(광릉, 소요산, 수원), 강원(계방산, 강릉), 충남(계룡산), 경남(지리산), 전북(덕유산, 진안)

잎

전북 진안군, 2012.5.31

강원 계방산, 2012.8.31

전북 부안군, 2012.4.13

1mm

잎

삭, 전북 부안군, 2012.4.13

잎, 전북 부안군, 2012.4.13

넓은곱슬이끼

학명 : *Ptychomitrium wilsonii* Sull. & Lesq.

생육지 : 산지의 암반이나 바위 위에 둥근 덩어리를 만들며 모여 자란다.

형태 : 식물체의 윗부분은 녹색이고 아랫부분은 암록색이다. 줄기는 높이 1~4cm이고 가지가 갈라지기도 한다. 잎은 길이 3.9~4.0mm이고 넓은 장타원상 피침형~장타원상 난형이다. 마른 잎은 안쪽으로 말리면서 줄기에 압착한다. 잎끝은 넓게 뾰족하거나 둔하고 상반부 가장자리에는 미세한 치돌기가 불규칙하게 있다. 잎맥은 정단의 약간 아래에서 끝이 난다. 암수한그루이다. 삭은 길이 1.5~1.8mm 정도이고 장타원형~난형이며 곧추선다. 삭병은 길이 4.5~6.0mm이고 황색이다. 삭모는 삭의 1/2 정도 덮는다. 삭치는 3~4열한다.

유사종과의 구분법 : 곱슬이끼(*P. sinense*)에 비해 삭이 작고 삭모가 삭의 1/2 정도만 덮으며, 잎의 상부 가장자리에 뚜렷한 치돌기가 있는 것이 다른 점이다.

세계분포 : 한국, 중국, 일본

국내분포 : 경기(소요산), 충남(계룡산), 충북(속리산), 전북(부안), 제주

경북 의성군, 2012.4.27

서리이끼

학명 : *Racomitrium canescens* (Hedw.) Brid.

생육지 : 산지의 양지바른 바위 위, 사질토양의 길가, 바닷가 사구 등에 모여 자란다.

형태 : 식물체는 황록색~암록색이며 윤기가 난다. 줄기는 높이 3~5cm이고 곧추 자라며 불규칙하게 갈라진다. 잎은 긴 난상 피침형~난상 피침형이고 끝부분에 표면에 작은 유두와 치돌기가 있다. 잎맥은 뚜렷하며 선단까지 이어졌다. 잎끝에는 백색의 투명첨이 있는 경우가 많아서 전체적으로 보면 서리를 연상시킨다. 암수딴그루이다. 삭은 장난형~장타원상 원통형이고 곧추선다. 삭병은 길이 15~20mm 정도이고 적갈색~흑갈색이다.

유사종과의 구분법 : 민서리이끼(*R. fasciculare*)에 비해 잎끝에 투명첨이 발달하는 편이며 잎 상부 가장자리에 뚜렷한 치돌기가 있는 것이 다른 점이다.

세계분포 : 북반구에 넓게 분포

국내분포 : 전국

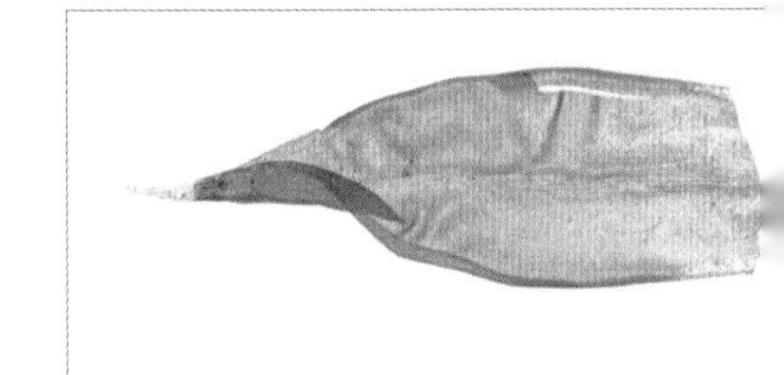

잎

마른 모습, 경남 밀양시, 2010.5.12

경북 의성군, 2012.4.27

경북 의성군, 2012.4.27

경남 밀양시, 2010.5.12

제주 한라산, 2011.10.11

선류식물문 | 고깔바위이끼과 Grimmiaceae

누운서리이끼

학명 : *Racomitrium ericoides* (Brid.) Brid.

생육지 : 주로 해발고도가 높은 산지의 양지바른 바위 위 또는 땅 위에 모여 자란다.

형태 : 식물체는 황록색이며 윤기가 난다. 줄기는 높이 3~8cm 이고 누워 자라며 가지가 많이 갈라진다. 잎은 피침형이며 다소 비틀리고 끝부분은 약간 꼬인다. 잎맥은 뚜렷하며 선단까지 이어졌다. 잎끝에는 긴 백색의 투명첨이 있다. 암수딴그루이다. 삭은 장난형이고 곧추선다. 삭병은 길이 15mm 정도이다.

유사종과의 구분법 : 서리이끼(*R. canescens*)에 비해 줄기가 많이 갈라지고 누워 자라며, 잎이 피침형이고 끝이 꼬리처럼 길어지는 것이 다른 점이다. 서리이끼의 변종(*R. canescens* var. *ericoides*)으로 분류하기도 한다.

세계분포 : 북반구에 넓게 분포

국내분포 : 북한(관모봉), 전남(지리산), 전북(덕유산), 제주(한라산)

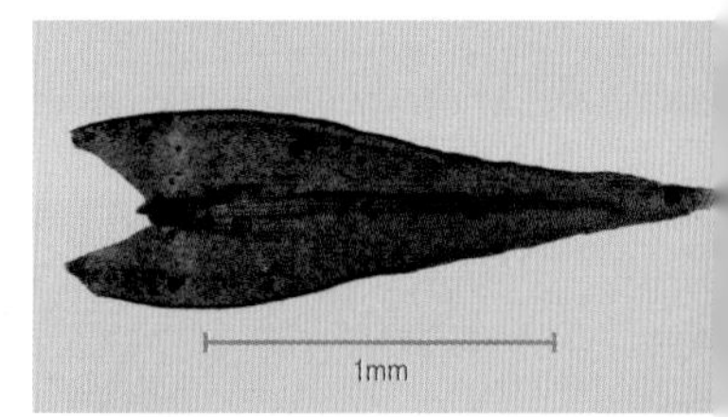

잎

잎, 제주 한라산, 2011.10.11

제주 한라산, 2011.10.11

전남 해남군, 2012.4.4

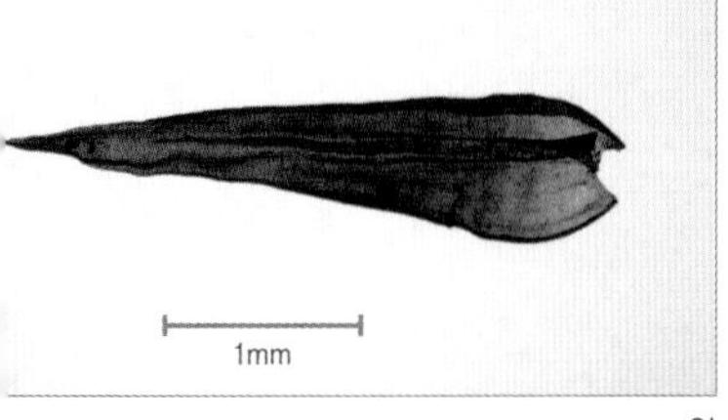

잎

잎, 경남 밀양시, 2012.9.4

전남 해남군, 2012.4.4

민서리이끼

학명 : *Racomitrium fasciculare* (Hedw.) Brid. var. *fasciculare*
생육지 : 아고산~고산 지대의 그늘진 습한 암반이나 바위틈의 사질토양에 모여 자란다.
형태 : 식물체는 황색~황록색~짙은 녹색이고, 줄기는 높이 5~6 (~10)cm이며 옆으로 긴다. 가운데 줄기는 뚜렷하며 가끔 깃모양으로 작은 가지를 낸다. 잎은 피침형~장타원상 난형이며 잎끝은 둔하거나 짧게 뾰족해지고 투명첨은 없다. 가장자리의 상부에는 미약한 치돌기가 있으며 잎맥은 약간 넓은 편이다. 암수딴그루이다. 삭은 길이 1.2~1.8mm이고 장타원형이며 마르면 흑갈색이 된다. 삭병은 길이 3~18mm 정도이고 적갈색이며 평활하다. 삭모는 길이 1.5~2.2mm 정도이다.
유사종과의 구분법 : 서리이끼(*R. canescens*)에 비해 잎끝에 투명첨이 발달하지 않으며 잎 상부 가장자리에 미약한 치돌기가 있는 것이 다른 점이다.
세계분포 : 한국, 중국, 일본, 타이완, 유럽, 북아메리카
국내분포 : 북한(금강산, 노봉, 묘향산, 백두산, 원산 등), 경남(밀양), 전남(해남), 전북(덕유산), 제주

강원 설악산, 2012.8.8

갈색민서리이끼

학명 : *Racomitrium fasciculare* var. *atroviride* Cardot
생육지 : 산지의 양지바른 바위 위에 모여 자란다.
형태 : 식물체는 황록색~황갈색이고 윤기는 없다. 줄기는 길이 10cm 정도까지 자란다. 줄기는 비스듬히 누워서 자라며 가지는 다소 드물게 갈라진다. 잎은 난상 피침형이고 상부에서 길게 좁아지며 끝은 뾰족하거나 둔하다. 잎맥은 가늘며 잎의 중앙부~잎끝 부근까지 있다. 삭은 길이 1.2~1.8mm이고 장타원상 원통형이다. 삭병은 길이 3~18mm이고 평활하다.
유사종과의 구분법 : 민서리이끼(var. *fasciculare*)와 매우 유사하지만 보다 대형으로 자라고 가지도 보다 길게 자란다. 또한 잎의 기부가 넓은 난형이고 잎의 상부가 길게 자라는 것이 특징이다. **접친민서리이끼(*Racomitrium carinatum*)**는 잎맥이 두껍고 대개 잎끝이 차츰 좁아져서 길게 자라지 않으며 투명첨이 없거나 아주 미약한 것이 특징이다.
세계분포 : 한국, 일본, 타이완, 필리핀, 인도네시아(보르네오섬)
국내분포 : 북한(경성, 금강산), 서울(관악산), 강원(오대산, 설악산), 경남(지리산), 제주

잎

마른 모습, 강원 설악산, 2012.8.8

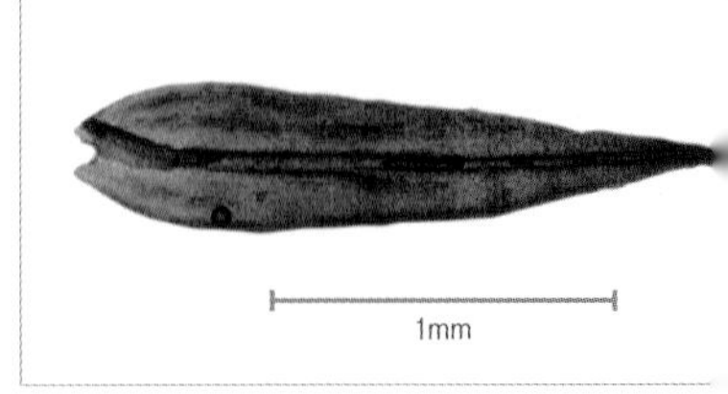

접친민서리이끼, 잎

강원 설악산, 2012.8.7

된서리이끼 

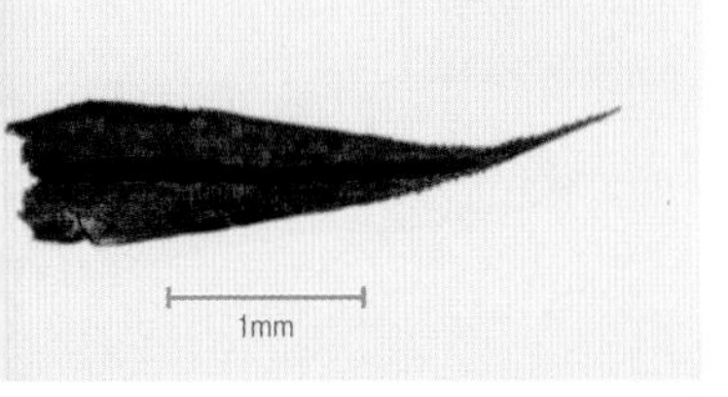

잎

잎, 강원 설악산, 2012.8.7

습할 때 모습, 강원 설악산, 2012.8.7

학명 : *Racomitrium lanuginosum* (Hedw.) Brid.

생육지 : 아고산~고산 지대의 건조한 암반이나 부식토에서 모여 자란다.

형태 : 식물체는 황갈색~짙은 녹색이고 건조하면 흑갈색이 된다. 줄기는 높이 15cm 이상 자라기도 한다. 잎은 길이 3~5mm이고 선상 피침형이며 기부는 장난형이다. 끝에는 길고 흰 투명첨이 있어 모여 있는 개체군을 보면 서리가 내린 것처럼 보인다. 잎끝 투명첨의 가장자리는 가시 같은 뚜렷한 치돌기가 있다. 잎맥은 잎끝까지 있다. 암수딴그루이다. 삭은 길이 2mm 정도이고 장타원형이며 갈색~적갈색이고 곧추선다. 마르면 세로로 주름진다. 삭병은 길이 3~4mm이고 전체가 거칠며 갈색~적갈색이다.

유사종과의 구분법 : 서리이끼(*R. canescens*)에 비해 잎끝의 투명첨이 길게 발달하고 투명첨 가장자리에 가시 같은 치돌기가 발달하며, 삭병 전체가 거친 것이 다른 점이다.

세계분포 : 동아시아(한국, 중국, 일본 등), 동남아시아(필리핀, 뉴기니), 유럽, 북아메리카, 중앙아메리카, 남아메리카, 뉴질랜드, 오스트레일리아

국내분포 : 북한(금강산, 대흥, 묘향산, 백두산), 강원(설악산, 평창), 경남(지리산), 제주(한라산)

대구 수성구, 2012.4.25

선류식물문 | 나무연지이끼과 Erpodiaceae

깍지이끼

학명 : *Glyphomitrium humillimum* (Mitt.) Cardot
생육지 : 산지의 나무줄기 또는 습한 바위 위에 모여 자란다.
형태 : 식물체는 작고 녹색~녹갈색이며, 융단모양으로 빽빽이 난다. 줄기는 높이 5~10(~20)mm이며 곧추서거나 경사지고 가지가 다소 갈라진다. 잎은 길이 1.5~2.5mm이고 피침형이며 끝은 뾰족하다. 잎맥은 가늘고 선단까지 이어졌거나 돌출하며 잎가장자리는 밋밋하다. 삭은 도란형이며 삭병은 길이 1.5~3.0mm이다. 암포엽은 잎보다 길고 길이 2~3mm이며 삭병을 감싸고 끝이 삭에 닿는다. 삭모는 삭 전체를 덮는다.
유사종과의 구분법 : 깍지이끼속은 암포엽이 거의 삭병 전체를 감싸는 것이 특징이다. 일본에 분포하는 *G. minutissimum*과 비슷하지만 보다 대형이고, 잎맥이 잎끝까지 있거나 약간 돌출하는 것이 다른 점이다.
세계분포 : 한국, 중국, 일본
국내분포 : 충남(공주), 충북(영동), 대구, 제주

잎

제주, 2011.6.28

마른 모습, 제주, 2013.3.25

경남 밀양시, 2012.12.11

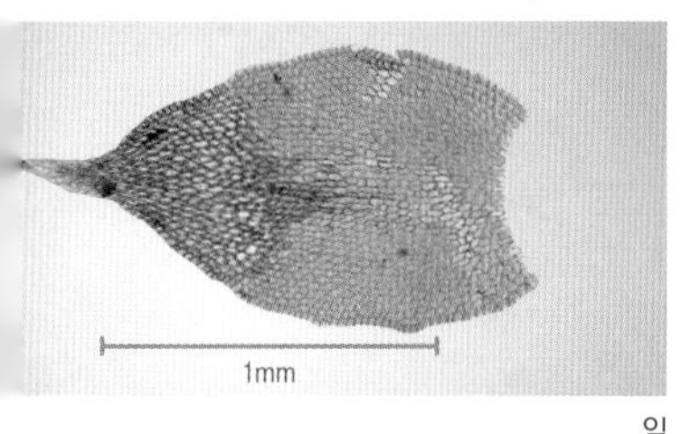

잎

경북 의성군, 2011.4.8

경북 의성군, 2011.9.13

나무연지이끼 

학명 : *Venturiella sinensis* (Venturi) Müll. Hal.

생육지 : 산지 또는 민가의 나무줄기에 모여 자란다. 가로수(은행나무, 이팝나무 등)에서 비교적 흔히 관찰된다.

형태 : 식물체는 작으며 황록색~짙은 녹색이다. 줄기는 기는 부분과 곧은 부분이 있다. 잎은 줄기에 빽빽이 나며 약간의 이형성을 갖는다. 마른 잎은 가지에 붙는다. 잎은 길이 1.0~1.5mm이고 난형 또는 난상 타원형이다. 끝은 뾰족하고 투명첨이 되며 가장자리는 거의 밋밋하다. 삭은 길이 1.5mm 정도이며 투명첨을 가진 암포엽 사이에 깊이 들어 있다. 삭모는 종모양이고 깊은 세로 주름이 있으며 밑부분은 깊게 갈라진다.

유사종과의 구분법 : 국명은 '나무에 붙어 자라며, 연지의 모양과 색을 닮은 이끼'라는 의미이며, 삭의 구환과 삭치가 연지색~적색인 것이 특징이다.

세계분포 : 한국, 중국, 일본, 타이완, 몽골, 북아메리카(남서부)

국내분포 : 전국

경북 울릉군, 2012.4.11

표주박이끼

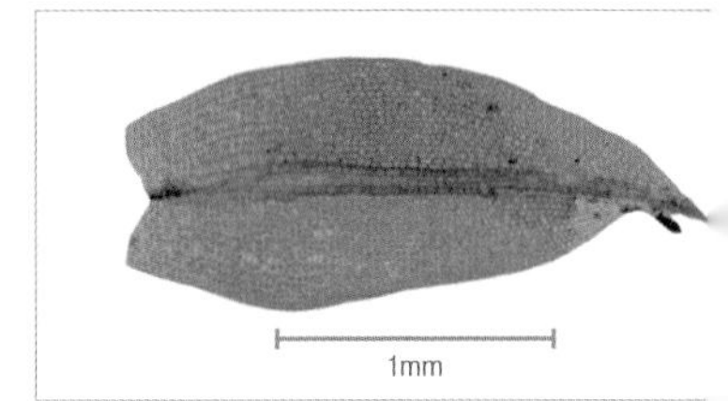

잎

학명 : *Funaria hygrometrica* Hedw.

생육지 : 주로 길가, 민가의 빈터, 담장 등에 모여 자란다. 보도블록 틈에서 흔히 관찰된다.

형태 : 식물체는 1년생이고 연한 황록색~녹색이다. 줄기는 높이 4~10mm로 짧고 흔히 갈라지지 않는다. 상부의 잎은 긴 타원상 난형~넓은 난형이고 보트모양으로 굽어 있으며 끝은 짧게 뾰족하다. 잎맥은 가늘고 잎끝에서 끝나거나 짧게 돌출하며 잎가장자리는 밋밋하다. 암수한그루이며 삭은 봄철에 잘 형성하는 편이다. 삭은 길이 2.0~3.5mm이고 비대칭의 서양배모양이며 깊은 세로 주름이 여러 개 있다. 삭병은 2.0~4.5cm이고 가늘고 구부러진다. 삭모는 둥근 모자형이고 끝에 긴 부리가 있다.

유사종과의 구분법 : 풍경이끼속(*Physcomitrium*)의 종들에 비해 삭모가 둥근 모자형이고 가늘며 삭이 서양배모양으로 거의 비상칭인 것이 다른 점이다.

세계분포 : 남극을 제외한 전 세계

국내분포 : 전국

잎, 전남 진도군, 2012.4.3

전남 진도군, 2012.4.3

미성숙 삭, 경북 울릉군, 2012.4.12

경남 고성군, 2012.3.31

전남 진도군, 2012.4.3

아기풍경이끼

학명 : *Physcomitrium sphaericum* (C. F. Ludw.) Fürnr.
생육지 : 주로 길가, 민가의 빈터, 논·밭둑 등에 모여 자란다. 농경지에서 흔히 관찰된다.
형태 : 식물체는 작으며 외부 형태는 풍경이끼나 큰잎풍경이끼와 매우 유사하다. 잎은 길이 3mm 이하이고 장타원형~장타원상 주걱형이며 가장자리는 밋밋하거나 중·상부에 미세한 치돌기가 있다. 잎맥은 잎끝까지 있거나 짧게 돌출한다. 삭은 길이 0.7~0.9mm이고 반구형이며 삭치는 분화하지 않는다. 삭병은 길이 2~3mm이고 적갈색이다. 삭모는 길이 1.2mm이고 첨모형이며 기부는 불규칙하게 갈라진다.
유사종과의 구분법 : 풍경이끼(*P. japonicum*)에 비해 작으며(잎의 길이가 3mm 이하), 잎가장자리 현부가 거의 없거나 1줄로 된 현세포가 있다. 또한 삭이 반구형이고 삭병이 짧은 것(풍경이끼는 8mm 이상)이 특징이다.
세계분포 : 한국, 중국, 일본, 타이완, 인도, 러시아(동부), 유럽
국내분포 : 전국

잎

삭, 전남 진도군, 2012.4.3

전남 진도군, 2012.4.3

전남 고흥군, 2012.4.13

잎

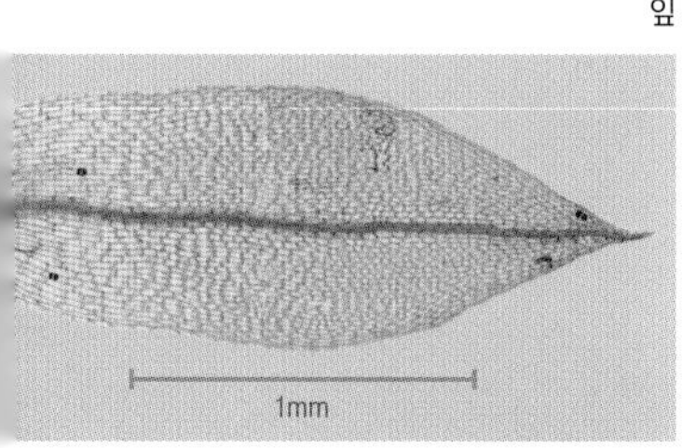

큰잎풍경이끼, 잎

큰잎풍경이끼, 인천 국립생물자원관, 2013.4.30

풍경이끼

학명 : *Physcomitrium japonicum* (Hedw.) Mitt.

생육지 : 숲가장자리에서도 자라지만 주로 길가, 민가의 빈터, 논·밭둑 등에 모여 자란다.

형태 : 식물체는 작으며 외부 형태는 큰잎풍경이끼와 매우 유사하다. 잎은 길이 4mm 이하이고 장타원상 주걱형이며 가장자리는 거의 밋밋하다. 잎맥은 잎끝까지 있다. 삭은 길이 0.9~1.5 mm이고 컵모양이며 삭치는 분화하지 않는다. 삭병은 길이 10~ 15mm이고 황갈색이다. 삭모는 길이 3.0~3.5mm이고 첨모형이며 기부는 불규칙하게 갈라진다. 포자에는 유두가 빽빽이 나며 흑갈색이다.

유사종과의 구분법 : 큰잎풍경이끼(*P. eurystomum*)는 잎맥이 흔히 잎끝을 약간 돌출하고, 삭병의 길이가 0.8mm 정도로 약간 짧으며 포자가 황갈색이고 작은 가시돌기가 빽빽이 나는 것이 특징이다.

세계분포 : 한국, 중국, 일본, 타이완, 인도, 러시아(동부), 유럽

국내분포 : 전국

경북 울릉군, 2012.4.12

가는참외이끼

학명 : *Brachymenium exile* (Dozy & Molk.) Bosch & Sande Lac.
생육지 : 주로 들이나 민가의 땅 위 또는 돌담이나 바위틈에 모여 자란다.
형태 : 식물체는 작으며, 짙은 녹색이고 은이끼와 비슷하게 자란다. 줄기는 높이 3~6mm이며 잎이 줄기에 복와상으로 밀착되어 있다. 잎은 길이 0.6~1.0mm이고 타원상 난형~난형이다. 가장자리는 밋밋하고 굽어 있으며 잎맥은 뚜렷하고 끝이 길게 돌출한다. 암수딴그루이다. 포자체는 잘 형성하지 않는 편이나. 삭은 길이 1.2~1.6mm이고 장난형~난형이며 상칭이다. 삭병은 길이 8~10mm이고 적갈색이다. 잎겨드랑이에 난형의 무성아가 많다.
유사종과의 구분법 : 노란참외이끼(*B. nepalense*)에 비해 식물체는 작고(잎의 길이 0.6~1.0mm), 잎가장자리에 현이 거의 분화되지 않는 것이 다른 점이다.
세계분포 : 북반구에 넓게 분포
국내분포 : 충남(공주), 경북(울릉도, 독도)

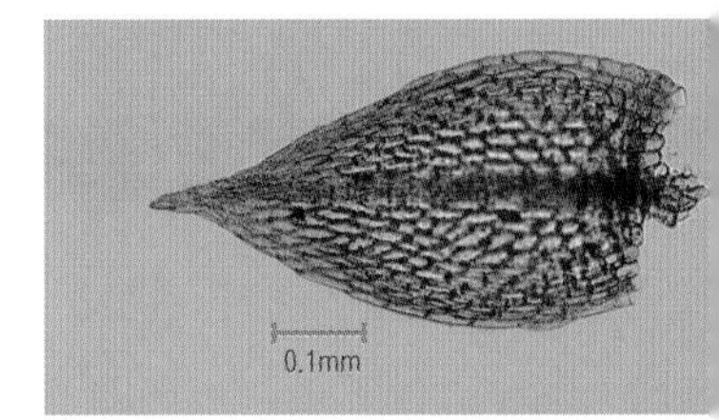

잎

잎, 경북 울릉군, 2012.4.12

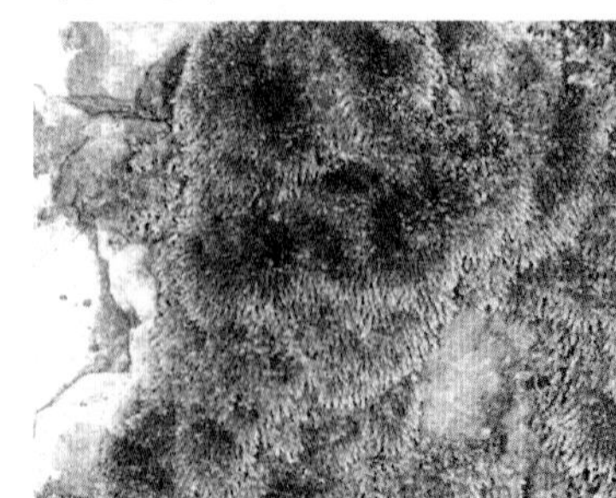

경북 독도, 2011.7.25 ©여진동

강원 평창군, 2012.8.31

노란참외이끼

1mm

잎

잎, 강원 계방산, 2013.8.30

강원 계방산, 2013.8.30

학명 : *Brachymenium nepalense* Hook.

생육지 : 주로 산지의 습한 나무줄기에 붙어 자라지만 간혹 바위 겉에서도 모여 자란다.

형태 : 식물체는 녹색 또는 짙은 녹색이다. 줄기는 높이 1cm 정도이고 곧추서며 기부에는 작은 헛뿌리들이 있다. 마르면 잎은 약간 비틀어지거나 강하게 말린다. 잎은 장타원상 피침형~도란형이고 상부의 잎은 길이 1.0~3.5mm이지만 아래쪽으로 갈수록 작아진다. 잎맥은 길게 돌출하며 적색 빛이 돈다. 잎끝은 뾰족하며 가장자리에는 미세한 치돌기가 있다. 삭은 길이 3.5~4.0mm이고 좁은 타원형이며 곧추서거나 약간 비스듬히 달린다. 삭병은 길이 2~3cm이고 곧추서며 윤기가 있는 적갈색이다.

유사종과의 구분법 : 가는참외이끼(*B. exile*)에 비해 대형이고, 건조하면 잎이 강하게 말리는 것과 잎가장자리에 현이 잘 분화되어 있고 뒤로 약간 젖혀지는 것이 특징이다.

세계분포 : 한국, 중국, 일본, 러시아(동부)

국내분포 : 북한(관모봉), 강원(설악산, 계방산, 평창, 홍천, 횡성), 충남(계룡산), 전북(덕유산)

전북 진안군, 2011.7.12

 은이끼

학명 : *Bryum argenteum* Hedw.

생육지 : 산지를 포함해 특히, 민가의 빈터, 돌담, 시멘트담장, 보도블록 틈, 지붕 위 등에 모여 자란다. 주변에서 가장 흔히 관찰되는 이끼류이다.

형태 : 식물체는 작으며 백색~백록색~은녹색~녹색이다. 줄기는 높이 5~10mm이고 곧추서며 가지는 많이 갈라진다. 잎은 길이 0.5~1.0mm이고 넓은 난형~거의 원형이며 줄기에 복와상으로 붙는다. 잎끝은 둔하거나 뾰족하고 선단은 짧게 뾰족하며 가징자리는 밋밋하다. 잎맥은 잎끝까지 있거나 잎끝 부근에서 끝난다. 삭은 길이 1.3~1.8mm이고 장타원형~난형이며 짧은 경부를 가지고 있고 밑으로 처진다. 삭병은 길이 1~2cm이고 갈색~적갈색이다.

유사종과의 구분법 : 잎이 복와상으로 달리는 모습이 가는참외이끼(*Brachymenium exile*)와 닮았지만, 잎이 흔히 은백색을 띠며 보다 넓은 난형이고 잎맥이 선단에 짧게 뾰족한 점이 다른 점이다. **겉은이끼(*Anomobryum filiforme*)**는 은이끼와 유사하지만 줄기가 보다 가늘고 길며, 잎이 강하게 줄기에 압착하여 붙는 것이 다른 점이다.

세계분포 : 전 세계

국내분포 : 전국

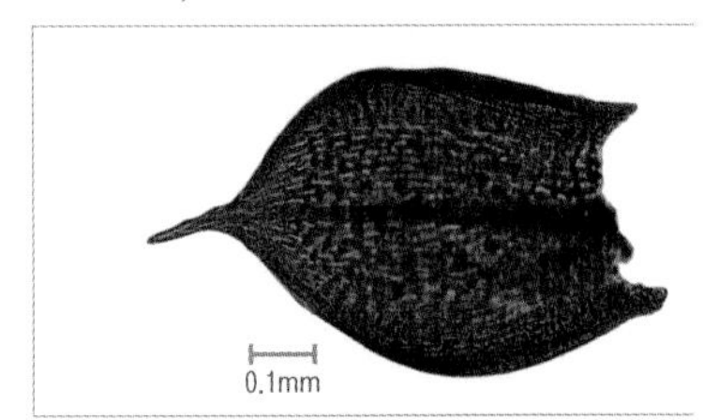

잎

삭, 강원 인제군, 2011.5.1

전북 진안군, 2011.7.12

강원 덕항산, 2011.8.4

겉은이끼, 잎, 충북 괴산군, 2013.7.17

경북 청송군, 2013.7.18

꼬인물가철사이끼

학명 : *Bryum cyclophyllum* (Schwagr.) Bruch. & Schimp.
생육지 : 습지 또는 골짜기 부근의 땅 위, 바위 위에 모여 자란다.
형태 : 식물체는 녹색~짙은 녹색이다. 줄기는 높이 1~3cm 정도이고 곧추선다. 잎은 길이 1.0~1.8cm이고 둥근 타원형 또는 넓은 난형이며 마르면 꼬인다. 잎끝은 둥글거나 둔하다. 가장자리는 안쪽으로 말리고 잎맥은 선단부까지 못미친다. 삭은 굽어져서 자란다. 삭병은 길이 2~3cm이고 황갈색~적갈색이며 곧추선다. 삭치는 황갈색으로 잘 발달되어 있고 윗부분은 투명하다. 삭개는 고깔모양이지만 긴 부리는 가지고 있지 않다.
유사종과의 구분법 : 좀물가철사이끼(*B. cellularae*)에 비해 보다 줄기와 잎이 대형이며 줄기에 잎이 성글게 붙는 편이다.
세계분포 : 북반구(북부)에 넓게 분포
국내분포 : 북한(금강산, 추애산), 경기(소요산), 강원(삼척), 경북(청송), 전북(덕유산)

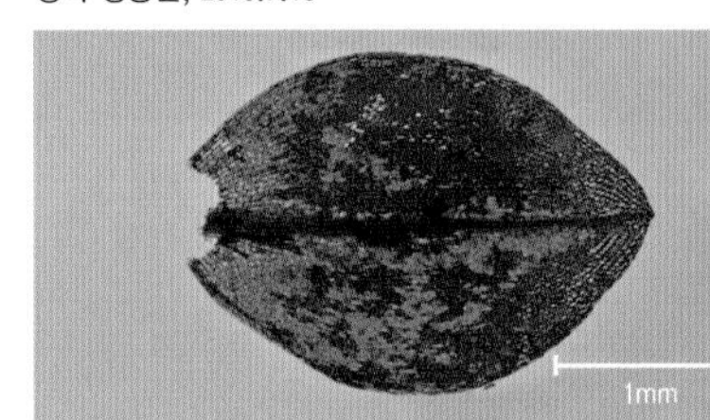

잎

잎, 경북 청송군, 2013.7.18

마른 모습

인천 국립생물자원관 온실, 2012.4.10

서양배이끼 

1mm

잎

삭, 인천 국립생물자원관, 2012.4.10

잎, 인천 국립생물자원관, 2012.4.10

학명 : *Leptobryum pyriforme* (Hedw.) Wilson

생육지 : 산지의 길가 습한 곳 또는 부식토에 모여 자란다. 민가 주변, 집이나 온실의 화분에서 자라기도 한다.

형태 : 식물체는 황록색~녹색이며 약간 윤기가 있다. 줄기는 높이 5~10mm이고 상부에 잎이 모여 달린다. 잎은 길이 (2~)7mm 정도이고 선형~선상 피침형이다. 잎맥은 비교적 큰 편이고 기부에서는 잎 너비의 1/3~1/2을 차지한다. 가장자리는 밋밋하다. 암수한그루이다. 삭은 길이 1.5~1.8mm이고 서양배모양이며 비상칭이다. 적갈색이고 윤기가 있다. 삭병은 길이 15~35mm이고 적갈색이며 줄기 끝에 달린다.

유사종과의 구분법 : 수세미이끼속(*Pohlia*)의 종들에 비해 잎이 선형으로 좁으며 잎맥이 매우 넓어서 잎의 대부분을 차지하는 것이 특징이다.

세계분포 : 전 세계

국내분포 : 북한(백두산, 차일봉), 인천(국립생물자원관 온실) 등

경북 울릉군, 2012.4.11

들수세미이끼

학명 : *Pohlia camptotrachela* (Ren.& Cardot) Broth.

생육지 : 산지나 들의 습한 땅 위에 모여 자란다.

형태 : 식물체는 황록색이며, 줄기는 높이 1~2cm이고 곧추 자란다. 무성아는 줄기 상부의 잎겨드랑이에 소수 달리며 크기와 모양이 다양하다. 잎은 마르면 줄기에 밀착한다. 잎은 길이 1~3mm이고 좁은 피침형(버들잎모양)이며 끝이 날카롭게 뾰족하다. 잎가장자리는 편평하고 상부 쪽에 무딘 치돌기가 있다. 잎맥은 잎끝 부근에서 끝난다. 암수한그루이다. 삭은 길이 3mm 정도이고 장타원형이며 갈색이다. 삭병은 길이 20~25mm이다.

유사종과의 구분법 : 흙들수세미이끼(*P. proligera*)는 들수세미이끼에 비해 줄기 상부에 무성아가 빽빽이 달리고, 잎에 윤기가 약간 있는 것이 다른 점이다.

세계분포 : 북반구에 넓게 분포

국내분포 : 서울(관악산), 경남(지리산), 경북(울릉도), 전북(덕유산)

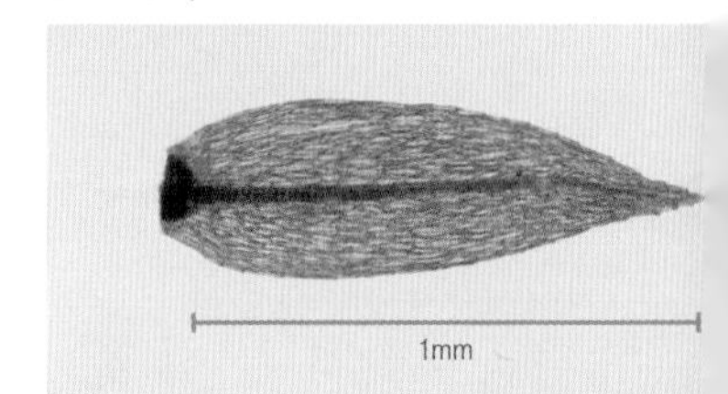

잎

흙들수세미이끼, 경기 포천시, 2011.4.10

흙들수세미이끼, 경기 포천시, 2011.5.10

경기 연천군, 2012.4.29

윤빛수세미이끼 

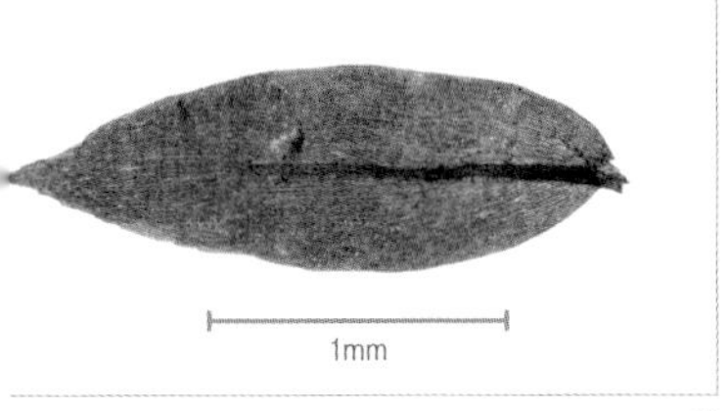

잎

삭, 강원 정선군, 2012.4.27

잎, 강원 화천군, 2012.8.3

학명 : *Pohlia cruda* (Hedw.) Lindb.

생육지 : 아고산대~고산대 산지의 바위 위에 모여 자란다. 국내에서는 주로 풍혈지에서 관찰된다.

형태 : 식물체는 황색~연한 녹색이고 윤기가 많이 난다. 줄기는 높이 2cm 정도이고 적갈색이다. 줄기 상반부의 잎은 길이 2.5~3.0mm이고 선형~좁은 장타원형이며 끝은 약간 비틀리고 기부는 붉은빛이 돈다. 잎의 상부 가장자리에 둔한 치돌기가 있다. 잎맥은 대부분 잎끝에서 많이 떨어진 곳에서 끝이 나지만 상부의 잎은 잎끝 부근까지 도달한다. 삭은 길이 2.5~3.0mm이고 장타원상 원통형이며 갈색이고 수평 또는 밑을 향해 달린다. 삭병은 길이 10~15mm이며 윤기가 있는 적갈색이다.

유사종과의 구분법 : 철사수세미이끼(*P. wahlenbergii*)에 비해 잎이 황색~연한 녹색이고 강한 윤기가 나며, 삭이 장타원상으로 긴 것이 특징이다.

세계분포 : 북반구에 넓게 분포

국내분포 : 북한(관모봉, 금강산, 대흥, 묘향산, 백두산 등), 경기(연천), 강원(정선, 평창, 홍천, 화천), 경남(밀양), 경북(청송), 전북(진안)

전북 진안군, 2011.7.12

긴수세미이끼

학명 : *Pohlia elongata* Hedw.

생육지 : 아고산대~고산대 산지의 바위 위 또는 땅 위에 모여 자란다.

형태 : 식물체는 황록색~진한 녹색이다. 줄기는 높이 1~2cm 정도이고 곧추선다. 잎은 길이 3~5mm이고 선형(버들잎모양)이며 상부로 갈수록 좁아지고 뾰족해진다. 잎가장자리는 편평하고 잎끝 부분의 가장자리에 작은 치돌기가 있다. 잎맥은 튼튼하며 잎끝에서 끝나거나 짧게 돌출한다. 삭은 길이 3~6mm이고 좁은 원통형이며 경부는 가늘고 길다. 삭병은 길이 1~4cm이고 황갈색이며 곧추선다.

유사종과의 구분법 : 긴목수세미이끼(*P. longicollis*)와 비슷하지만 잎이 보다 가늘고 길며, 삭이 좁은 원통형으로 길고 경부의 길이가 포자실과 같거나 긴 것이 다른 점이다.

세계분포 : 한국, 중국, 일본, 러시아(동부), 유럽, 북아메리카

국내분포 : 북한(관모봉, 금강산, 낭림산, 묘향산, 백두산 등), 강원(계방산), 전북(덕유산, 진안), 제주(한라산)

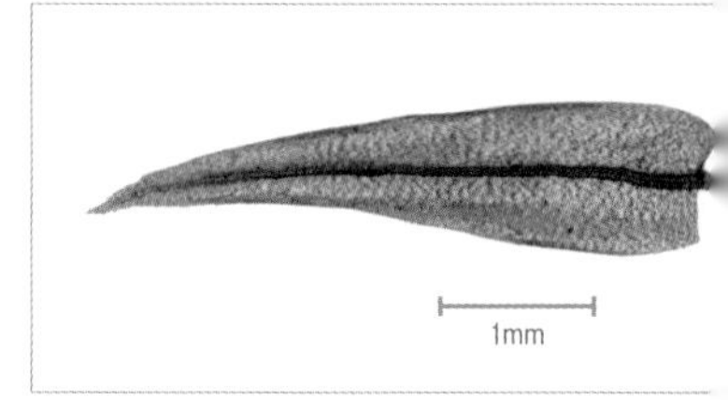

잎

삭, 강원 계방산, 2012.8.31

잎, 강원 계방산, 2013.8.31

강원 계방산, 2013.8.31

긴목수세미이끼, 경기 연천군, 2012.8.27

제주 한라산, 2011.10.20 ©이강협

큰꽃송이이끼

학명 : *Rhodobryum giganteum* (Schwägr.) Paris
생육지 : 산지의 습한 부식토 또는 썩은 나무 위에 모여 자란다.
형태 : 식물체는 녹색~진한 녹색이며, 땅속으로 길게 가는 포복줄기가 뻗는다. 줄기는 높이 2~4cm 정도이고 상부에 잎이 로제트형으로 모여 달리며 로제트는 지름 3cm 정도이다. 줄기 상부의 잎은 길이 1.5~2.0cm이고 장타원상 피침형~장타원상 주걱형~장난형이다. 끝은 뾰족하고 가장자리는 밋밋하지만 상부에 2개로 된 뾰족한 치돌기가 있다. 잎맥은 잎끝까지 있다. 암수딴그루이다. 포자체는 거의 생기지 않는다. 삭은 길이 4~6mm 정도이고 긴 원통형이며 윤기가 난다. 삭병은 길이 4~6cm이고 적갈색이며 1~3개씩 줄기 끝에 달린다.
유사종과의 구분법 : 꽃송이이끼(*R. roseum*)에 비해 잎이 길고 끝이 뾰족한 장타원상 주걱형이며 상부 가장자리에 치돌기가 2개씩 나는 것이 특징이다.
세계분포 : 동아시아(한국, 중국, 일본 등), 동남아시아, 미국(하와이), 마다가스카르
국내분포 : 제주(한라산)

잎, 제주 한라산, 2011.10.20 ©이강협

잎, 제주 한라산, 2011.10.20 ©이강협

제주 한라산, 2011.10.20 ©이강협

백두산, 2013.9.24

꽃송이이끼 

강원 평창군, 2011.5.3 ©이강협

학명 : *Rhodobryum roseum* (Hedw.) Limpr.

생육지 : 산지의 습한 부식토 또는 썩은 나무 위에 모여 자란다.

형태 : 식물체는 녹색~진한 녹색이며, 땅속으로 길게 가는 포복줄기가 뻗는다. 줄기는 높이 1~2cm 정도이고 상부에 잎이 로제트형으로 모여 달리며 로제트는 지름 1.5cm 정도이다. 줄기 중앙 이하에 달리는 잎은 장타원형이다. 줄기 상부의 잎은 길이 1cm 정도이고 장타원형~장타원상 도란형이다. 가장자리는 밋밋하지만 상부에 1개로 된 뾰족한 치돌기가 있다. 암수딴그루이다. 삭은 길이 5~6mm 정도이고 원통형이며 윤기가 약간 난다. 삭병은 길이 3~3.5cm이고 갈색이며 1~3개씩 줄기 끝에 달린다.

유사종과의 구분법 : 산꽃송이이끼(*R. ontariense*)는 꽃송이이끼와 매우 비슷하지만, 줄기 끝부분의 잎이 20~50개 정도로 많고 가장자리가 강하게 뒤로 말리며 잎끝의 각도가 90~120°로 넓은 것이 특징으로 구분된다.

세계분포 : 한국, 중국, 일본, 러시아(동부), 유럽, 북아메리카

국내분포 : 전국에 드물게 분포

산꽃송이이끼, 잎, 강원 정선군, 2012.9.27 ©이강협

강원 정선군, 2012.4.27

뱁밥철사이끼(철사이끼)

학명 : *Rosulabryum capillare* (Hedw.) J. R. Spence

생육지 : 산야의 습한 땅 위, 썩은 나무, 바위 위에 모여 자란다.

형태 : 식물체는 녹색~짙은 녹색이고 약간 윤기가 있으며 밑부분은 붉은빛이 돈다. 줄기는 높이 2.0~2.5cm이고 가지가 많이 갈라진다. 잎은 길이 1.5~2.5mm이고 도란형이며 끝은 급히 좁아져 침상이 된다. 가장자리는 밋밋하지만 상부에 작은 치돌기가 있기도 하다. 잎맥은 흔히 적색이며 잎끝에서 길게 돌출한다. 암수딴그루이다. 삭은 길이 3~5mm이고 원통형이며 끝이 수평 또는 밑으로 처져서 달린다. 삭병은 길이 2.5~4.0cm이고 황갈색이다.

유사종과의 구분법 : 큰철사이끼(*Bryum pseudotriquetrum*)에 비해 잎이 작고 도란형으로 상반부에서 잎 너비가 가장 넓은 것이 다른 점이다.

세계분포 : 전 세계

국내분포 : 북한(금강산, 백두산 등), 강원(정선), 인천, 경남(지리산), 경북(울릉도), 제주 등

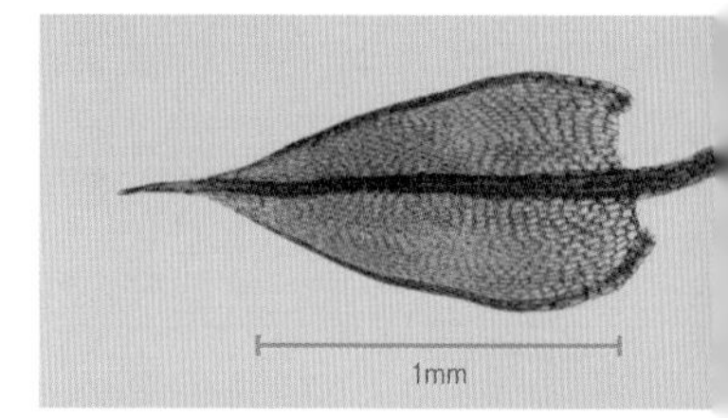

잎

삭, 인천 서구, 2012.4.18

잎, 강원 정선군, 2012.4.27

경북 울릉군, 2012.4.11

인천 서구, 2012.4.18

강원 횡성군, 2012.5.13

납작맥초롱이끼

학명 : *Mnium lycopodioides* Schwägr.

생육지 : 산지의 그늘진 바위 위, 바위틈 또는 땅 위에 모여 자란다.

형태 : 식물체는 연한 녹색~녹색~적갈색이다. 줄기는 높이 2~3cm이고 곧추 자라며 가지가 갈라지지 않는다. 잎은 길이 4mm 정도이고 난상 피침형~난형이며 끝이 뾰족하다. 줄기의 상부에서는 잎이 치밀하게 붙는다. 가장자리 상부에는 겹으로 된 뾰족한 치돌기가 있다. 잎맥은 뚜렷하며 잎끝까지 있거나 돌출한다. 삭은 원통상 장타원형이고 수평이거나 끝이 밑으로 처진다. 삭병은 길이 2~3cm이고 황갈색이다.

유사종과의 구분법 : 꼬마초롱이끼(*M. heterophyllum*)와 비슷하지만 보다 크며, 잎맥의 배면에 치돌기가 없이 매끈하고, 삭개가 짧은 부리모양으로 뾰족한 것이 다른 점이다.

세계분포 : 한국, 중국, 일본, 타이완, 러시아(동부)

국내분포 : 북한(금강산, 백두산, 원산 등), 경기(연천), 강원(태백산, 횡성), 경남(밀양, 지리산), 전남(해남), 전북(덕유산)

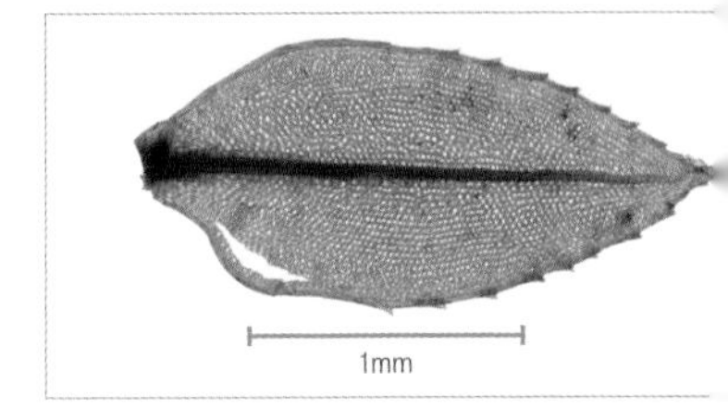

잎

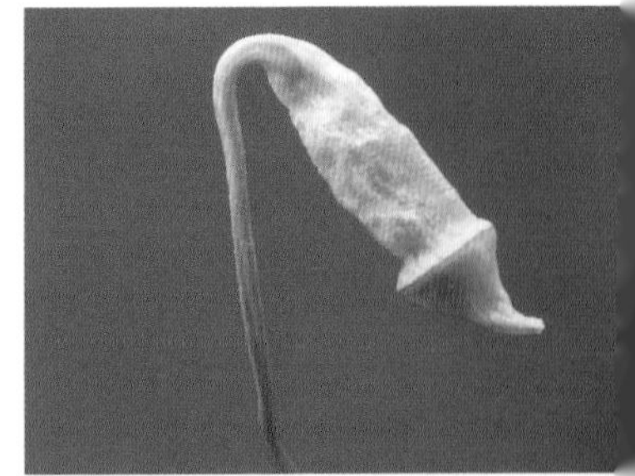

삭

잎, 전남 해남군, 2012.4.4

경북 청송군, 2012.4.26

꼬마초롱이끼

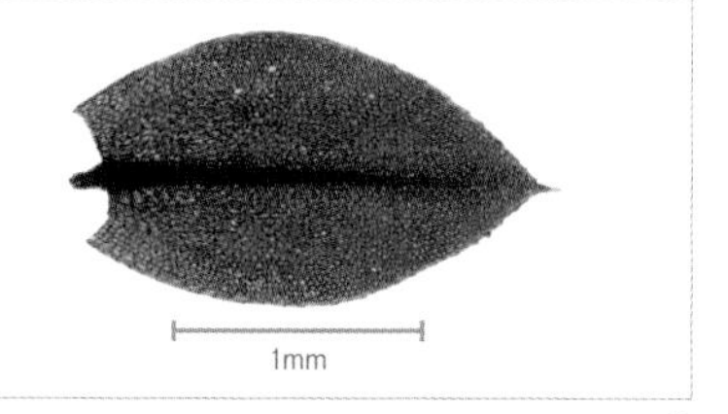

잎

학명 : *Mnium heterophyllum* (Hook.) Schwägr.

생육지 : 산지의 그늘진 바위 위 또는 땅 위에 모여 자란다.

형태 : 식물체는 연한 녹색~녹색이지만 오래되면 붉은빛 또는 검은빛이 돈다. 줄기는 높이 1~2cm이며 곧추 자라며 가지가 갈라지지 않는다. 줄기 상부의 잎은 길이 3.5~4.5mm이고 피침형~난상 피침형~좁은 난형이며 끝이 뾰족하다. 줄기의 상부에서는 잎이 치밀하게 붙는다. 가장자리 상부에는 겹으로 된 뾰족한 치돌기가 있다. 잎맥은 뚜렷하며 잎끝까지 있거나 약간 아래에서 끝난다. 삭은 원통상 장타원형이고 수평이거나 끝이 밑으로 처진다. 삭병은 길이 1.0~2.5cm이고 적갈색이다. 삭개는 끝이 뾰족하지 않고 둔한 편이다.

유사종과의 구분법 : 납작맥초롱이끼(*M. lycopodioides*)와 비슷하지만 보다 작고 줄기잎도 적게 달리며, 잎맥의 배면에 여러 개의 작은 치돌기가 있는 것이 다른 점이다.

세계분포 : 한국, 중국, 일본, 타이완, 러시아

국내분포 : 북한(금강산, 백두산, 추애산), 경북(청송)

삭

잎

경북 의성군, 2012.4.26

별꼴초롱이끼

학명 : *Mnium stellare* Hedw.

생육지 : 산지의 바위 위, 바위틈에 모여 자란다.

형태 : 식물체는 짙은 녹색이며 줄기는 높이 2cm 이하이고 짙은 적갈색이다. 잎은 길이 2.0~2.5mm이고 장난형~난형이며 끝이 뾰족하다. 잎가장자리에는 현이 없고 단생하는 치돌기가 있다. 잎맥은 잎끝에서 약간 떨어져서 끝이 나며 붉은빛이 돌지 않는다. 마르면 잎이 심하게 꼬인다. 암수딴그루이다. 삭은 길이 3~4mm이고 수평 또는 비스듬히 달린다.

유사종과의 구분법 : 납작맥초롱이끼(*M. lycopodioides*)와 비슷하지만 잎맥이 잎끝까지 못미치며 잎가장자리에 현이 없고 치돌기가 단생하는 것이 다른 점이다.

세계분포 : 동아시아, 유럽, 북아메리카

국내분포 : 북한(길주, 백두산, 부전 등), 경기(소요산, 연천), 경북(의성)

잎

경북 의성군, 2012.4.26

경북 의성군, 2012.4.26

충남 청양군, 2012.6.9

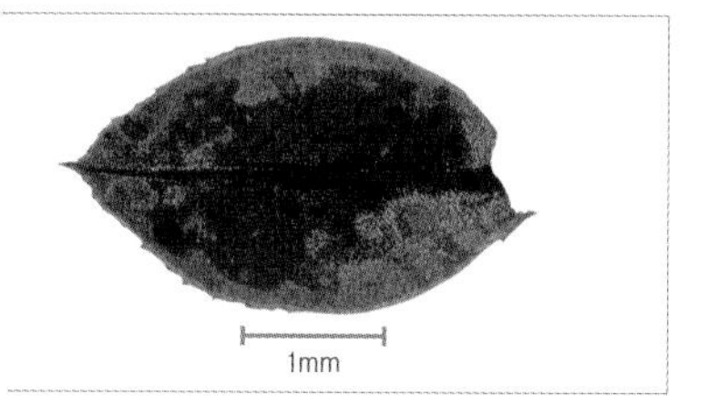

잎

마른 모습, 강원 정선군, 2011.4.30

들덩굴초롱이끼

학명 : *Plagiomnium cuspidatum* (Hedw.) T. J. Kop.

생육지 : 산지의 습한 바위 위 또는 땅 위에 모여 자란다.

형태 : 식물체는 녹색이며, 기는줄기는 길게 벋으면서 자라고 끝이 땅에 닿으면 헛뿌리가 나와서 새싹이 형성된다. 잎은 길이 2.0~3.5mm 정도이고 난형이며 끝이 뾰족하다. 가장자리 상반부에 뾰족한 치돌기가 있으며 잎맥은 잎끝까지 있고 일부는 약간 돌출한다. 암수한그루이다. 삭은 원통형이며 끝이 아래로 처진다.

유사종과의 구분법 : 아기들덩굴초롱이끼(*P. acutum*)에 비해 잎끝이 보다 넓은 편이지만 육안으로는 동정이 어렵다. 세포의 크기가 아기들덩굴초롱이끼에 비해 10μm 정도 더 크다.

세계분포 : 북반구에 넓게 분포

국내분포 : 북한(금강산, 묘향산, 백두산 등), 서울(관악산), 강원(오대산, 태백산, 정선), 충남(청양), 충북(속리산), 경남(지리산), 전북(덕유산)

경북 울릉군, 2012.4.12

아기들덩굴초롱이끼

학명 : *Plagiomnium acutum* (Lindb.) T. J. Kop.
생육지 : 산지의 습한 바위 위 또는 땅 위에 모여 자란다. 민가(도시)의 습한 반음지 빈터에서 자라기도 한다.
형태 : 식물체는 녹색이며, 기는 줄기는 길게 벋으며서 자라고 끝이 땅에 닿으면 헛뿌리가 나와서 새싹이 형성된다. 잎은 길이 2.0~3.5mm 정도이고 난형이며 끝이 뾰족하다. 가장자리 상반부에 뾰족한 치돌기가 있으며 잎맥은 잎끝까지 있고 일부는 약간 돌출한다. 암수딴그루이다. 포자체는 잘 형성되지 않는 편이다. 삭은 원통형이며 끝이 아래로 처진다.
유사종과의 구분법 : 들덩굴초롱이끼(*P. cuspidatum*)와 외부형태가 매우 유사하여 세포형질을 이용하여 동정한다. 학자들에 따라서는 들덩굴초롱이이끼의 변종으로 분류하기도 한다.
세계분포 : 아시아(동부~동남부)
국내분포 : 전국

잎

잎, 경북 울릉군, 2012.4.12

마른 모습, 경남 양산시, 2012.5.11

수그루, 경남 밀양시, 2012.4.7

대구 수성구, 2012.4.25

강원 화천군, 2012.8.2

덩굴초롱이끼

학명 : *Plagiomnium maximoviczii* (Lindb.) T. J. Kop.
생육지 : 산지의 습한 바위 위 또는 땅 위에 모여 자란다.
형태 : 식물체는 녹색~암록색이며, 기는줄기는 길게 벋으면서 자란다. 줄기의 하부 잎은 작으며 상부의 잎은 크다. 중앙부의 잎은 길이 5~8mm이고 넓은 혀모양~넓은 타원형이다. 끝은 둥글고 가운데가 오목하게 들어가 있으며 가로로 물결모양의 주름이 생긴다. 잎가장자리에 작은 치돌기가 있고 잎맥은 튼튼하며 잎끝까지 있다. 암수딴그루이다. 삭은 길이 3~4mm이고 장타원형이며 밑으로 처진다. 삭병은 길이 2~4cm이고 줄기에서 1~2개씩 나온다.
유사종과의 구분법 : 아기들덩굴초롱이끼(*P. acutum*)나 들덩굴초롱이끼(*P. cuspidatum*)에 비해 해발고도가 높은 산지에서 자라며, 잎끝이 둔하고(둔두 또는 원두) 잎 표면이 물결모양으로 주름지는 것이 특징이다.
세계분포 : 동아시아
국내분포 : 북한(묘향산, 백두산, 차일봉 등), 경기(광릉), 강원(강릉, 두타산, 석병산, 설악산, 태백산, 영월, 화천), 경남(지리산), 경북(주왕산), 전북(덕유산), 제주(한라산)

잎

잎, 강원 화천군, 2012.8.2

수그루, 강원 영월군, 2012.6.21

전북 덕유산, 2012.6.12

큰잎덩굴초롱이끼

잎

잎, 경남 밀양시, 2012.5.12

강원 정선군, 2012.4.27

학명 : *Plagiomnium vesicatum* (Besch.) T. J. Kop.
생육지 : 산지 골짜기의 습한 바위 위 또는 땅 위에 모여 자란다.
형태 : 식물체는 밝은 녹색~녹색이며, 기는줄기는 길이 5cm 이하로 벋으면서 자란다. 잎은 길이 5~8mm이고 타원형~난형이다. 잎끝은 둥글지만(간혹 약간 들어감) 선단은 가시모양으로 뾰족하다. 잎가장자리는 밋밋하거나 둔한 치돌기가 있을 때도 있다. 잎맥은 튼튼해서 잎끝까지 있거나 가끔 가시모양으로 돌출하기도 한다. 암수딴그루이다. 삭은 길이 3.0~3.5mm이고 장타원형이며 밑으로 처진다. 삭병은 길이 2~3cm이고 줄기 끝에서 2~3개씩 모여 달린다.
유사종과의 구분법 : 들덩굴초롱이끼(*P. cuspidatum*)에 비해 잎이 크고 잎끝이 둥글거나 요두이며 가장자리가 밋밋하거나 둔한 치돌기가 있는 것이 다른 점이다.
세계분포 : 한국, 중국, 일본, 타이완
국내분포 : 북한(백두산, 차일봉, 통천 등), 강원(태백산, 정선, 평창), 경남(밀양, 지리산), 전북(덕유산), 제주(한라산)

전북 덕유산, 2012.6.12

줄미선초롱이끼

학명 : *Rhizomnium striatulum* (Mitt.) T. J. Kop.
생육지 : 산지 골짜기의 습한 바위 위 또는 땅 위에 모여 자란다.
형태 : 식물체는 진한 녹색이며, 줄기는 높이 1cm 이하이고 적갈색이다. 기부에는 작은 헛뿌리와 갈색의 원사체가 남아 있는 경우도 있다. 잎은 길이 2~5mm이고 넓은 타원형~도란형~장타원상 주걱형이고 잎끝은 짧게 뾰족하다. 마른 잎은 꼬인다. 잎가장자리는 밋밋하며 잎맥은 튼튼하고 잎끝 바로 아래서 끝난다. 암수딴그루이다. 삭은 길이 2~3mm이고 장타원형이며 수평으로 달린다. 삭병은 길이 1.5~3.5mm이고 적갈색이다.
유사종과의 구분법 : 미선초롱이끼(*R. punctatum*)에 비해 잎끝이 둥글지 않고 짧게 뾰족하며 가장자리 현이 단단하여 경계가 명확한 점이 특징이다.
세계분포 : 아시아(한국, 중국, 일본, 타이완 등)
국내분포 : 북한(대택, 원산), 강원(화천), 경기(소요산), 충북(속리산), 경남(밀양, 지리산), 전북(덕유산), 제주

잎

잎, 경남 밀양시, 2012.9.4

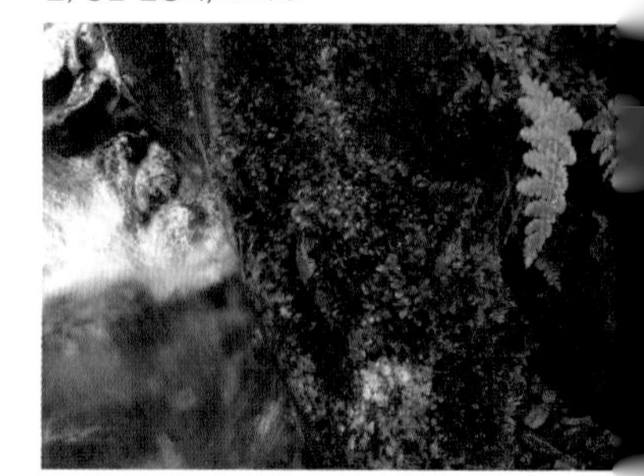

강원 화천군, 2012.8.2

제주, 2012.10

좁은초롱이끼 

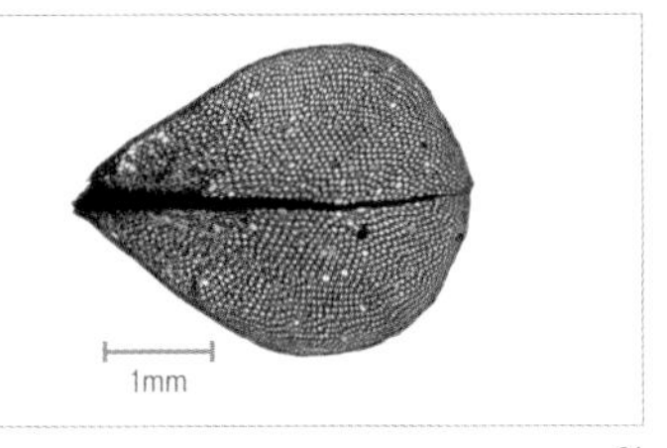

잎

잎, 제주, 2013.3.26

제주 효돈천, 2012.10.11

학명 : *Rhizomnium tuomikoskii* T. J. Kop.

생육지 : 산지 골짜기의 습한 바위 위 또는 땅 위에 모여 자란다.

형태 : 줄기는 높이 1~3cm이고 흔히 중앙까지 흑갈색의 헛뿌리로 덮여 있다. 헛뿌리의 선단에는 산상의 무성아가 모여 있다. 줄기 상부의 잎은 4.0~6.5mm이고 넓은 도란형~거의 원형이며 잎끝은 둔하거나 둥글고 선단은 돌기모양이다. 잎맥은 뚜렷하고 갈색이며 흔히 잎끝 부근에서 끝나지만 잎끝까지 있기도 한다. 가장자리는 밋밋하다. 암수딴그루이다. 삭은 길이 3.5mm 정도의 장타원형~장타원상 난형이고 수평으로 달린다. 삭병은 길이 3.5~4.0cm이다.

유사종과의 구분법 : 줄미선초롱이끼(*R. striatulum*)에 비해 잎이 보다 둥근 편이며, 줄기 전체에 흑갈색의 헛뿌리가 빽빽이 나는 것이 특징이다.

세계분포 : 한국, 중국, 일본

국내분포 : 북한(금강산, 백두산), 제주

강원 화천군, 2012.8.3

털아기초롱이끼

학명 : *Trachycystis flagellaris* (Sull. & Lesq.) Lindb.

생육지 : 해발고도가 높은 산지의 습한 흙이나 썩은 나무, 바위 위에 모여 자란다.

형태 : 식물체는 녹색~진한 녹색~녹갈색이다. 줄기는 높이 2cm 이하이고 적갈색이며 끝부분에 실모양의 무성아가 많이 달린다. 잎은 길이 2~5mm이고 난상 피침형~넓은 도란형이며 끝은 뾰족하다. 가장자리에는 뚜렷한 치돌기가 있으며 잎맥은 잎끝까지 있거나 짧게 돌출한다. 삭은 길이 2.0~2.5mm이고 장타원형이며 수평으로 달린다. 삭병은 2.0~2.5cm이고 적갈색이다.

유사종과의 구분법 : 아기초롱이끼(*T. microphylla*)에 비해 잎가장자리에 겹으로 된 치돌기가 있고, 줄기 끝에 무성아가 달리는 것이 특징이다.

세계분포 : 한국, 중국, 일본, 몽골, 러시아(동부), 북아메리카(북서부)

국내분포 : 북한(금강산, 묘향산, 백두산 등), 강원(가리왕산, 설악산, 태백산, 평창, 화천 등), 경남(지리산, 밀양), 경북(소백산), 전북(덕유산)

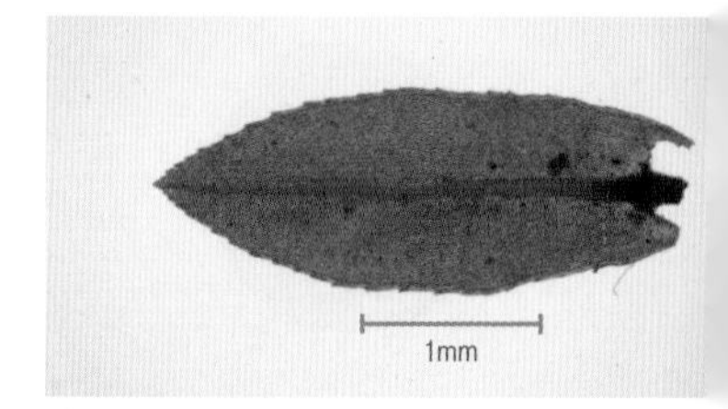

잎

삭, 강원 화천군, 2012.8.3

마른 모습, 경남 밀양시, 2011.5.6

무성아, 강원 화천군, 2012.8.3

강원 화천군, 2012.8.3

전남 진도군, 2012.4.3

아기초롱이끼

학명 : *Trachycystis microphylla* (Dozy & Molk.) Lindb

생육지 : 산이나 들의 습한 바위 위 또는 땅 위에 모여 자란다. 민가 주변의 돌담에서도 관찰된다.

형태 : 식물체는 녹색~진한 녹색이지만 봄에는 밝은 녹색의 새싹이 난다. 줄기는 높이 2~3cm이고 곧추서거나 비스듬히 자란다. 잎은 길이 2~3mm이고 장타원상 피침형~장타원상 난형이며 끝은 뾰족하다. 잎의 상반부 가장자리에 작은 치돌기가 있다. 잎맥은 적갈색~황갈색이고 잎끝까지 있다. 암수딴그루이다. 삭은 길이 2.0~3.5mm이고 장타원상 원통형이며 수평으로 퍼지거나 아래로 처져서 달린다. 삭병은 길이 2.5~3.0cm이고 적갈색이다.

유사종과의 구분법 : 꼬인아기초롱이끼(*T. ussuriensis*)에 비해 줄기가 3cm 이하로 작고, 잎이 건조하면 강하게 말리는 것이 특징이다.

세계분포 : 한국, 중국, 일본, 러시아(동부)

국내분포 : 북한(대흥, 백두산), 서울(관악산), 강원(오대산, 횡성), 충북(청주), 경남(양산, 지리산), 경북(울릉도), 전남(진도), 전북(덕유산), 제주

잎

잎, 경북 울릉군, 2012.4.11

마른 모습, 전남 진도군, 2012.4.3

수그루, 전남 진도군, 2012.4.3

꼬인아기초롱이끼, 강원 평창 박지산, 2012.8.9

경기 연천군, 2013.4.29

긴몸초롱이끼

학명 : *Aulacomnium heterostichum* (Hedw.) Bruch & Schimp.
생육지 : 산지의 습한 바위틈이나 땅 위에 모여 자란다.
형태 : 식물체는 연한 녹색~녹색이다. 줄기는 높이 2~3cm이고 곧추서며 가지가 갈라진다. 줄기에 잎이 빽빽하게 나며 압착되어 다소 편평하게 된다. 잎은 길이 3~4mm이고 약간 주름지며 끝은 둥글거나 둔하다. 가장자리 윗부분에 작은 치돌기가 있고 잎맥은 뚜렷하고 잎끝에 못미친다. 암수한그루이다. 삭은 길이 2.5~3.2mm이고 장타원상 원통형이다. 삭병은 길이 1.0~1.5cm이고 적갈색이다.
유사종과의 구분법 : 큰긴몸초롱이끼(*A. palustre*)에 비해 줄기가 압착되어 편평하며, 잎끝이 둥글고 잎의 상부 가장자리에 작은 치돌기가 있는 것이 다른 점이다.
세계분포 : 한국, 중국, 일본, 러시아(동부), 북아메리카(동부)
국내분포 : 북한(금강산), 경기(연천, 포천), 강원(두타산, 설악산, 평창, 화천), 경북(청송)

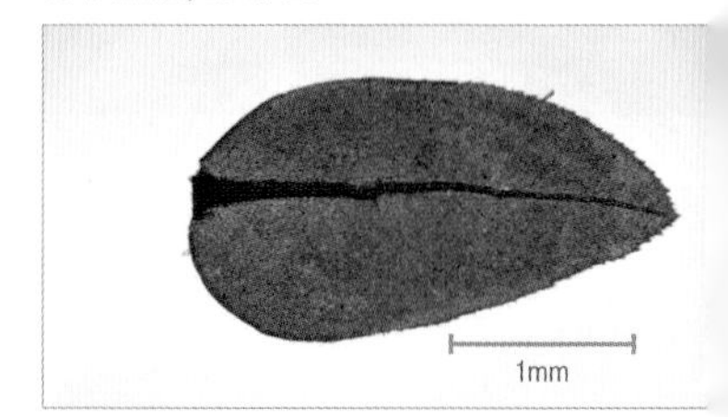

잎

마른 모습, 경기 포천시, 2011.4.10

큰긴몸초롱이끼, 백두산, 2011.6.5

제주, 2013.3.25

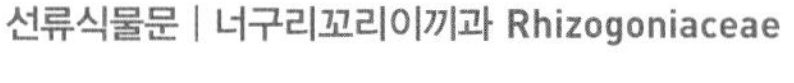

너구리꼬리이끼

마른 모습, 제주, 2013.3.25

잎

학명 : *Pyrrhobryum dozyanum* (Sande Lac.) Manuel
생육지 : 산지 골짜기의 습한 바위 위 또는 부식토에 모여 자란다.
형태 : 식물체는 연한 녹색~녹색이다. 줄기는 높이 5~10cm로 대형이고 가지가 많이 갈라진다. 줄기에 잎이 빽빽이 달리며 중부 이하에는 적갈색 헛뿌리가 빽빽이 난다. 잎은 길이 1cm 정도이고 선형~선상 피침형으로 가늘다. 잎가장자리 상부에 가는 겹으로 된 치돌기가 있으며 잎맥은 뚜렷하고 잎끝까지 있다. 암수딴그루이다. 삭은 구부러진 원통형이고 수평으로 달린다. 삭병은 길이 3~4cm이다.
유사종과의 구분법 : 일본(남부)을 포함해 열대~아열대 지역에 분포하는 *P. spiniforme*에 비해 삭병이 줄기의 중간에서 나오며, 줄기 중상부에 적갈색 헛뿌리가 빽빽이 나는 것이 특징이다.
세계분포 : 한국, 중국, 일본, 타이완
국내분포 : 전남(해남 대흥사), 제주

경북 의성군, 2011.4.8

구슬이끼

학명 : *Bartramia pomiformis* Hedw.

생육지 : 산지의 습한 바위 위 또는 부식토, 나무뿌리 부근 등에 모여 자란다.

형태 : 식물체는 황록색이며, 줄기는 높이 4~5cm이지만 10cm까지 자라기도 한다. 줄기에는 갈색의 헛뿌리가 빽빽이 나며 헛뿌리에 작은 유두가 있다. 잎은 길이 4~7mm이고 선상 피침형이다. 잎가장자리에는 겹으로 된 치돌기가 있으며 잎맥은 기부에서는 뚜렷하고 차츰 가늘어지며 잎끝에서 약간 돌출한다. 삭은 길이 1.5~2.0mm이고 거의 구형이다. 삭병은 길이 1.0~1.5cm이고 황갈색이다.

유사종과의 구분법 : 아기구슬이끼(*B. ithyphylla*)에 비해 크고, 잎가장자리에 치돌기가 뚜렷하며 건조하면 잎이 심하게 말리는 것이 특징이다.

세계분포 : 북반구에 넓게 분포

국내분포 : 전국

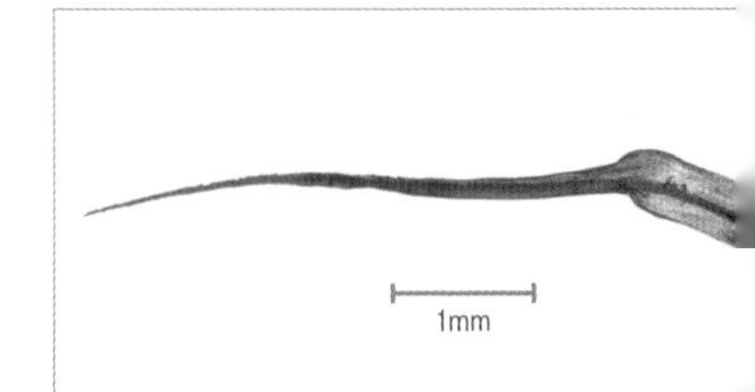

잎

잎, 경북 의성군, 2011.4.8

마른 모습, 경북 의성군, 2011.4.8

경북 울릉군, 2012.4.12

경기 연천군, 2011.4.10

경남 양산시, 2012.5.11

긴잎물가이끼

학명 : *Philonotis lancifolia* Mitt.

생육지 : 주로 골짜기의 물기가 있는 바위 위나 틈에 모여 자란다.

형태 : 식물체는 밝은 녹색~녹색이고 비교적 대형이다. 줄기는 높이 2~5cm이고 잎이 빽빽이 모여 달린다. 마르면 잎은 줄기에 압착하여 붙는다. 잎은 길이 1.5~2mm이고 장타원상 피침형~난상 피침형이며 잎끝은 길게 뾰족하다. 잎가장자리는 전체에 치돌기가 없이 밋밋하고 뒤로 강하게 젖혀진다. 잎맥은 잎끝까지 있다. 암수딴그루이다. 삭은 길이 2~2.5mm이고 구형이며 약간 비스듬하거나 수평으로 달린다. 삭병은 길이 2.5cm 정도이고 가늘다.

유사종과의 구분법 : 금강물가이끼(*P. thwaitesii*)에 비해 잎끝이 길게 뾰족하며(금강물가이끼는 가늘게 뾰족) 잎맥이 잎끝 부근에서 끝나는 것이 다른 점이다.

세계분포 : 동아시아~동남아시아

국내분포 : 서울(관악산), 경남(양산)

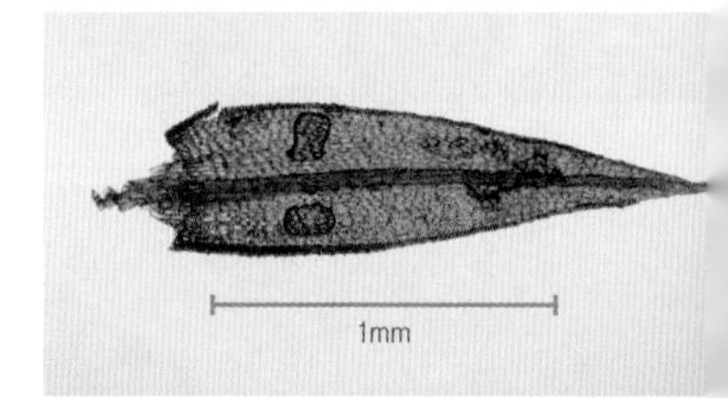

잎

잎, 경남 양산시, 2012.5.11

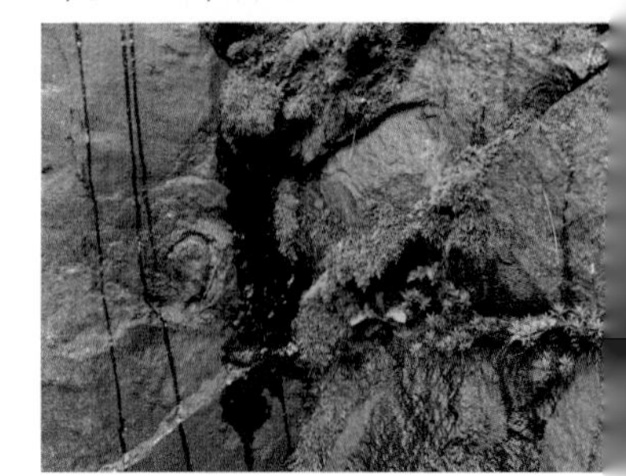

경남 양산시, 2012.5.11

강원 인제군, 2012.8.9

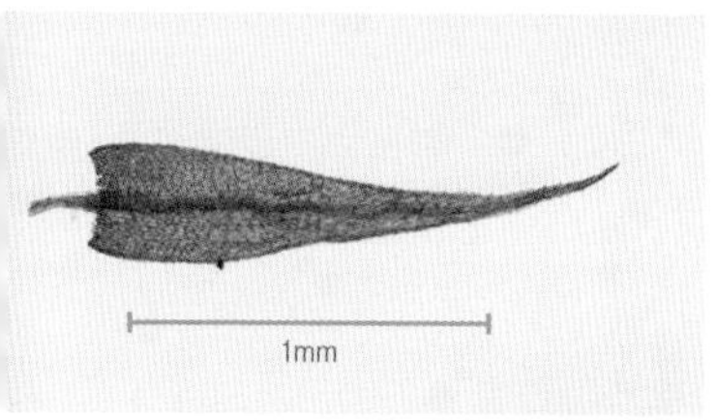

잎

수그루, 강원 인제군, 2012.8.9

물가이끼, 마른 모습, 제주, 2012.10.11

금강물가이끼(아기물가이끼)

학명 : *Philonotis thwaitesii* Mitt.

생육지 : 주로 골짜기의 물기가 있는 바위 위 또는 땅 위에 모여 자란다.

형태 : 식물체는 밝은 녹색~녹색이고 윤기가 있으며 비교적 소형이다. 줄기는 높이 1~2cm이고 잎이 빽빽이 모여 달린다. 마르면 잎은 줄기에 강하게 압착하여 붙는다. 잎은 길이 1.2~1.5mm이고 피침형이며 끝부분은 가늘고 길게 뾰족하다. 잎가장자리는 뒤로 강하게 젖혀지며 상부에 치돌기가 있다. 잎맥은 튼튼해서 잎끝까지 있거나 약간 돌출한다. 암수딴그루이다. 삭은 길이 1.5~3mm이고 구형이며 약간 비스듬하거나 수평으로 달린다. 삭병은 길이 1~2cm 정도이고 적갈색이다.

유사종과의 구분법 : 금강물가이끼에 비해 **물가이끼(*P. fontana*)**는 잎이 피침형~난형으로 넓고 잎가장자리가 평활하거나 뒤로 약간 젖혀지는 것이 특징이다.

세계분포 : 한국, 중국, 일본, 타이완

국내분포 : 북한(금강산, 묘향산, 백두산, 원산, 장연 등), 강원(인제), 충북(영동, 제천), 부산, 전북(덕유산, 부안)

강원 정선군, 2012.4.27

큰물가이끼

학명 : *Philonotis turneriana* (Schwagr.) Mitt.

생육지 : 주로 골짜기의 물기가 있는 바위 위 또는 땅 위에 모여 자란다.

형태 : 식물체는 연한 녹색~황록색이고 윤기가 약간 있으며 비교적 대형이다. 줄기는 높이 2~5cm이고 잎이 빽빽이 모여 달린다. 마르면 잎은 줄기에 압착하여 붙는다. 잎은 길이 2mm 이하이고 삼각상 피침형이며 끝부분은 길게 뾰족하다. 잎가장자리는 뒤로 약간 젖혀지며 미세한 치돌기가 있다. 잎맥은 잎끝까지 있거나 약간 돌출한다. 암수딴그루이다. 삭은 길이 2.3~2.8mm이고 난형~거의 구형이며 약간 비스듬하거나 수평으로 달린다. 삭병은 길이 2~2.5cm 정도이고 적갈색이다.

유사종과의 구분법 : 금강물가이끼(*P. thwaitesii*)나 긴잎물가이끼(*P. lancifolia*)에 비해 잎가장자리가 약하게 뒤로 젖혀지는 것이 다른 점이다.

세계분포 : 한국, 중국, 일본, 타이완, 필리핀, 인도네시아, 하와이

국내분포 : 북한(백두산), 경기(포천), 강원(정선, 횡성), 충남(계룡산)

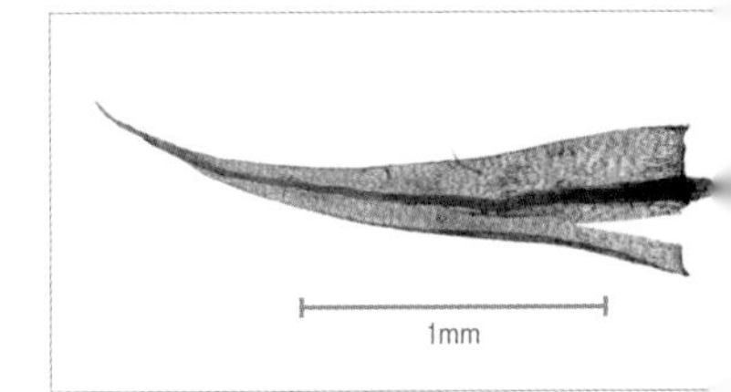

잎

삭, 경기 포천군, 2012.4.29

삭모, 강원 횡성군, 2012.5.13

강원 정선군, 2012.4.27

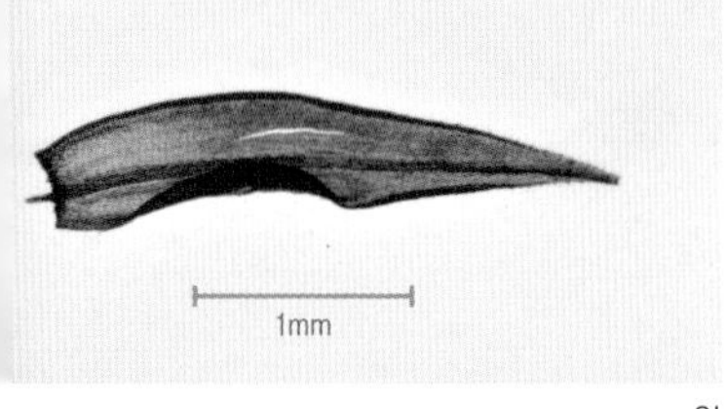

잎

삭, 강원 정선군, 2012.4.27

마른 모습, 강원 정선군, 2012.4.27

석회구슬이끼 

학명 : *Plagiopus oederianus* (Sw.) H. A. Crum & L. E. Anderson
생육지 : 국내에서는 석회암지대의 습한 바위틈이나 땅 위에 모여 자란다.
형태 : 식물체는 밝은 녹색~녹색이고 윤기가 있으며 비교적 소형이다. 줄기는 가지가 갈라지지 않거나 2개로 갈라지며 헛뿌리가 빽빽이 난다. 횡단면은 삼각모양이다. 잎은 길이 3mm 정도이고 선상 피침형이며 끝부분은 길게 뾰족하다. 잎가장자리는 뒤로 젖혀지며 상반부에 치돌기가 있다. 잎맥은 튼튼하며 잎끝에서 약간 돌출한다. 암수딴그루이다. 삭은 길이 1.2~1.5mm이고 거의 구형이며 약간 비스듬히 달린다. 삭병은 길이 1.0~1.5cm 정도이고 적갈색이다.
유사종과의 구분법 : 구슬이끼(*Bartramia pomiformis*)에 비해 전체가 소형이고, 줄기의 횡단면이 삼각모양이며, 잎이 보다 짧다.
세계분포 : 한국, 중국, 일본, 히말라야 산맥, 카슈미르, 유럽, 그린란드, 북아메리카
국내분포 : 북한(칠보산, 포태산 등), 강원(영월, 정선, 평창)

전남 해남군, 2012.4.4

민긴금털이끼

학명 : *Macromitrium gymnostomum* Sull. & Lesq.
생육지 : 산지의 바위나 나무줄기에 매트모양을 만들며 모여 자란다.
형태 : 식물체는 적갈색~암녹색~갈색이며, 어린잎은 밝은 녹색이다. 줄기는 사방으로 길게 기면서 자라고 가지의 길이는 5mm 정도이며 곧게 선다. 가지잎은 길이 1.3~2.4mm의 선형~선상 피침형이고 잎끝은 뾰족하다. 잎가장자리는 밋밋하며 잎맥은 황색~황갈색이고 잎끝까지 있다. 잎은 마르면 안쪽으로 강하게 말린다. 암수한그루이다. 삭은 길이 1.5~2mm이고 장타원상 원통형이며 갈색이다. 삭병은 길이 (3~)5~8mm이고 갈색이다. 삭치는 없으며, 삭모에는 세로 주름이 있고 털이 없다.
유사종과의 구분법 : **긴금털이끼(*M. japonicum*)**에 비해 삭치가 없고 삭모에 털이 없는 것이 다른 점이다.
세계분포 : 한국, 중국, 일본, 타이완
국내분포 : 북한(백두산, 장연), 서울(관악산), 부산, 경남(양산, 지리산), 전남(해남), 제주

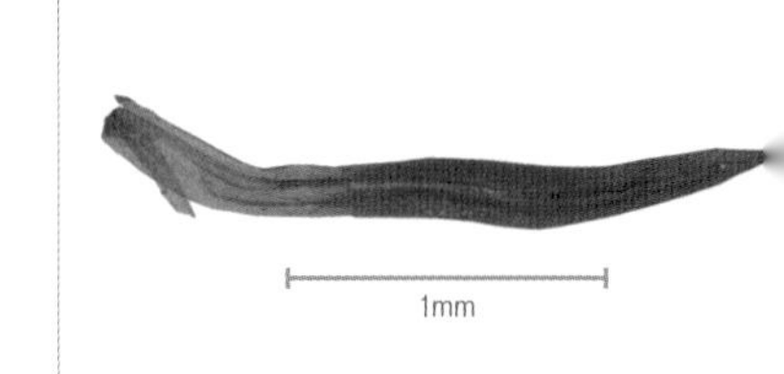

잎

경남 양산시, 2012.5.11

마른 모습, 경남 양산시, 2012.5.11

전남 해남군, 2012.4.4

긴금털이끼, 경북 의성군, 2011.9.13

강원 평창군, 2012.4.7

 아기선주름이끼

학명 : *Orthotrichum consobrinum* Cardot
생육지 : 산지의 바위 위 또는 나무줄기에 붙어 모여 자란다.
형태 : 식물체는 녹색~짙은 녹색이다. 줄기는 높이 1cm 이하이고 곧추 자라며 잎이 빽빽이 모여 달린다. 잎은 길이 2~2.5mm이고 피침형이며 잎끝은 뾰족하다. 잎가장자리는 밋밋하며 바깥쪽으로 약간 말린다. 잎맥은 황갈색이고 잎끝까지 있다. 잎은 건조하면 줄기에 압착하여 붙는다. 암수한그루이다. 삭은 길이 1.5mm 정도이고 장타원형~거의 구형이며 건조하면 8개 정도의 긴 주름이 생긴다. 삭병은 1mm 정도로 매우 짧다.
유사종과의 구분법 : 선주름이끼(*O. Sordidum*)에 비해 삭의 기공은 침생하는(묻혀 있는) 점과 삭모에 털이 없는 것이 다른 점이다.
세계분포 : 한국, 일본, 러시아(동부)
국내분포 : 강원(평창, 정선, 횡성, 태백), 경남(밀양), 경북(울릉도), 전북(덕유산), 충남(계룡산) 등

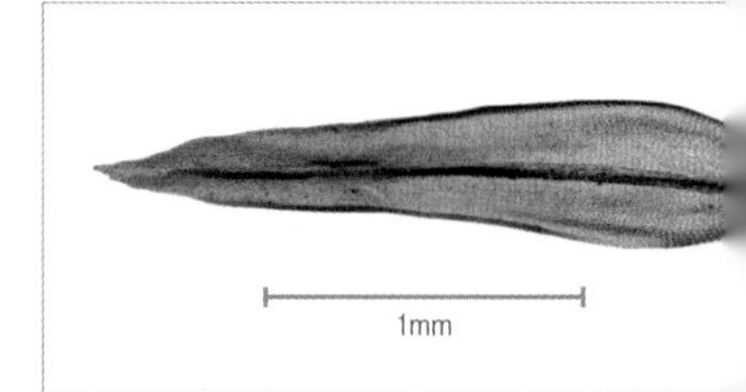

잎

잎, 강원 횡성군, 2012.5.13

경북 울릉군, 2012.4.11

강원 정선군, 2012.4.27

선주름이끼, 강원 정선, 2011.5.11

전북 덕유산, 2012.6.12

선류식물문 | 선주름이끼과 Orthotrichaceae

금털이끼

학명 : *Ulota crispa* (Hedw.) Brid.

생육지 : 산지의 나무줄기에 붙어 모여 자란다. 국내에서는 해발고도가 높은 산지에서 주로 관찰된다.

형태 : 식물체는 황록색~진한 녹색이다. 줄기는 높이 1cm 이하이고 곧추 자라며 잎이 빽빽이 모여 달린다. 잎은 길이 2~3mm 이하이고 피침형~장타원상 피침형이며 잎끝은 뾰족하거나 둔하다. 잎가장자리는 밋밋하며 바깥쪽으로 강하게 말린다. 잎은 건조하면 심하게 꼬이는 편이다. 암수한그루이다. 삭은 길이 2.5~3.0mm 정도이고 도란형이며 건조하면 긴 주름이 생긴다. 삭병은 길이 2mm 정도이다. 삭모는 원뿔형이고 표면에 위로 향한 털이 빽빽이 난다.

유사종과의 구분법 : 금털이끼의 종소명(*crispa*)의 의미처럼 건조하면 잎이 심하게 꼬이는 것이 특징이며, 삭병이 길어 삭이 잎 사이에서 나와 달리는 것과 삭모 표면에 털이 많은 것도 주요한 특징이다.

세계분포 : 한국, 중국, 일본, 타이완, 러시아(동부), 유럽, 아프리카, 북아메리카, 오스트레일리아(태즈메이니아)

국내분포 : 북한(관모봉, 금강산, 백두산, 대흥 등), 강원(두위봉), 경남(지리산), 전북(덕유산), 제주(한라산)

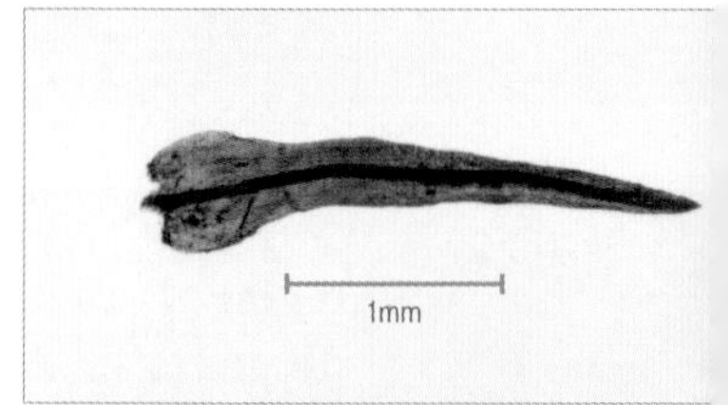

잎

전북 덕유산, 2012.6.12

마른 모습, 제주 한라산, 2011.10.11

강원 횡성군, 2011.9.15

곧은나무이끼

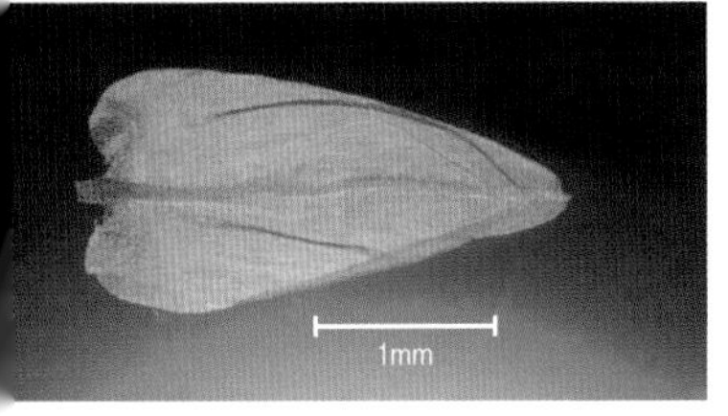

가지잎

학명 : *Climacium dendroides* (Hedw.) F. Weber & D. Mohr
생육지 : 하천 가장자리나 산지의 습기가 많은 반음지 바위 위 또는 땅 위에 모여 자란다.
형태 : 식물체는 녹색~짙은 녹색이며 윤기가 약간 있다. 땅속줄기는 짧고 지상줄기는 곧추 선다. 가지는 불규칙하게 갈라지며 짧은 편이고 줄기에서 경사지게 달린다. 가지잎은 길이 2.8mm 정도이고 피침형~삼각상 난형이다. 잎끝은 뾰족하고 상반부에 날카로운 치돌기가 있다. 잎맥은 잎끝 부근에서 끝난다. 포자체는 잘 생기지 않는다. 삭병은 길이 3cm 정도이며, 외삭치는 기부 가까이에 유두가 빽빽이 난다.
유사종과의 구분법 : 나무이끼(*C. japonicum*)에 비해 작으며, 가지가 짧고 끝부분이 가늘어지지 않는 것이 특징이다.
세계분포 : 북반구에 넓게 분포, 뉴질랜드
국내분포 : 북한(관모봉, 묘향산, 백두산, 함흥 등), 경기(포천), 강원(횡성), 충남(계룡산), 경남(지리산)

마른 모습, 경기 포천시, 2012.4.29

경기 포천시, 2012.4.29

강원 평창군, 2011.4.18

나무이끼

학명 : *Climacium japonicum* Lindb.
생육지 : 산지의 습기가 많은 부식토에 모여 자란다.
형태 : 식물체는 짙은 녹색이며 대형이다. 땅속줄기는 땅 속으로 길게 뻗으며 작은 비늘잎과 헛뿌리가 나 있다. 지상줄기는 높이 5~10cm이고 상부에서 가늘고 긴 가지가 많이 갈라져 작은 나무모양이 된다. 가지잎은 길이 2.5mm 이하이고 피침형~난상 피침형이며 끝이 뾰족하다. 잎가장자리 상반부에는 뾰족한 치돌기가 있다. 잎맥은 잎끝 부근에서 끝나고 뒷면 잎맥에는 소수의 치돌기가 있다. 암수딴그루이다. 포자체는 잘 생기지 않는다.
유사종과의 구분법 : 곧은나무이끼(*C. dendroides*)에 비해 지상줄기 끝부분이 비스듬히 굽어지며, 가지가 길고 끝부분이 가늘어지며 가지잎의 잎맥 뒷면에 소수의 돌기가 있는 것이 특징이다.
세계분포 : 한국, 중국, 일본, 몽골, 티베트, 러시아(동부)
국내분포 : 전국

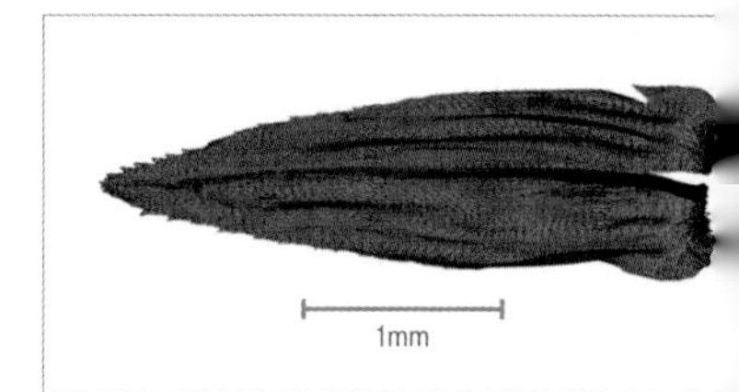

가지잎

경기 포천시, 2011.4.1

마른 모습, 경기 포천시, 2011.4.10

강원 화천군, 2012.8.3

깃털나무이끼 

가지잎

백두산, 2013.5.18

백두산 소천지, 2011.6.4

학명 : *Pleuroziopsis ruthenica* (Weinm.) Kindb. ex E. Britton
생육지 : 산지의 부식토 또는 썩은 나무 위에 모여 자란다.
형태 : 식물체는 황록색~녹색이며 윤기가 약간 있다. 땅속줄기는 땅속을 기며 흑갈색의 헛뿌리가 빽빽이 난다. 지상줄기는 높이 4~8cm이며 2회 또는 3회 깃털모양으로 갈라져 나무모양이 된다. 가지 중부의 잎은 길이 0.5~1.0mm이고 난상 피침형~난형이며 끝이 넓게 뾰족하다. 잎가장자리는 치돌기가 있고 상부의 것이 보다 크다. 잎맥은 단단하며 잎끝 부근에서 끝난다. 암수딴그루이다. 삭은 수평으로 달린다. 삭병은 줄기 끝에서 여러 개가 모여나오며 길이는 1.5~2cm이고 적갈색이다.
유사종과의 구분법 : 나무이끼(*Climacium japonicum*)에 비해 가지가 가늘고 섬세한 편이며 윤기가 다소 있다.
세계분포 : 한국, 중국, 일본, 러시아(동부), 북아메리카(서북부)
국내분포 : 북한(관모봉, 금강산, 백두산 등), 강원(설악산, 태백산, 화천, 평창 등), 경남(지리산), 경북(소백산), 전북(덕유산), 제주(한라산)

경북 울릉군, 2012.4.11

 톳이끼

학명 : *Hedwigia ciliata* (Hedw.) P. Beauv.
생육지 : 산지의 양지바른 바위 위 또는 나무줄기에 모여 자란다.
형태 : 식물체는 연한 청록색이고, 줄기는 기면서 자라다가 끝이 곧추선다. 줄기는 높이 4~5cm이고 불규칙하게 가지가 갈라진다. 잎은 길이 2.0~2.5mm이고 난상 피침형~난형이며 잎끝은 치돌기가 있는 짧은 투명첨이다. 잎가장자리는 밋밋하고 대체로 좁게 뒤로 젖혀지며 잎맥은 없다. 암수한그루이다. 삭은 길이 1.2mm 정도이고 도란형~거의 구형이며 황갈색이다. 삭병은 매우 짧다. 삭치는 없다. 삭모는 길이 1mm 정도로 아주 작고 표면에 긴 털이 빽빽이 난다. 삭은 잎 사이에 있기 때문에 눈에 잘 띄지 않는다.
유사종과의 구분법 : 줄기가 길게 기면서 자라며, 포엽 상부에 긴 털이 빽빽이 나는 것과 삭이 포엽에 침생하고 삭치가 없는 점이 주요 특징이다.
세계분포 : 전 세계
국내분포 : 전국

잎

경남 밀양시, 2011.7.13

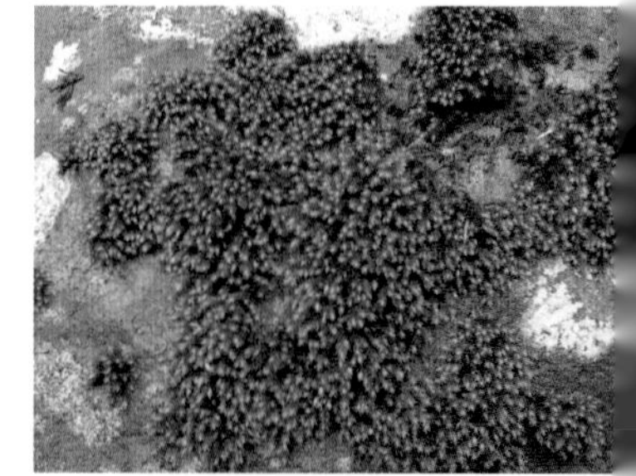

경북 울릉군, 2012.4.11

경남 밀양시, 2012.5.12

가는실방울이끼

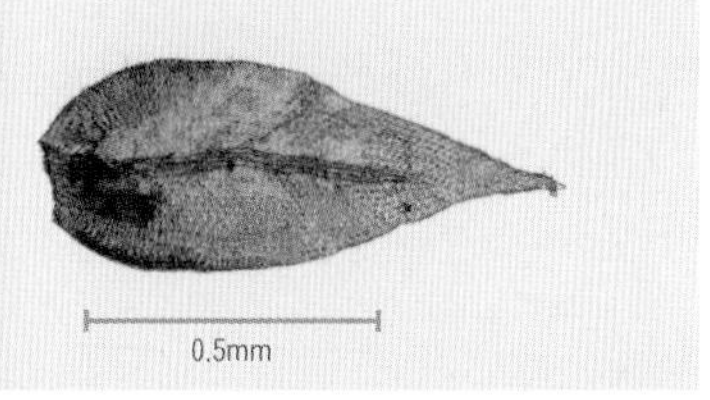

가지잎

삭

잎

학명 : *Forsstroemia cryphaeoides* Cardot

생육지 : 산지의 나무줄기 또는 바위 겉에 붙어 자란다.

형태 : 식물체는 연한 녹색이고, 줄기는 기면서 자란다. 가지는 불규칙하게 갈라진다. 가지잎은 길이 0.7~0.9mm이고 장타원상 피침형이며 편평하지 않고 오목하다. 잎끝은 길게 뾰족하며, 잎맥은 약하고 기부에서 2/3 지점까지 도달한다. 잎가장자리는 밋밋하다. 암수딴그루이다. 삭은 길이 1.2~1.5mm이고 장타원형이며 포엽 사이에 묻혀 있어 끝부분만 약간 보인다. 삭병은 매우 짧다. 삭모는 길이 1mm 정도이고 털이 없다.

유사종과의 구분법 : 실방울이끼(*F. japonica*)에 비해 가지잎의 끝이 가늘고 길게 자라지 않으며, 삭이 포엽 사이에 묻혀 있고 삭모에 털이 없는 것이 다른 점이다.

세계분포 : 한국, 중국, 일본, 러시아(동부)

국내분포 : 충남(공주), 경남(밀양), 전북(덕유산)

경기 연천군, 2012.11.14

 방울이끼

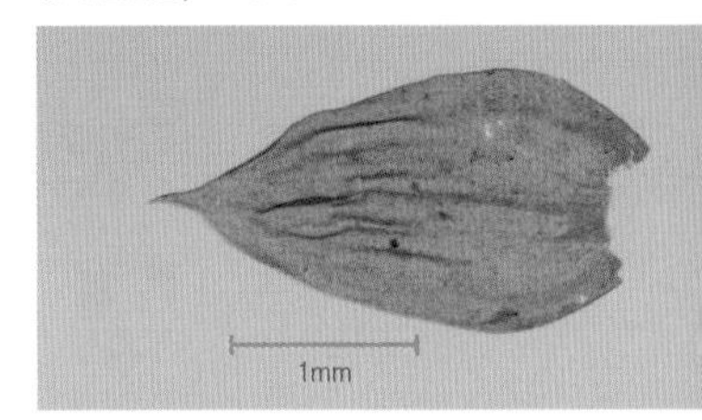

잎

학명 : *Forsstroemia trichomitria* (Hedw.) Lindb.

생육지 : 산지의 나무줄기 또는 바위 겉에 붙어 자란다.

형태 : 식물체는 황록색~연한 녹색이고 윤기가 없다. 줄기는 기고 가지는 곧추서거나 활모양으로 굽는다. 가지는 길이 2~6cm 정도까지 자라기도 하며 작은 가지가 불규칙하게 갈라진다. 잎은 길이 2~3mm 정도이고 난상 피침형~난상 타원형이며 끝이 짧게 뾰족하다. 잎은 굽어져 세로 주름이 생기고 가장자리는 밋밋하다. 잎맥은 가늘고 중부 또는 중상부에서 끝난다. 암수딴그루이다. 삭은 길이 1.2~1.5mm이고 난상 원통형이며 갈색이다. 삭병은 길이 3.5~4.0mm 정도이다. 삭모는 길이 2~3mm이고 긴 털이 빽빽이 난다.

유사종과의 구분법 : 긴방울이끼(*F. neckeroides*)에 비해 가지가 적게 갈라지며, 삭병이 길고 삭이 포엽에 싸여있지 않는 것이 다른 점이다.

세계분포 : 한국, 중국, 일본, 타이완, 러시아(동부), 북아메리카

국내분포 : 경기(연천), 강원(평창), 충남(계룡산), 경남(밀양), 경북(청송), 전남(진도, 해남), 전북(덕유산)

삭, 전남 진도군, 2012.4.3

전남 진도군, 2012.4.3

전남 진도군, 2012.4.3

긴방울이끼, 경남 밀양시, 2012.11.16

강원 정선군, 2013.12.5

선류식물문 | 방울이끼과 Cryphaeaceae

실방울이끼

학명 : *Forsstroemia japonica* (Besch.) Paris

생육지 : 나무줄기 또는 바위 겉에 붙어 자란다.

형태 : 식물체는 작은 편이며 윤기가 약간 있다. 줄기는 가늘고 길게 뻗으면서 자란다. 2차줄기는 직립하고 길이는 15~20mm이며 우상으로 가지가 촘촘하게 갈라진다. 가지는 길이 3~5mm이고 끝이 둔하거나 가늘게 길어진다. 2차줄기의 잎은 좁은 난형이며 끝은 길게 뾰족하고 가장자리는 밋밋하다. 잎맥은 잎의 1/2~2/3 부근에서 끝난다. 가지잎은 2차줄기의 잎보다 작고 피침형상이다. 암수딴그루이다. 암포엽은 끝이 침상으로 뾰족하며 삭병을 거의 감싼다. 삭은 길이 1.0~1.2mm이고 도란형~거의 원형이며 나출한다. 삭병은 길이 1.5~2.0mm이다. 삭모에는 긴 털이 있다.

유사종과의 구분법 : 가는실방울이끼(*F. cryphaeoides*)에 비해 2차줄기가 우상으로 빽빽하게 달리며 잎끝이 길게 뾰족한 것과 삭이 포엽 밖으로 나출되는 것이 다른 점이다.

세계분포 : 한국, 일본, 러시아(동부)

국내분포 : 강원(정선)

줄기와 잎, 강원 정선군, 2013.12.5

마른 모습, 강원 정선군, 2013.12.5

잎, 강원 정선군, 2013.12.5

강원 정선군, 2013.12.5

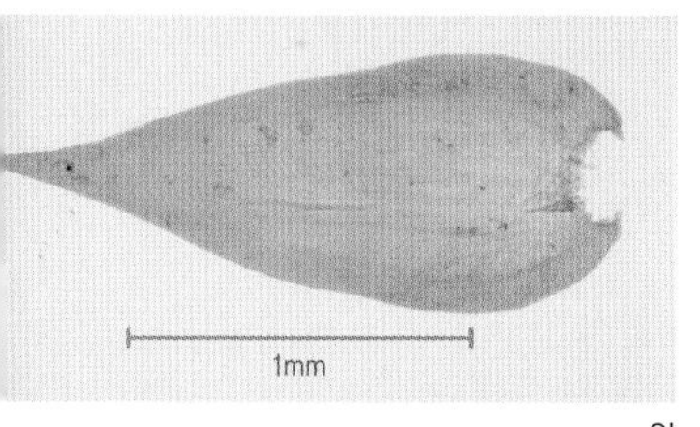

잎

마른 모습, 강원 정선군, 2013.12.5

잎

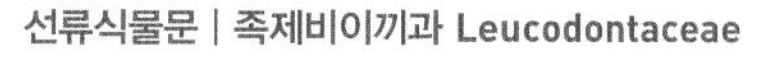

북쪽족제비이끼

학명 : *Leucodon sciuroides* (Hedw.) Schwagr.

생육지 : 산지의 나무줄기 또는 바위 위에서 자란다.

형태 : 식물체는 황록색이고, 기부는 갈색 빛이 돌며 윤기가 약간 있다. 가지는 길이 4m 이하이고 곧추서며 끝은 둔하다. 작은 가지가 갈라져 나오기도 한다. 건조하면 가지는 활모양으로 굽고 잎은 가지에 강하게 압착한다. 잎은 길이 2~2.5mm이고 난형이며 끝은 가늘고 뾰족하다. 잎끝을 제외하고는 가장자리 전체가 밋밋하고 뒤로 약하게 젖혀진다. 삭은 장타원형~타원형이고 갈색이다. 삭병은 길이 5~10mm이다.

유사종과의 구분법 : 가지의 끝이 둔하며 가지잎이 난형이고 짧게 뾰족한 점과 삭이 타원형이고 갈색인 점이 주요 특징이다. 족제비이끼속 중에서 가지가 가늘고 끝이 실모양으로 길어져서 채찍모양(편모상)인 것을 긴족제비이끼(*L. pendulus*)이라고 한다.

세계분포 : 북반구 북부지방에 넓게 분포

국내분포 : 북한(관모봉, 금강산, 백두산), 강원(정선)

강원 횡성군, 2012.5.13

누운끈이끼

학명 : *Meteorium subpolytrichum* (Besch.) Broth.
생육지 : 산지의 나무줄기 또는 바위 위에 자란다.
형태 : 식물체는 대형이고 녹색~짙은 녹색이며 윤기가 없다. 줄기는 길이 30cm 정도까지 자라며 가지가 많이 갈라진다. 잎은 줄기와 가지에 복와상으로 압착해서 붙는다. 줄기잎은 길이 3mm 이하이며 난형~난상 장타원형~혀모양이다. 잎끝은 급히 좁아져 꼬리처럼 길게 뾰족하며 잎가장자리에는 가는 치돌기가 있다. 잎맥은 잎의 중앙부 이상까지 있다. 암수딴그루이다. 포자체는 잘 생기지 않는다. 삭은 길이 2.6mm 정도이고 난상 장타원형~난형이며 곧추서서 달린다. 삭병은 길이 5~8mm이다.
유사종과의 구분법 : 아기누운끈이끼(*M. buchananii* subsp. *helminthocladulum*)에 비해 윤기가 없으며, 잎끝 부분이 잎길이의 1/5 이상으로 길고 구부러지는 것이 특징이다.
세계분포 : 한국, 중국, 일본, 몽골, 타이완
국내분포 : 북한(묘향산), 강원(정선, 평창, 횡성), 충북(속리산), 부산, 경남(가야산, 밀양, 지리산), 경북(청송)

잎

강원 횡성군, 2012.5.13

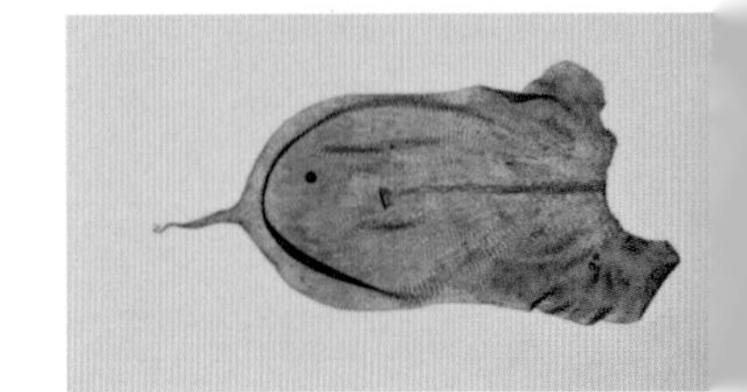

아기누운끈이끼, 잎

아기누운끈이끼, 강원 정선군, 2011.5.1

아기누운끈이끼, 경남 밀양시, 2011.4

경북 울릉군, 2012.4.22

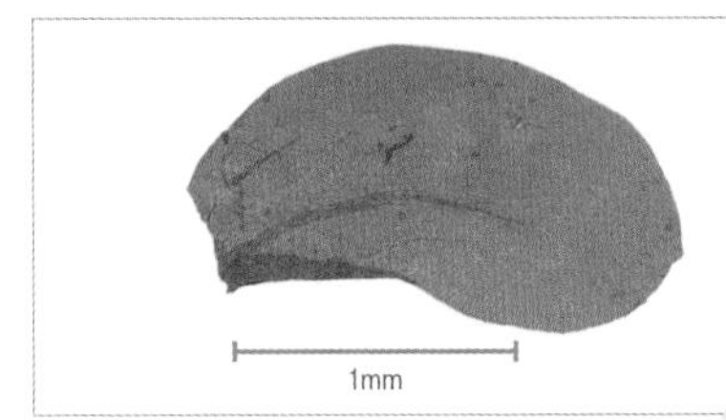

잎

전남 해남군, 2012.4.5

전북 진안군, 2012.12.10

선류식물문 | 납작이끼과 Neckeraceae

윤납작이끼

학명 : *Homalia trichomanoides* (Hedw.) Schimp.

생육지 : 나무줄기의 밑부분이나 바위 겉에 붙어 자란다.

형태 : 식물체는 연한 황록색이며 윤기가 많이 난다. 2차줄기는 불규칙하게 깃모양으로 갈라지며, 잎은 편평하게 붙고 너비(잎 포함)는 2~3mm이다. 줄기 중앙부의 잎은 길이 1.5~2.0mm이고 비대칭 도란형이다. 잎끝은 둥글거나 넓게 뾰족하고 상부의 가장자리에는 가늘고 불규칙한 치돌기가 있다. 잎맥은 잎 중앙까지 도달한다. 암수한그루이다. 삭은 길이 2~3mm이고 장타원상 원통형이며 곧추서서 달린다. 삭병은 길이 10mm 이하이다. 삭모는 고깔모양이며, 삭개에는 뾰족한 긴 부리가 있다. 내삭치와 외삭치는 길이가 거의 같다.

유사종과의 구분법 : 설편납작이끼(*Homaliadelphus targionianus*)에 비해 잎의 한쪽 가장자리의 기부에 작은 설편이 없고, 잎에 잎맥이 있는 것이 다른 점이다.

세계분포 : 한국, 중국, 일본, 인도, 러시아(동부), 코카서스, 유럽, 아프리카, 북아메리카

국내분포 : 전국

전남 진도군, 2012.4.3

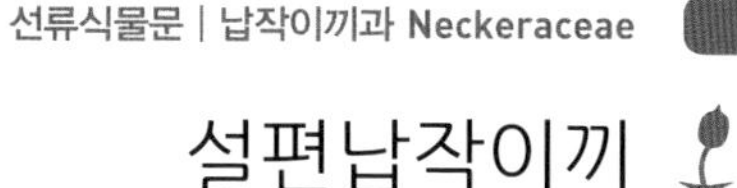

설편납작이끼

학명 : *Homaliadelphus targionianus* (Mitt.) Dixon & P. de la Varde

생육지 : 주로 석회암지대의 암반에 매트모양으로 모여 자란다.

형태 : 식물체는 황록색이며 윤기가 많이 난다. 2차줄기는 길이 1~2cm 정도이고 약간 가지가 갈라지며 마르면 아래쪽으로 말린다. 잎은 줄기에 편평하게 붙고 너비(잎 포함)는 2~3mm이다. 줄기 중앙부의 잎은 길이 1.3~1.6mm이고 넓은 난형~원형이며 잎맥은 없다. 잎 기부는 좁으며 가장자리에 작은 설편이 붙어 있다. 암수딴그루이다. 삭은 좁은 원통형 또는 난상 원통형이고 곧추선다. 삭병은 길이 4~6mm이고 갈색이다. 외삭치는 피침형이며, 내삭치는 잘 부서지고 외삭치에 부착하는 경우가 많다.

유사종과의 구분법 : 윤납작이끼(*Homalia trichomanoides*)와 비슷하지만 잎 기부 가장자리에 작은 설편이 있고 잎맥이 없는 것이 다른 점이다.

세계분포 : 한국, 중국, 일본, 타이완, 인도, 타이

국내분포 : 강원(강릉, 영월, 평창), 전남(진도)

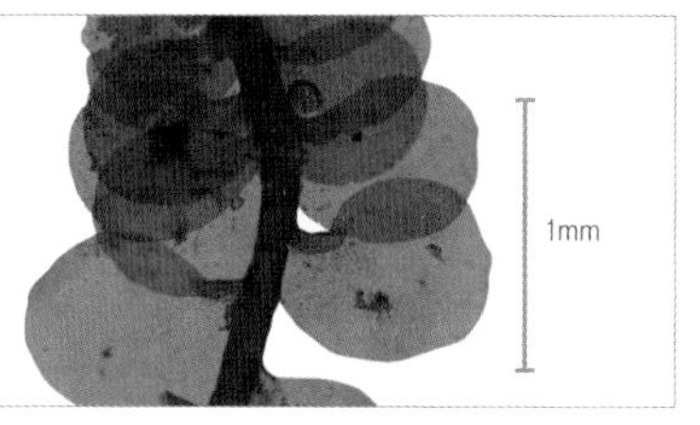

잎

전남 진도군, 2012.4.3

강원 영월군, 2012.6.21

전남 해남군, 2013.3.16

납작이끼(아기납작이끼)

학명 : *Neckera humilis* Mitt.

생육지 : 산지 골짜기의 바위 위 또는 나무줄기에서 모여 자란다.

형태 : 식물체는 황록색~연한 녹색이며 윤기가 약간 있다. 줄기는 기면서 자라는데 2차줄기는 길이 3~5cm이고 경사지게 뻗으며 5~10mm의 짧은 가지를 낸다. 잎은 줄기와 가지에 강하게 압착하지 않으며 줄기와 가지에 8열로 붙는다. 2차줄기의 잎은 길이 2.8~3.0mm이고 장타원상 난형 또는 난형이며 약간 비대칭이다. 윗부분은 물결모양으로 다소 주름지며 가장자리는 밋밋하다. 잎맥은 가늘고 잎의 중앙부까지 있다. 암수한그루이다. 삭은 길이 1.5~2.0mm이고 장타원상 원통형이며 갈색이다. 삭병이 매우 짧아 삭은 포엽에 싸여 약간 드러난다.

유사종과의 구분법 : 감춘납작이끼(*N. yezoana*)와 비슷하지만 2차줄기의 가지가 깃모양으로 갈라지지 않으며, 삭이 포엽에 완전히 싸이지 않고 약간 드러나는 것이 다른 점이다.

세계분포 : 한국, 일본(혼슈 이남으로 드물게 자람)

국내분포 : 전남(대둔산, 완도, 진도, 해남), 제주

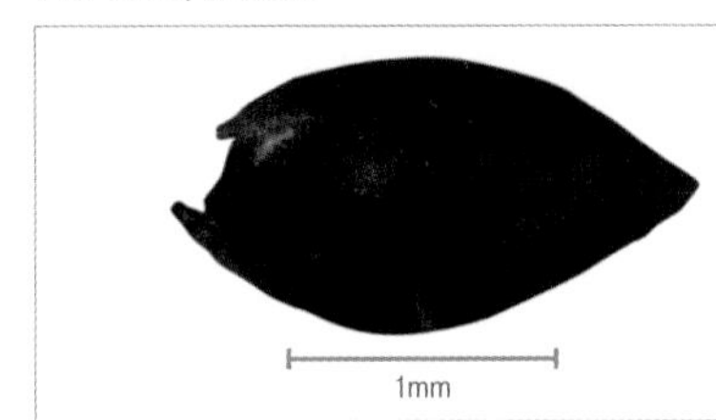

잎

전남 진도군

전남 진도군, 2012.4.3

강원 정선군, 2012.5.14

날개납작이끼 

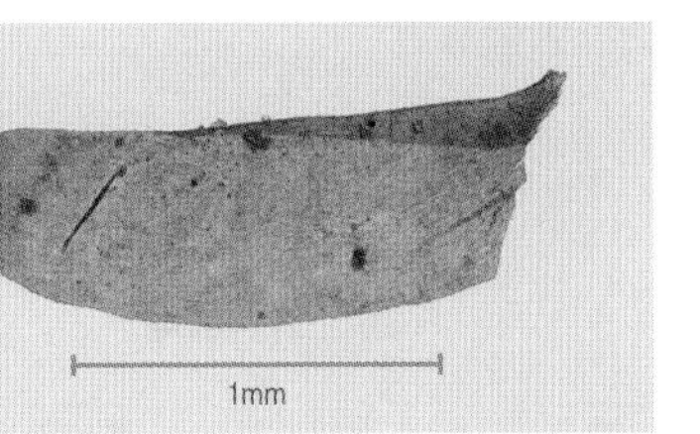

잎

학명 : *Neckera pennata* Hedw.

생육지 : 산지의 나무줄기 또는 습한 바위 겉에 모여 자란다.

형태 : 식물체는 윤기가 나는 황록색~연한 녹색이며 밑부분은 황갈색이다. 2차줄기는 길이 4cm 이하이고 끝이 약간 들리며 깃모양으로 갈라지기 때문에 가지가 겹치기도 한다. 가지 끝은 둔하며, 잎은 매우 편평하게 붙고 약간 주름진다. 2차줄기의 잎은 길이 3mm 정도이고 좁은 장타원형~혀모양이며 좌우비상칭이다. 잎끝은 뾰족하거나 넓게 뾰족하며 잎맥은 잎 길이의 1/3 정도로 짧다. 암수한그루이다. 삭은 길이 1.5~2.0mm이고 장타원형이며 포엽 사이에서 침생한다.

유사종과의 구분법 : 초록납작이끼(*N. fauriei*)와 비슷하지만 2차줄기가 깃모양으로 다소 규칙적으로 갈라지고, 잎맥이 보다 짧은 것이 다른 점이다.

세계분포 : 북반구(넓게 분포), 뉴질랜드, 오스트레일리아

국내분포 : 북한(개마고원, 금강산, 묘향산, 백두산 등), 강원(영월, 정선, 평창), 경북(의성), 경남(지리산), 전북(덕유산)

강원 정선군, 2011.5.1

마른 모습, 강원 평창군, 2012.8.9

경기 연천군, 2012.4.29

그늘대호꼬리이끼

학명 : *Thamnobryum plicatulum* (Sande Lac.) Z. Iwats.

생육지 : 산지의 습한 그늘진 바위 위에 모여 자란다.

형태 : 식물체는 비교적 대형이고 부채모양이며, 연한 녹색~녹색이고 윤기가 약간 있다. 2차줄기는 직립하고 길이 8cm 이하이며 깃모양으로 가지가 갈라진다. 2차줄기의 잎은 길이 2~3mm 정도이고 난형이며 상부의 가장자리에 불규칙한 치돌기가 있다. 잎맥은 연하고 잎끝 부근에서 끝난다. 가지잎은 2차줄기의 잎보다 작다. 암수딴그루이다. 삭은 길이 2mm 정도이고 장타원형이며 갈색이다. 삭병은 측생하며 길이 12~25mm이고 갈색이다. 삭개는 부리가 길다. 외삭치는 길이 0.55mm 정도이다.

유사종과의 구분법 : 대호꼬리이끼(*T. subseriatum*)에 비해 2차줄기의 아랫부분은 잎자루모양이고 2차줄기에 잎이 편평하게 붙으며, 잎맥 배면은 거의 평면이고 치돌기가 없는 것이 다른 점이다.

세계분포 : 한국, 중국, 일본, 타이완

국내분포 : 북한(금강산, 추애산), 경기(소요산, 연천), 강원(설악산), 경북(의성, 청송), 전북(진안)

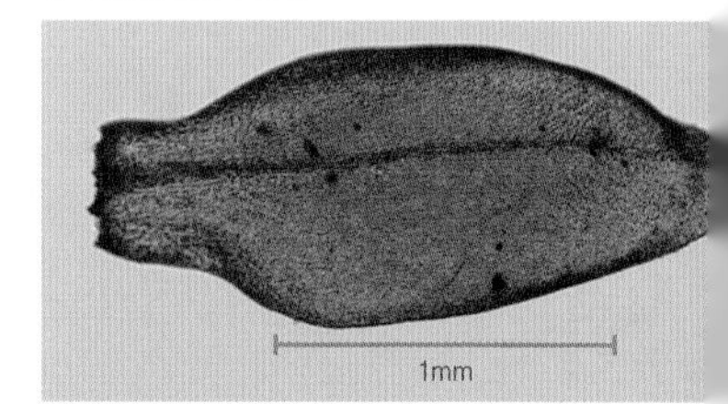

잎

경북 의성군, 2012.4.26

경기 연천군, 2012.4.29

강원 횡성군, 2012.5.13

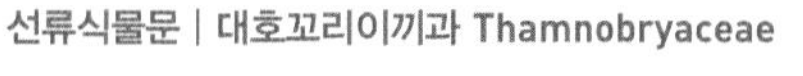

대호꼬리이끼

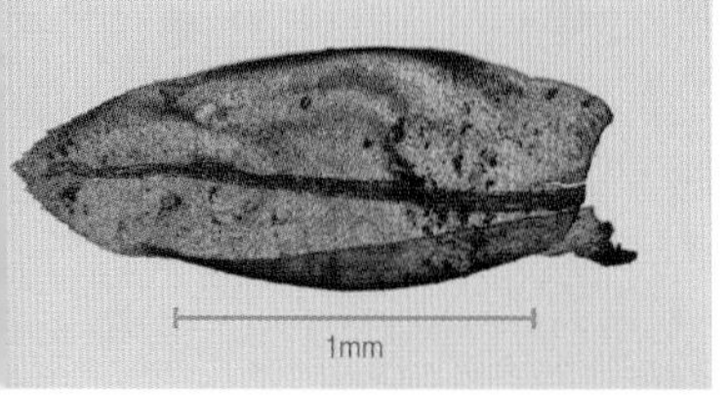

잎

학명 : *Thamnobryum subseriatum* (Mitt.ex Sande Lac.) B. C. Tan.
생육지 : 산지의 습한 그늘진 바위 위에 모여 자란다.
형태 : 식물체는 비교적 대형이고 부채모양이며, 연한 녹색~녹색이고 윤기가 약간 있다. 2차줄기는 직립하고 길이 3~4cm이며 가지가 깃모양으로 많이 갈라진다. 2차줄기의 잎은 길이 3.5mm 이하이고 난형이며 잎끝은 넓게 뾰족하거나 둔하고 상부의 가장자리에 불규칙한 치돌기가 있다. 잎맥은 연하고 잎끝 부근에서 끝난다. 암수딴그루이다. 삭은 길이 1.8~2.2mm이고 장타원상 원통형이며 약간 비스듬히 달린다. 삭병은 측생하며 길이 10~13mm이고 갈색~적갈색이다. 삭개는 부리가 길다.
유사종과의 구분법 : 고려대호꼬리이끼(*T. coreanum*)에 비해 식물체는 크며, 잎끝 부근의 치돌기는 뚜렷이 큰 편이다.
세계분포 : 한국, 중국, 일본, 러시아(동부), 타이완
국내분포 : 북한(금강산, 원산, 차일봉 등), 강원(횡성), 충남(계룡산), 경남(지리산), 경북(울릉도), 전북(덕유산)

경북 울릉군, 2012.4.11

고려대호꼬리이끼

전남 해남군, 2012.4.4

곁호랑꼬리이끼

학명 : *Dolichomitriopsis diversiformis* (Mitt.) Nog.
생육지 : 산지의 나무줄기 밑부분 또는 바위 위에 모여 자란다.
형태 : 식물체는 연한 녹색이고 윤기가 난다. 2차줄기는 길이 3cm 이하이고 짧은 자루가 있다. 2차줄기의 상부 잎은 길이 2mm 이하이고 장타원형의 보트모양이며 끝이 뾰족하다. 잎 상부에 치돌기가 있으며 잎맥은 잎 길이의 1/2~1/3 지점까지 도달한다. 가지잎은 2차줄기의 잎보다 작으며 길이 1.5mm 이하이고 끝이 길게 뾰족하다. 삭은 길이 1.5~2mm이고 장타원상 원통형이며 적갈색이다. 삭병은 길이 7~10mm이고 적갈색이다. 삭모는 길이 2.8mm 정도이다.
유사종과의 구분법 : 호랑꼬리이끼(*Dolichomitra cymbifolia*)에 비해 잎이 좁은 보트모양이며, 삭모가 삭의 상반부만 덮고 있는 것이 다른 점이다.
세계분포 : 한국, 중국, 일본
국내분포 : 경남(지리산), 전남(대둔산, 해남), 전북(덕유산), 제주

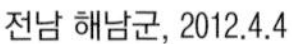

잎

잎과 삭, 전남 해남군, 2012.4.4

전남 해남군, 2012.4.4

경북 울릉군, 2011.4.17

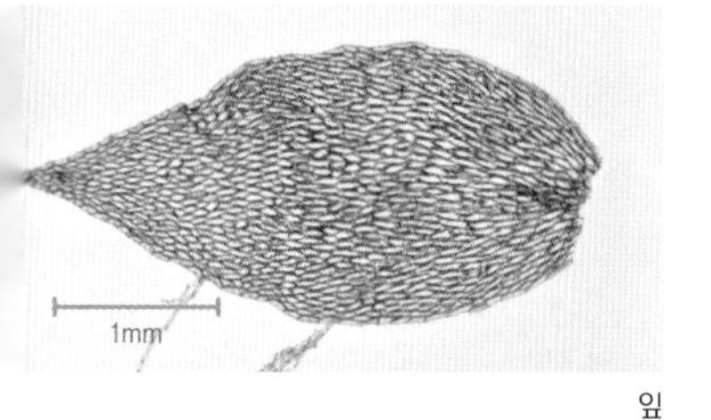

잎

잎, 제주, 2013.3.25

기름종이이끼

학명 : *Hookeria acutifolia* Hook. & Grev.

생육지 : 산지의 다소 습한 흙이나 부식토가 깔린 바위 위에 모여 자란다.

형태 : 식물체는 백록색~담녹색이며, 줄기는 길이 5~6cm까지 자라고 약간 가지가 갈라진다. 잎은 줄기에 5줄로 나서 겹쳐 붙으며 줄기 전체는 편평하고 마르면 약간 말린다. 잎은 길이 3~4mm이고 난형이며 끝이 뾰족하다. 잎끝에는 종종 갈색의 헛뿌리가 붙어 있다. 헛뿌리는 무색인 것도 있고 가끔은 방추형의 무성아가 생기기도 한다. 잎가장자리는 매끈하고 잎맥은 없다. 암수한그루이다. 삭은 가끔 생기며 상칭이고 수평 또는 밑으로 처져 달린다. 삭병은 길이 10~15mm이고 적갈색이다. 삭개에는 부리가 있고 삭치는 뚜렷하다.

유사종과의 구분법 : 잎이 백록색~담녹색으로 약간 투명하며, 잎맥이 없고 가장자리가 밋밋한 것이 특징이다.

세계분포 : 한국, 중국, 일본, 북아메리카, 남아메리카, 하와이

국내분포 : 북한(금강산, 백두산 등), 강원(설악산), 충남(공주), 경북(울릉도), 전남(대둔산), 제주 등 전국에 넓게 분포

경남 밀양시, 2012.9.4

수염이끼

학명 : *Fauriella tenuis* (Mitt.) Cardot

생육지 : 산지의 나무줄기 기부, 고목이나 바위 또는 부식토 위에 모여 자란다.

형태 : 식물체는 백록색~연한 녹색이고 윤기는 없다. 줄기는 매우 가늘고 기면서 자라며 불규칙하게 가지가 갈라진다. 가지는 길이 5mm 이하이다. 줄기잎은 빽빽이 달리며 길이 0.5mm 이하이고 오목하게 굽어 있다. 기부는 난형이고 잎끝은 꼬리처럼 길게 뾰족하다. 가장자리에는 둔한 치돌기가 있으며 잎맥은 없거나 아주 짧게 있다. 암수딴그루이다. 삭은 드물게 달린다. 삭은 길이 0.7mm 정도이며 장타원상 원통형이고 약간 굽는다. 삭병은 길이 8~10mm이고 적갈색이다. 삭모는 고깔모양이다.

유사종과의 구분법 : 가장자리 전체에 둔한 치돌기가 있는 것이 수염이끼과의 다른 종들과 구분되는 특징이다.

세계분포 : 한국, 중국, 일본, 타이완, 필리핀, 러시아(동부)

국내분포 : 북한(금강산), 서울(관악산), 경기(소요산), 경남(지리산, 밀양), 전남(대둔산, 해남), 전북(덕유산), 제주

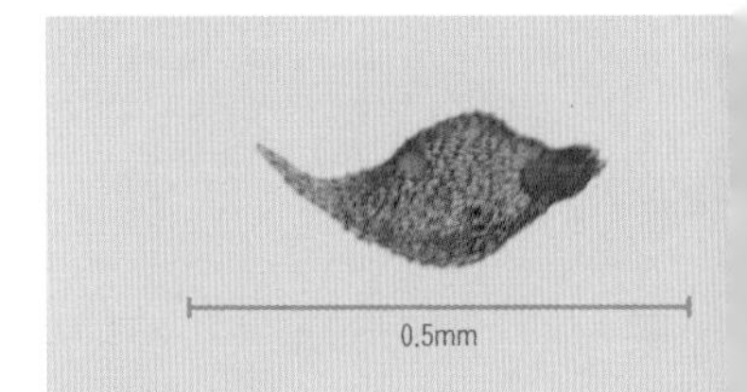

잎

삭, 경남 밀양시, 2012.5.12

경남 밀양시, 2012.9.4

전남 대둔산, 2013.3.16

경남 밀양시, 2012.5.12

대구 수성구, 2012.4.25

개털이끼

학명 : *Schwetschkeopsis fabronia* (Schwagr.) Broth.

생육지 : 산지의 나무줄기 또는 바위 위에서 매트모양을 만들며 빽빽이 모여 자란다.

형태 : 식물체는 녹색이고 윤기가 약간 있으며, 줄기는 기고 길이 10~20mm이며 약간 깃모양으로 가지가 갈라진다. 가지는 잎을 포함하여 너비 0.2~0.4mm이며 잎은 비교적 편평하게 붙는다. 잎은 길이 0.5~0.7mm이고 난상 피침형~난형이며 끝이 길게 뾰족해진다. 잎가장자리는 전체에 물결모양의 가는 돌기가 있으며 잎맥은 없다. 잎은 마르면 줄기에 접하고 꼬이지는 않는다. 암수딴그루이다. 삭은 드물게 달린다. 삭은 길이 0.8~1mm이고 장타원상 원통형이며 좌우상칭이다. 삭병은 길이 3~4mm이고 삭모는 길이 1mm 정도이다.

유사종과의 구분법 : 큰개털이끼(*S. rocustulac*)에 비해 가지가 바닥에 밀착하는 점과 잎은 작고(1mm 이하) 잎가장자리가 뒤로 굽어지지 않는 것이 다른 점이다.

세계분포 : 한국, 중국, 일본, 북아메리카(동부)

국내분포 : 북한(관모봉, 백두산, 원산 등), 서울, 경기(소요산, 연천), 강원(설악산, 오대산, 정선), 충남(계룡산), 경남(밀양, 지리산), 대구, 전남(진도, 해남)

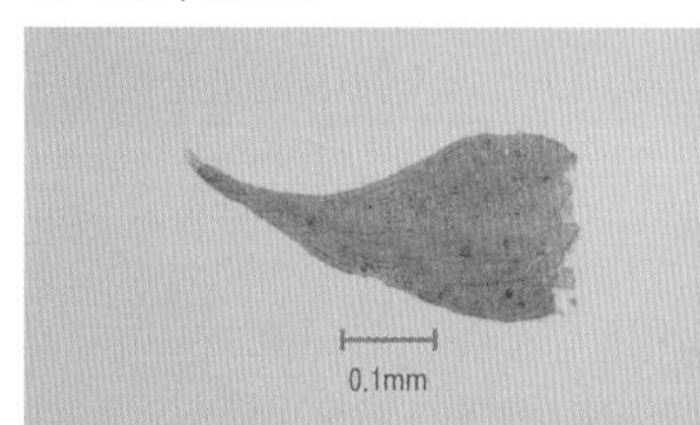

잎

삭, 강원 정선군, 2012.4.27

강원 정선군, 2012.5.14

전남 해남군, 2012.4.5

경기 연천군, 2012.8.27

경북 의성군, 2011.7.14

긴가시꼬마이끼

학명 : *Fabronia ciliaris* (Brid.) Brid.
생육지 : 산지의 나무줄기 또는 바위 곁에 모여 자란다.
형태 : 식물체는 녹색이고 윤기가 있으며, 줄기는 길이 2~3mm 정도이다. 가지는 빽빽이 나며 가늘고 마른 잎은 줄기에 밀착한다. 가지잎은 길이 0.65mm 이하이고 난상 장타원형으로 중앙부가 가장 넓다. 가지잎은 끝이 가늘고 뾰족하며 줄기잎의 끝은 가늘고 침모양인 부분은 투명한 세포로 되어 있다. 잎맥은 1개이고 잎 중앙부까지 도달한다. 잎가장자리의 상반부에는 예리한 치돌기가 있다. 암수한그루이다. 삭은 길이 0.5~0.6mm 정도이고 도란형~반구형이다. 삭병은 황색이고 길이 1.8~2.2mm이다. 삭개는 가운데가 약간 짧은 유두형이다. 삭치는 1열하고 짧은 피침형이며 부서지기 쉽다.
유사종과의 구분법 : 잎맥이 1개이고 중앙부까지 도달하며 잎가장자리 상반부에 뚜렷한 치돌기가 있는 것이 주요 특징이다.
세계분포 : 한국, 중국, 일본(혼슈), 유럽(중부), 아프리카(북부), 북아메리카(동부), 남아메리카, 중앙아메리카
국내분포 : 북한(백두산), 강원(정선), 충북(속리산), 경남(밀양), 경북(의성)

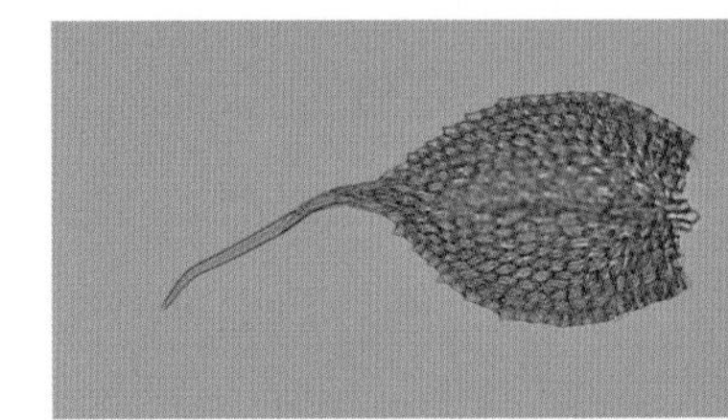

잎, 강원 정선군, 2012.5.14

강원 정선군, 2012.5.14

마른 모습, 경남 밀양시, 2012.5.12

전남 진도군, 2012.4.3

고깔검정이끼

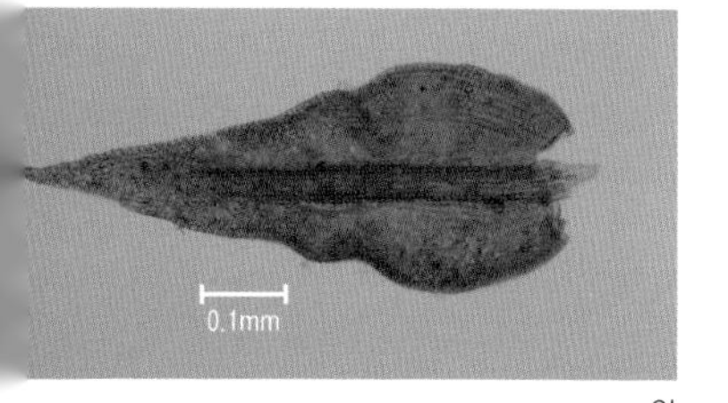

잎

학명 : *Leskea polycarpa* Ehrh. ex Hedw.

생육지 : 산야의 나무줄기 또는 돌 위에 매트모양으로 모여 자란다.

형태 : 줄기는 길게 기면서 자라고 가지는 약간 갈라지거나 거의 깃모양으로 갈라진다. 건조하면 가지의 끝부분은 약간 말린다. 잎이 줄기와 가지에 빽빽이 붙는다. 줄기잎은 길이 0.8~1.0mm이고 장타원상 피침형~난상 피침형이며 약간 오목하다. 가장자리는 밋밋하며 잎맥은 뚜렷하고 잎의 끝부분 근처까지 있다. 암수한그루이다. 삭은 길이 1.5~2.0mm이고 장타원상 원통형이며 곧추서거나 약간 경사져서 달린다. 삭병은 길이 12mm 이하이다. 삭모는 길이 2mm 정도의 긴 부리 모양의 두건형이다.

유사종과의 구분법 : 처녀겉암록색이끼(*Leskeella pusilla*)와 비슷하지만 삭병이 짧고 삭모가 삭을 거의 덮고 있는 특징으로 구분한다. 고깔검정이끼속은 겉암록색이끼속(*Leskeella*)에 비해 잎몸세포 중앙에 1개의 유두가 있는 것이 큰 특징이다.

세계분포 : 한국, 중국, 일본, 러시아(동부), 유럽, 북아메리카

국내분포 : 경남(지리산), 전남(진도)

전남 진도군, 2012.4.3

처녀겉암록색이끼, 전남 고흥군, 2012.4.13

경남 밀양시, 2012.5.12

곁양털이끼

학명 : *Okamuraea hakoniensis* (Mitt.) Broth.

생육지 : 산지의 나무줄기 또는 돌 위에 매트모양으로 모여 자란다.

형태 : 식물체는 연녹색~황록색이고, 줄기는 길이 7cm 이하로 길게 기면서 자란다. 마른 가지는 잎이 줄기에 밀착되고 거의 꼬이지 않고 끈모양이 된다. 잎은 길이 1.5~2.0mm이고 난상 타원형~난형이다. 잎 하부는 오목하며 희미한 세로 주름이 있다. 잎맥은 단단하고 잎 길이의 중·상부까지 도달한다. 가장자리 상반부에는 작은 치돌기가 있다. 암수딴그루이다. 삭은 길이 1.5~2.2mm이고 난형이며 곧추서거나 약간 경사진다. 삭병은 길이 10~20mm이고 적갈색이며 줄기에 측생한다. 삭모는 고깔모양이고 윗부분에 긴 털이 나 있다.

유사종과의 구분법 : 양털이끼속(*Brachythecium*)의 종들과 비슷하지만 잎은 난형이고 끝이 뾰족하며 잎맥은 잎끝에 못미치는 것이 다르다. 가는곁양털이끼(*O. brachydictyon*)에 비해 줄기의 끝이 길게 가늘어지고, 잎의 끝이 길게 뾰족해지며, 삭병이 1cm 이상으로 긴 것이 다른 점이다.

세계분포 : 한국, 중국, 일본, 타이완, 히말라야 산맥 일대

국내분포 : 북한(금강산, 명천, 차일봉 등), 경기(소요산), 강원(설악산, 오대산, 태백산 등), 충북(단양), 경남(밀양, 지리산), 전북(덕유산)

잎

잎, 경남 밀양시, 2012.5.12

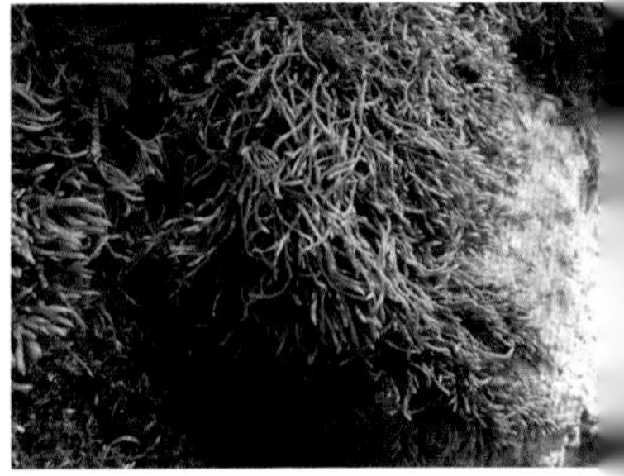

경남 밀양시, 2012.5.12

경남 양산시, 2012.5.11

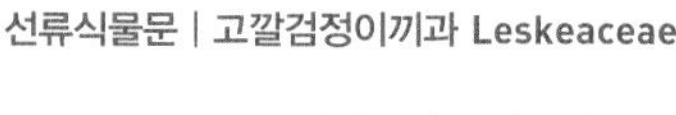

물바위이끼

잎

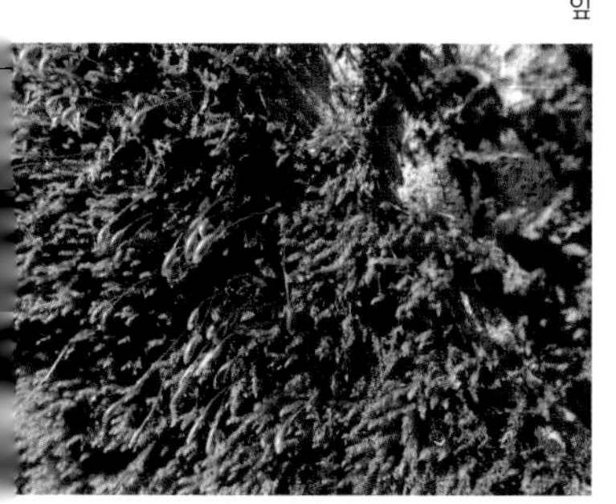

삭, 경남 밀양시, 2010.5.12

경남 양산시, 2012.5.11

학명 : *Pseudoleskeopsis zippelii* (Dozy & Molk.) Broth.

생육지 : 산지의 계곡가 또는 물속의 암반, 물기 있는 바위 등에 매트모양을 만들며 모여 자란다.

형태 : 식물체는 황록색~짙은 녹색이며, 줄기는 기고 길이 2cm 정도의 경사진 가지가 불규칙하게 갈라져 다발모양으로 빽빽이 난다. 가지잎은 길이 1.0~1.5mm이고 흔히 난형이며 끝은 뾰족하거나 둥글다. 잎의 형태에는 변이가 심한 편이다. 잎맥은 잎끝까지 있고 가장자리에는 상부에 규칙적인 치돌기가 있다. 암수한그루이다. 삭은 길이 2~3mm이고 장타원상 도란형이며 비상칭이다. 삭병은 길이 (10~)15~25mm이고 적갈색이다. 삭치는 뚜렷하고 내삭치와 외삭치는 길이가 같다.

유사종과의 구분법 : 고산이끼속(*Lescuraea*)이나 곁양털이끼속(*Okamuraea*)의 종들에 비해 습한 암반에 붙어살고, 삭이 경사지며 비상칭인 것이 특징이다.

세계분포 : 한국, 중국, 일본, 타이완, 동남아시아(필리핀, 타이), 러시아

국내분포 : 경기(소요산, 수원), 강원(정선), 경남(밀양, 양산, 지리산), 전북(덕유산)

경북 의성군, 2011.4.8

푸른명주실이끼

학명 : *Anomodon minor* (Hedw.) Lindb.

생육지 : 산지의 나무줄기나 바위 곁에 붙어 자란다.

형태 : 식물체는 짙은 녹색~갈색이며, 줄기는 가늘고 기면서 자란다. 2차줄기는 가늘며 길이 2~6cm이고 드물게 깃모양으로 갈라지기도 한다. 줄기나 가지는 마르면 잎이 줄기에 밀착하여 가는 실모양이 된다. 가지잎은 길이 1.0~1.7mm이고 혀모양이며 기부는 난형으로 넓고 잎끝은 둔하거나 둥글다. 잎의 크기와 형태에 변이가 심한 편이다. 잎맥은 잎끝 부분까지 있다. 암수딴그루이다. 삭은 드물게 달린다. 삭은 길이 1.2~1.5mm이고 장타원형이며 삭병은 길이 5~7mm이다. 삭개는 끝이 뾰족하다. 삭모는 길이 2.0~2.3mm이고 짧은 부리모양이며 포자실 전체를 덮는다.

유사종과의 구분법 : 가는명주실이끼(*A. thraustus*)와 비슷하지만 잎맥이 상부까지 뚜렷하고 잎끝이 잘 부서지지 않는 것이 다른 점이다.

세계분포 : 한국, 중국, 일본, 미얀마, 인도, 러시아(동부), 북아메리카

국내분포 : 북한(금강산, 백두산, 평양 등), 경기(광릉), 강원(강릉), 충남(계룡산), 부산, 경남(지리산, 밀양), 경북(의성), 전남(진도), 전북(진안), 제주

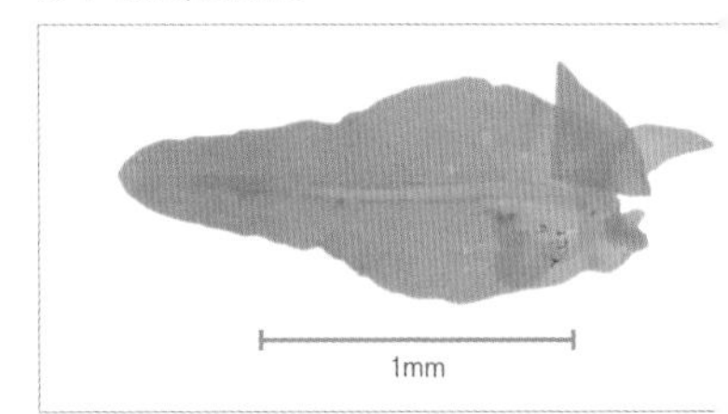

잎

잎, 경남 밀양시, 2012.11.16

마른 모습, 경북 의성군, 2012.4.26

전남 진도군, 2012.4.3

경남 밀양시

경북 의성군, 2012.4.26

큰명주실이끼

학명 : *Anomodon giraldii* Müll. Hal.

생육지 : 산지의 나무줄기나 바위 겉에 붙어 자란다.

형태 : 식물체는 황록색~연한 녹색이며, 줄기는 길게 기면서 자란다. 2차줄기는 가지가 많이 갈라져 다발모양이 되는 것이 특징이다. 가지의 끝은 가늘고 길게 뻗으며, 가지가 마르면 활 모양으로 말린다. 가지잎은 길이 2.5mm 이하이고 난상 피침형이다. 잎끝은 뾰족하거나 길게 뾰족하며 상부 가장자리에 불규칙한 치돌기가 있다. 잎맥은 황갈색이고 잎끝 부근까지 있다. 건조하면 잎은 줄기에 밀착해 붙는다. 암수딴그루이다. 삭은 드물게 달린다. 삭은 길이 2.0~2.5mm이고 장타형상 원통형이며 삭병은 길이 12~20mm이다. 삭모는 길이 2mm 이하이다.

유사종과의 구분법 : 푸른명주실이끼(*A. minor*)에 비해 잎끝이 뾰족하고 상부 가장자리에 치돌기가 있으며, 구환이 뚜렷한 것이 특징이다.

세계분포 : 한국, 중국, 일본, 러시아(동부)

국내분포 : 북한(금강산, 묘향산, 백두산 등), 경기(광릉, 연천), 강원(오대산), 충남(계룡산), 충북(속리산), 경남(가야산, 밀양, 지리산), 경북(소백산, 의성), 제주

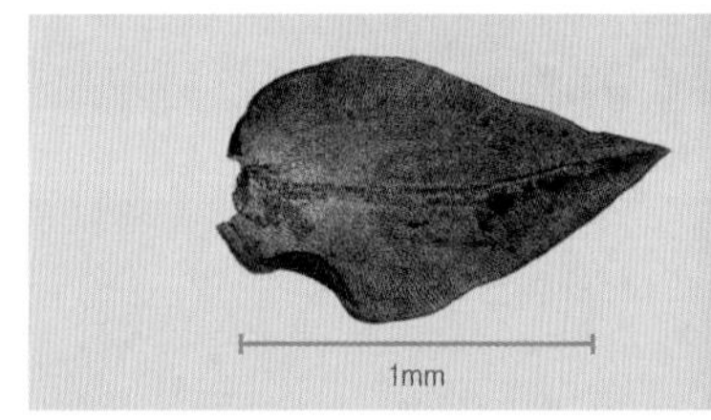

잎

경북 의성군, 2012.4.26

경기 연천군, 2012.11.14

경기 포천시, 2012.6.20

곱슬명주실이끼

잎

마른 모습, 경기 포천시, 2012.6.20

잎, 경기 포천시

학명 : *Anomodon rugelii* (Müll. Hal.) Keissl.

생육지 : 산지 또는 하천 가장자리의 나무줄기 또는 바위 겉에 모여 자란다.

형태 : 식물체는 중간 크기이고 전체적으로 짙은 녹색~녹갈색이다. 줄기는 기면서 자라고 가지가 약간 갈라진다. 가지는 2~4cm이고 마르면 가지잎과 함께 심하게 꼬이는 편이다. 가지잎은 난형인 기부에서 혀모양으로 좁아지며 길이는 2mm 이하이다. 잎의 크기 및 모양에 변이가 심하다. 잎맥은 잎끝 부근까지 뻗으며 황갈색이고 약간에 유두가 있다. 삭은 길이 2.0~2.5mm이고 장타원상 원통형이며 삭개에는 긴 부리가 있다. 삭병은 길이 10~15mm이고 적자색이다. 구환은 없고 외삭치는 길이 0.35mm 정도이고 황색이다.

유사종과의 구분법 : 마르면 가지와 가지잎이 개의 꼬리처럼 꼬이며 잎의 기부가 귀모양으로 처지는 것이 특징이다.

세계분포 : 한국, 중국, 일본, 러시아(동부), 유럽, 북아메리카(동부)

국내분포 : 전국

강원 영월군, 2012.6.21

선류식물문 | 깃털이끼과 Thuidiaceae

굽은명주실이끼

학명 : *Anomodon viticulosus* (Hedw.) Hook. & Taylor

생육지 : 석회암지대의 바위 위에서 두꺼운 매트모양으로 모여 자란다.

형태 : 식물체는 크며 전체적으로 짙은 녹색~녹갈색이다. 줄기는 기며 길이 4~10cm이고 위로 서거나 비스듬히 서서 자란다. 마른 줄기나 가지가 크게 굽거나 꼬이는 것이 특징이다. 가지잎은 길이 3mm 이하이며 기부는 장타원상이고 차츰 혀모양으로 좁아진다. 잎끝은 둔하거나 둥글며 가장자리는 평활하다. 잎맥은 잎끝 부근까지 있다. 삭은 매우 드물게 달린다.

유사종과의 구분법 : 푸른명주실이끼(*A. minor*)에 비해 식물체 및 잎(2mm 이상)이 크며, 잎의 상부가 가는 혀모양으로 차츰 좁아지는 것이 다른 점이다.

세계분포 : 한국, 중국, 일본, 인도, 파키스탄, 베트남, 러시아(동부), 유럽, 북아메리카

국내분포 : 북한(곡산, 북청), 강원(영월, 정선)

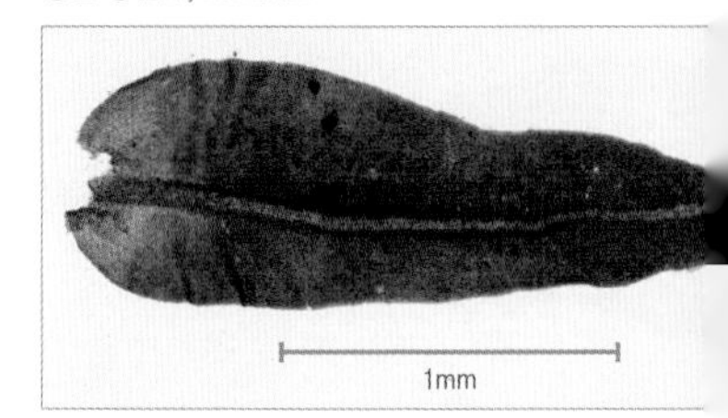

가지잎

마른 모습, 강원 영월군, 2012.6.21

강원 영월군, 2012.6.21

경남 밀양시, 2012.11.16

아기방울이끼 

1mm

줄기잎

잎

강원 평창군, 2012.8.8

학명 : *Boulaya mittenii* (Broth.) Cardot

생육지 : 주로 북부지방 및 아고대 산지의 나무줄기 또는 바위 위에 모여 자란다.

형태 : 식물체는 큰 편이며 황갈색~녹갈색이다. 줄기는 기면서 자라고 가지가 깃모양으로 갈라진다. 가지는 줄기에서 비슷한 길이로 갈라지며 건조하면 강하게 꼬인다. 줄기잎은 길이 1.5mm 이하이며 넓은 난형인 기부에서 위로 갈수록 갑자기 좁아져 끝은 가는 침모양이 된다. 잎맥은 잎끝 부분까지 있다. 가지잎은 길이 1.2mm 이하이고 난상 장타원형이며 끝이 뾰족하다. 암수딴그루이다. 삭은 매우 드물게 달린다. 삭은 길이 2.2~ 2.5mm이고 넓은 난형~거의 구형이며 곧추선다. 삭병은 길이 20~25mm이다. 삭개에는 긴 부리가 있으며 끝이 뾰족하지 않고 둥글다. 삭모는 길이 2mm 정도의 두건모양이다.

유사종과의 구분법 : 깃털이끼속(*Thuidium*)의 종들에 비해 줄기는 깃모양으로 1회 갈라지며, 삭이 곧게 서는 것이 다른 점이다.

세계분포 : 한국, 중국, 일본, 러시아(동부)

국내분포 : 북한(금강산, 묘향산, 백두산 등), 강원(두타산, 두위봉, 오대산, 태백산, 평창), 충북(속리산), 경남(가야산, 지리산, 밀양), 경북(소백산), 전북(덕유산), 제주(한라산)

경남 양산시, 2012.5.11

선류식물문 | 깃털이끼과 Thuidiaceae

가시이끼

학명 : *Claopodium aciculum* (Broth.) Broth.
생육지 : 산지의 습한 바위 위 또는 흙 위에서 모여 자란다.
형태 : 줄기는 기면서 자라고 깃모양으로 가지가 갈라진다. 가지는 길이 5mm 이하이고 끝으로 갈수록 점차 가늘어진다. 줄기잎은 길이 0.4~0.5mm이고 난형이며 끝은 길게 뾰족하다. 가장자리에 미세한 치돌기가 있으며 잎맥은 잎끝까지 있다. 가지잎은 난상 피침형이며 줄기잎보다 작고 가늘다. 삭은 길이 0.5mm 정도이고 장타원형이며 삭병은 길이 7mm 정도이다.
유사종과의 구분법 : 아기가시이끼(*C. pellucinerve*)에 비해 줄기가 평활하며(유두상 돌기가 없음), 잎맥이 잎끝까지 있는 것이 다른 점이다.
세계분포 : 한국, 중국(동부), 일본, 타이완, 라오스
국내분포 : 경남(양산), 제주

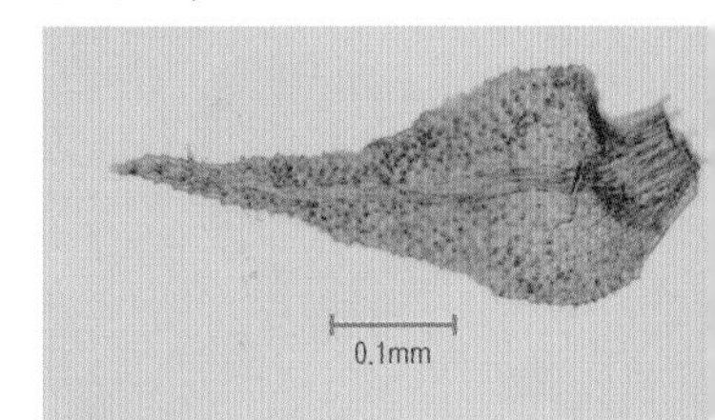

가지잎

잎

경남 양산시, 2012.5.11

경북 청송군, 2012.4.26

아기가시이끼 

가지잎

잎

강원 정선군, 2011.5.1

학명 : *Claopodium pellucinerve* (Mitt.) Best

생육지 : 산지의 반음지 바위 위에 모여 자란다.

형태 : 식물체는 작고 연한 녹색이다. 줄기는 기면서 자라고 표면에 희미한 유두상 돌기가 있다. 가지는 불규칙하게 갈라진다. 가지의 표면에서 유두상 돌기가 빽빽이 난다. 줄기잎은 길이 0.8 ~1.2mm이고 난상 피침형이며 잎끝이 길게 뾰족하다. 잎맥은 잎끝에서 다소 떨어져서 끝나거나 잎끝 부근까지 있다. 가지잎은 줄기잎보다 훨씬 좁다. 삭은 길이 0.6~1.5mm이고 장타원형이며 수평 또는 약간 기울어져 달린다. 삭병은 길이 12~15mm이다. 삭모는 길이 1.8~2.0mm이다.

유사종과의 구분법 : 가시이끼(*C. aciculum*)에 비해 줄기 표면에 유두상 돌기가 있는 것과 잎맥이 잎끝에 못미치는 점이 다르다.

세계분포 : 한국, 중국, 일본, 인도, 파키스탄, 러시아(동부), 북아메리카(알래스카, 멕시코)

국내분포 : 북한(백두산, 칠보산, 포태산, 함흥 등), 강원(정선), 경북(청송)

전남 해남군, 2012.4.4

선류식물문 | 깃털이끼과 Thuidiaceae

침작은명주실이끼

학명 : *Haplocladium angustifolium* (Hampe & Müll. Hal.) Broth.
생육지 : 반음지 또는 양지의 땅 위 또는 암반, 나무의 밑부분에 모여 자란다. 도시의 잔디밭, 빈터에서도 흔히 관찰된다.
형태 : 식물체는 황갈색~녹갈색~적록색이며, 줄기에 선형의 모엽이 산재한다. 줄기잎은 길이 0.8~1.2mm이고 장타원상 난형~난형~넓은 난형이며 잎끝은 급히 또는 점차 좁아져서 긴 가시처럼 뾰족해진다. 잎가장자리 전체에 미세한 치돌기가 있으며 잎맥은 뚜렷하고 잎끝까지 있거나 길게 돌출한다. 암수한그루이다. 삭은 길이 2.5~3.0mm이고 원통형이며 수평 또는 약간 기울어져 달린다. 삭병은 길이 20~30mm이고 적색빛이 돈다.
유사종과의 구분법 : 작은명주실이끼(*H. microphyllum*)와 비슷하지만 보다 작으며, 잎 중앙세포 끝부분에 1개의 유두가 있는 것이 다른 점이다.
세계분포 : 한국, 중국, 일본, 러시아(동부), 유럽, 아프리카, 북아메리카(미국)
국내분포 : 전국

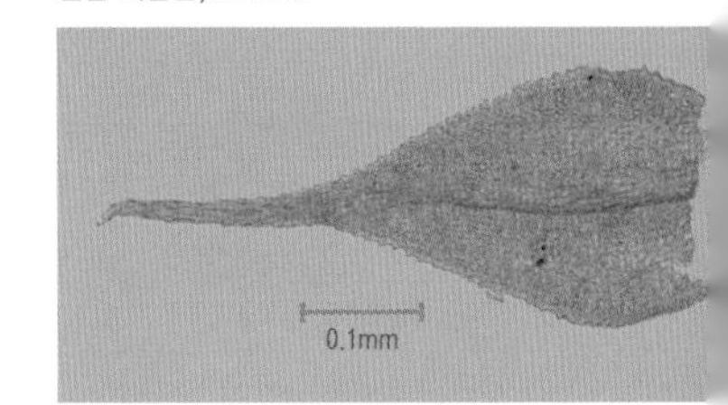

줄기잎

인천, 2012.5.7

인천 국립생물자원관, 2013.4.9

전남 해남군, 2012.4.4

인천 국립생물자원관, 2013.3.29

경남 양산시, 2012.5.11

 작은명주실이끼

학명 : *Haplocladium microphyllum* (Hedw.) Broth.

생육지 : 땅 위, 썩은 나무 또는 나무뿌리에서 매트모양으로 모여 자란다.

형태 : 식물체는 황록색~녹갈색이며, 줄기에 선형 또는 피침형의 모엽이 산재한다. 줄기잎은 길이 1.5mm 이하이고 넓은 심장상 난형이며 잎끝은 급히 좁아져서 긴 가시처럼 뾰족해진다. 잎가장자리는 거의 밋밋하거나 미세한 치돌기가 있으며 잎맥은 뚜렷하고 잎끝까지 있거나 길게 돌출한다. 암수한그루이다. 삭은 길이 1.8~3.0mm이고 원통형이며 수평 또는 약간 기울어져 달린다. 삭병은 길이 25~35mm이고 적갈색이다.

유사종과의 구분법 : 침작은명주실이끼(*H. angustifolium*)와 비슷하지만 잎이 보다 크고 잎 중앙세포 중앙에 1개의 유두가 있는 것이 다른 점이다.

세계분포 : 북반구에 넓게 분포

국내분포 : 북한(금강산, 묘향산, 백두산 등), 서울, 강원(영월), 부산, 경남(양산), 전남(고흥)

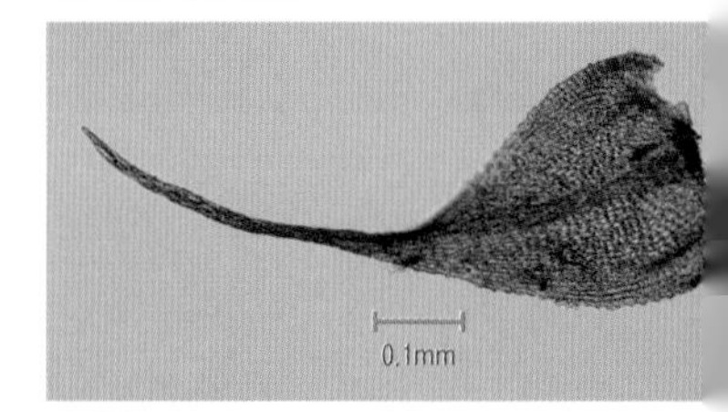

줄기잎

전남 고흥군, 2012.4.13

마른 모습, 강원 영월군, 2012.6.21

경남 밀양시, 2012.5.12

물가작은명주실이끼 

줄기잎

잎

잎, 경남 밀양시, 2012.5.12

학명 : *Haplocladium strictulum* (Cardot) Reim.

생육지 : 주로 골짜기의 물기 있는 바위 위나 사질토양에 모여 자라지만 간혹 나무 기부 또는 부식토 위에서 생육하기도 한다.

형태 : 식물체는 녹색~짙은 녹색이며, 줄기 또는 가지에는 선형 또는 피침형의 모엽이 빽빽이 난다. 줄기는 1회 깃모양으로 갈라지고 가지는 빽빽이 나며 끝은 간혹 가늘고 긴데 뾰족하기도 한다. 줄기잎은 길이 1mm 이하이고 난상 피침형이며 끝이 길게 뾰족하다. 가장자리는 평활하거나 약간 뒤로 젖혀지며 가장자리에는 치돌기가 있다. 잎맥은 잎끝까지 있다. 가지잎은 길이 5mm 이하이고 난형이며 가장자리에 치돌기가 있다. 삭은 길이 2.0~2.5mm이고 장타원상 원통형이며 비스듬히 달린다. 삭병은 길이 25~30mm이다.

유사종과의 구분법 : 작은명주실이끼(*H. microphyllum*)와 비슷하지만 줄기에 모엽이 빽빽이 나고, 잎맥이 잎끝까지 있는 것이 다른 점이다.

세계분포 : 한국, 중국, 일본, 몽골

국내분포 : 북한(원산), 경기(광릉), 충북(속리산), 경남(밀양), 전북(덕유산)

경남 밀양시, 2012.9.4

바위실이끼

학명 : *Haplohymenium triste* (Ces.) Kindb.

생육지 : 산지의 나무줄기에 매트모양으로 모여 자란다.

형태 : 식물체는 황갈색~녹갈색~녹색이며 매우 가늘고 길게 자란다. 줄기는 기며 길이 2~5cm이고 불규칙하게 깃모양으로 갈라진다. 줄기잎은 오목하며 기부는 난형~넓은 난형이고 끝은 급히 뾰족해지거나 혀모양이다. 가장자리는 미세한 치돌기가 있고 잎맥은 짧거나 잎 길이의 1/2 지점까지 도달한다. 가지잎은 길이 0.6~0.8mm이며 잎맥은 잎 길이의 1/2~1/3 지점까지 있다. 암수한그루이다. 삭은 길이 0.8~1.2mm이고 장타원형이며, 삭병은 길이 3~5mm이다. 삭모는 길이 1.2~1.5mm 정도이고 윗면에 여러 개의 긴 털이 있다.

유사종과의 구분법 : 꼬마바위실이끼(*H. pseudotriste*)와 비슷하지만 잎맥이 주로 잎의 중앙 이하에서 끝나며 잎끝이 혀모양이고 둥근 점이 다르다. 깃털바위실이끼(*H. sieboldii*)는 잎의 상부가 차츰 좁아져서 뾰족해지고 잎맥이 중·상부까지 길게 뻗는 것이 특징이다.

세계분포 : 한국, 중국, 일본, 타이완, 러시아(동부), 유럽, 북아메리카

국내분포 : 전국

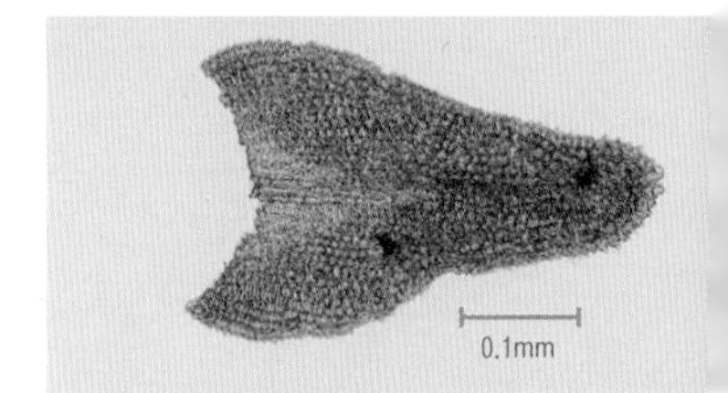

잎

경남 밀양시, 2012.11.16

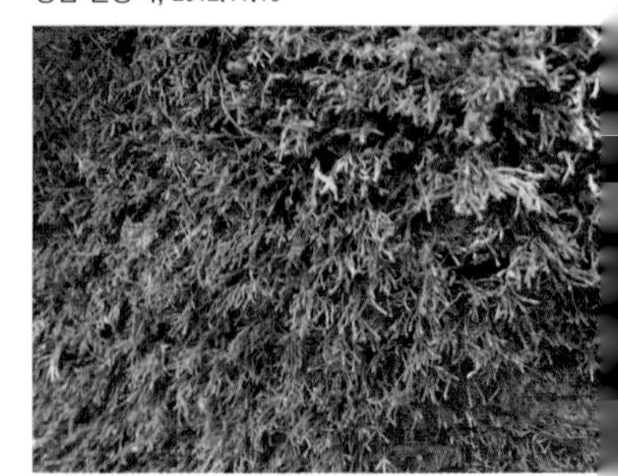

경남 밀양시, 2012.5.12

경남 밀양시, 2012.5.12

경남 밀양시, 2012.11.16

경북 의성군, 2012.4.26

꼬마바위실이끼

학명 : *Haplohymenium pseudotriste* (Müll. Hal.) roth.
생육지 : 낮은 산지의 나무줄기에 매트모양으로 모여 자란다.
형태 : 식물체는 짙은 녹색이며, 줄기는 길게 벋으면서 자라고 깃모양 또는 불규칙하게 가지가 갈라진다. 줄기잎은 길이 0.4~ 0.6mm이고 난상 피침형이며 잎끝은 뾰족하거나 길게 뾰족하다. 잎가장자리에는 미세한 치돌기가 있으며 잎맥은 잎길이의 1/2~1/3 지점까지 있다. 가지잎은 길이 0.9~1.3mm이고 주로 혀모양이며 잎끝은 급히 뾰족해진다. 암수한그루이다. 삭은 길이 0.5~0.8mm이고 장다원상 난형~난형이며 삭병은 길이 2.5~3.0 mm이다. 삭모는 길이 0.7~0.8mm이고 두건모양이며 윗면에 긴 털이 있다.
유사종과의 구분법 : 바위실이끼(*H. triste*)와 비슷하지만 전체적으로 작고 잎이 잘 부서지지 않으며 잎맥은 보통 잎 길이의 1/2 지점을 넘는 것이 다른 점이다.
세계분포 : 한국, 중국, 일본, 타이완, 베트남, 스리랑카, 남아프리카, 뉴질랜드, 오스트레일리아
국내분포 : 북한(금강산, 차일봉), 강원(태백산), 경북(의성)

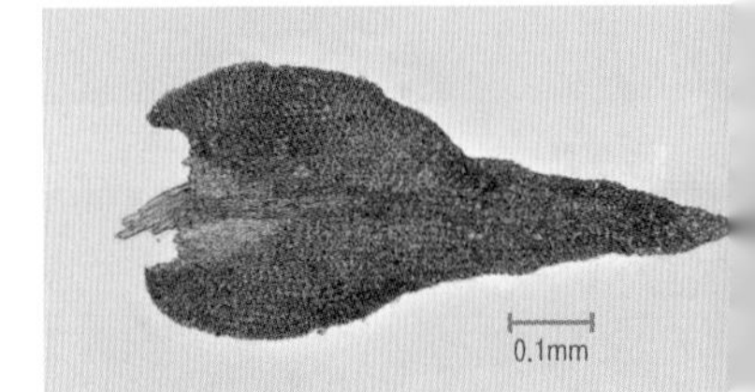

잎

마른 모습, 경북 의성군, 2012.4.26

경북 의성군, 2012.4.26

강원 정선군, 2013.12.5

나선이끼

잎

잎, 경북 의성군, 2012.4.26

마른 모습, 전북 부안군, 2012.4.13

학명 : *Herpetineuron toccoae* (Sull. & Lesq.) Cardot

생육지 : 산야의 바위 또는 나무줄기에 모여 자란다.

형태 : 식물체는 짙은 녹색이며, 줄기는 기면서 자라고 2차줄기는 경사지게 달린다. 2차줄기는 길이 5cm 이하이고 거의 가지가 갈라지지 않으며 잎이 빽빽이 붙는다. 건조하면 잎은 줄기에 밀착되고 2차줄기는 개의 꼬리처럼 심하게 말리는 편이다. 2차줄기의 잎은 길이 2.5mm 이하고 난상 피침형이며 끝은 뾰족하다. 상부 가장자리에는 큰 치돌기가 있으며 잎맥은 뚜렷하고 잎끝 부근까지 있다. 암수딴그루이다. 삭은 드물게 달린다. 삭은 길이 2~3mm이고 장타원상 원통형~원통형이며 곧추서서 달린다. 삭병은 길이 8~22mm이고 적갈색이다.

유사종과의 구분법 : 명주실이끼속(*Anomodon*)의 종들과 비슷하지만 식물체가 마르면 개의 꼬리(또는 뱀모양)처럼 꼬이며, 잎이 용골상으로 굽어지고 위쪽에 큰 치돌기가 있는 것이 다른 점이다.

세계분포 : 아시아(한국, 일본, 중국, 타이완, 필리핀, 인도네시아, 인도, 타이 등), 북아메리카, 중앙아메리카, 태평양 남서부(뉴칼레도니아)

국내분포 : 전국에 넓게 분포

전북 덕유산, 2012.6.12

아기호랑꼬리이끼

학명 : *Hylocomiopsis ovicarpa* (Besch.) Cardot

생육지 : 주로 산지의 나무줄기에 착생하지만 드물게 아고산대 산지의 바위나 땅 위에 모여 자라기도 한다.

형태 : 식물체는 큰 편이고 황갈색~황록색이다. 줄기는 길게 기면서 자라며 2차줄기는 비스듬히 달리고 상부에서 불규칙하게 가지가 갈라진다. 가지는 끝이 가늘게 좁아져 실모양이 된다. 줄기와 가지의 표면에는 좁은 피침형의 모엽이 빽빽이 난다. 줄기잎은 길이 2mm이하이고 넓은 난형~거의 원형이며 끝은 급히 좁아져 침모양으로 길게 뾰족하다. 가장자리는 밋밋하며 잎맥은 뚜렷하고 잎의 상반부 이상까지 뻗는다. 가지잎은 길이 0.9mm 이하이고 넓은 난형~거의 원형이며 끝은 뾰족하지만 줄기잎처럼 침모양은 아니다. 암수한그루이다. 삭은 길이 1.4~2.0mm이고 장타원상 원통형이며 곧추서서 달린다. 삭병은 길이 12~22mm이고 적갈색이다.

유사종과의 구분법 : 수풀이끼과(Hylocomiaceae)의 활수풀이끼(*Hylocomium himalayanum*)와 비슷하지만 줄기의 잎끝이 침모양으로 길게 뾰족하고 가장자리가 밋밋한 특징으로 쉽게 구분된다.

세계분포 : 한국, 중국, 일본, 러시아(동부)

국내분포 : 강원(태백산, 양양), 경남(지리산), 전북(덕유산), 제주

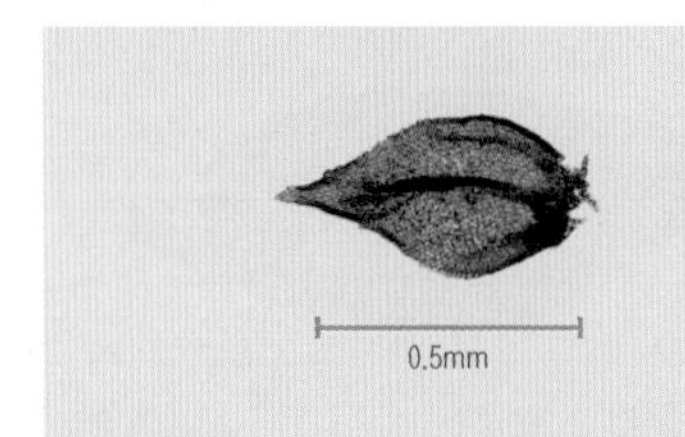

가지잎

잎, 강원 양양군, 2013.4.11

건조된 모습

전북 덕유산, 2012.6.12

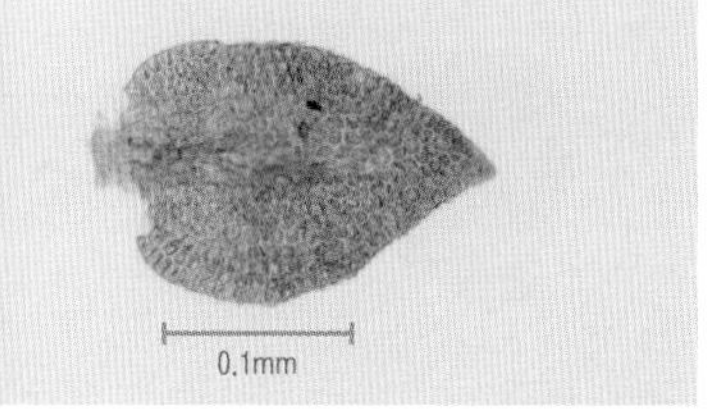

가지잎

아기깃털이끼

학명 : *Pelekium versicolor* (Hornsch. ex Müll. Hal.) Touw

생육지 : 산지의 그늘진 바위 또는 땅 위에 매트모양으로 모여 자란다.

형태 : 식물체는 비교적 작은 편이며 황록색~녹색~녹갈색이며 매우 섬세하다. 줄기는 가늘게 2회 깃모양으로 갈라지며 줄기에는 잎모양이나 가시모양의 모엽이 빽빽이 난다. 가지는 길이 4mm 이하이며 모엽은 거의 없다. 줄기잎은 길이 0.5mm 이하이고 삼각상 난형이며 가장자리가 뒤로 약간 젖혀진다. 가장자리는 가는 치돌기가 있으며 잎맥은 잎끝 부근까지 있다. 암수딴그루이다. 삭은 길이 1.7mm 정도이며, 삭모는 길이 2.0~2.2mm이다. 삭병은 길이 13~22mm이고 적갈색이며 평활하다.

유사종과의 구분법 : 깃털이끼속(*Thuidium*)의 종들에 비해 작고 섬세한 편이며, 잎의 길이가 0.5mm 이하로 작은 것이 다른 점이다.

세계분포 : 한국, 중국, 일본, 몽골, 유럽, 북아메리카

국내분포 : 북한(금강산, 함흥 등), 충북(금수산), 경남(지리산), 경북(울릉도), 전남(대흥사), 전북(덕유산), 제주

잎

건조된 모습

전북 진안군, 2011.7.12

털날개깃털이끼

학명 : *Thuidium assimile* (Mitt.) A. Jaeger.

생육지 : 산지 골짜기 또는 습지의 축축한 바위 위나 땅 위에 모여 자란다.

형태 : 식물체는 큰 편이며 연한 녹색이다. 줄기는 깃모양으로 가지가 많이 갈라지며 가지는 길이 3~4mm이다. 줄기와 가지의 표면에 빽빽이 난 모엽은 흔히 가지가 갈라지는 실모양이다. 줄기잎은 길이 1.2mm 이하의 난상 피침형이며 끝은 급히 좁아져 투명하다. 잎맥은 황색이고 잎끝 부근까지 있다. 가지잎은 길이 0.7mm 이하이고 난형이며 길게 뾰족하지만 침모양으로 되지는 않는다. 암수딴그루이다. 포엽의 가장자리에 털이 없다.

유사종과의 구분법 : 물가깃털이끼(*T. cymbifolium*)와 비슷하지만 줄기잎이 송곳이나 꼬리처럼 길게 뾰족해지지 않으며 암포엽의 상부 가장자리에 털이 없는 것이 다른 점이다.

세계분포 : 한국, 중국, 일본, 러시아(동부), 유럽, 북아메리카

국내분포 : 북한(낭림산, 백두산 등), 경기(연천), 광주(무등산), 전북(진안)

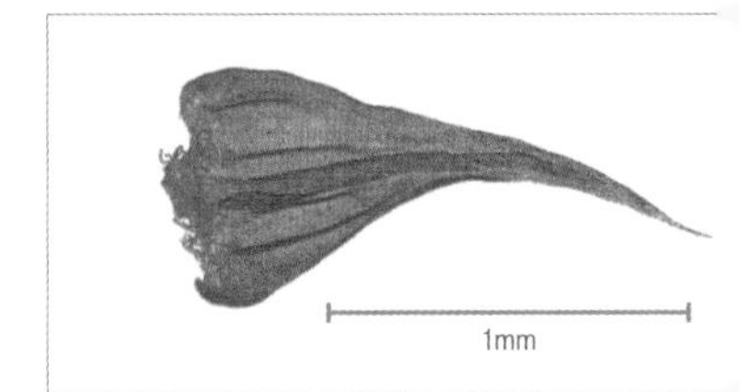

줄기잎

잎, 경기 연천군, 2012.8.27

건조된 모습

경기 포천시, 2012.4.29

물가깃털이끼

학명 : *Thuidium cymbifolium* (Mitt.) A. Jaeger.

생육지 : 산지 또는 계곡의 물기 있는 바위 또는 땅 위에 모여 자란다.

형태 : 식물체는 큰 편이며 짙은 녹색이다. 줄기는 3회 깃모양으로 갈라지며 가지는 길이 10mm 이하이다. 줄기와 가지에 모엽이 빽빽이 난다. 줄기잎은 길이 1.7mm 이하이고 넓은 삼각상 난형이며 잎끝은 송곳처럼 길게 뾰족하고 구부러져 있다. 잎가장자리에는 치돌기가 있으며 잎맥은 뚜렷하고 잎끝까지 뻗는다. 암수딴그루이다. 포엽 상부 가장자리에 긴 털이 빽빽이 난다. 삭은 길이 3~4mm이고 장타원상 원통형이며 비스듬히 달린다. 삭병은 길이 45mm 이하이며 평활하다.

유사종과의 구분법 : 털날개깃털이끼(*T. assimile*)와 비슷하지만 줄기잎의 끝이 송곳처럼 길게 뾰족하고 구부러져 있으며 암포엽의 상부 가장자리에 털이 밀생하는 것이 다른 점이다.

세계분포 : 한국, 중국, 일본, 러시아(동부), 유럽, 북아메리카

국내분포 : 북한(낭림산, 백두산 등), 경기(연천, 포천), 광주(무등산), 전북(진안)

0.5mm

가지잎

잎

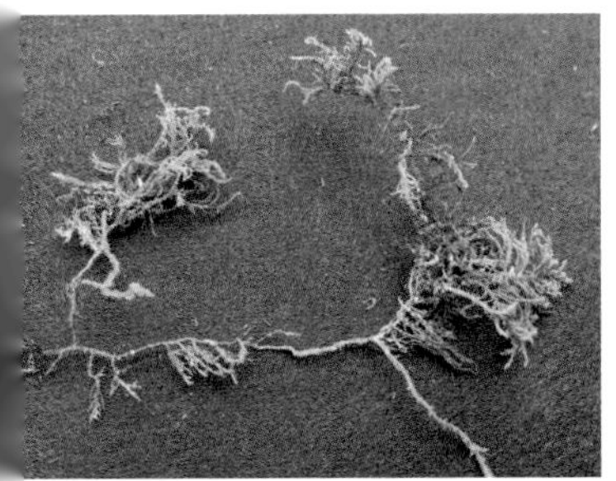

건조된 모습

경기 양평군, 2011.3.31

깃털이끼

학명 : *Thuidium kanedae* Sakurai
생육지 : 산지의 그늘진 바위 또는 땅 위에서 모여 자란다.
형태 : 식물체는 황록색~짙은 녹색이며, 줄기는 단단하고 거의 평면상으로 3회 깃모양으로 갈라진다. 줄기잎은 길이 1.5~2.3mm이고 거의 삼각형이다. 끝은 길게 뾰족하고 끝부분은 투명한 바늘모양이며 기부에는 깊은 세로 주름이 생긴다. 가장자리는 뒤로 좁게 젖혀지며, 잎맥은 뚜렷하고 잎끝까지 있다. 암수딴그루이다. 삭은 길이 3~4mm이고 장타원상 원통형이며 경사져서 달린다. 삭병은 길이 4~5cm이며, 삭모는 길이 4mm 정도이다.
유사종과의 구분법 : 푸른깃털이끼(*T. pristocalyx*)와 비슷하지만 줄기의 잎끝이 투명한 바늘모양이며 암포엽의 상부에 긴 털이 있는 것이 특징이다.
세계분포 : 한국, 중국, 일본, 타이완
국내분포 : 전국

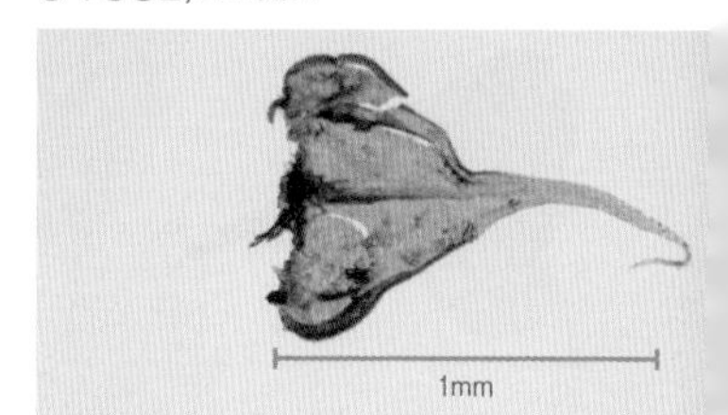

줄기잎

잎, 전남 진도군, 2012.4.3

경북 의성군, 2011.4.8

전남 진도군, 2012.4.3

경북 의성군, 2011.4.8

경남 밀양시, 2012.11.17

푸른깃털이끼

학명 : *Thuidium pristocalyx* (Müll. Hal.) A. Jaeger.

생육지 : 산지의 그늘진 바위 위, 땅 위 또는 나무뿌리 부근에 모여 자란다.

형태 : 식물체는 큰 편이지만 연약하며 황록색~연한 녹색이다. 줄기는 길이 5~15cm이고 경사지거나 굽으면서 길게 기며 2회 깃모양으로 갈라진다. 가지는 길이 0.6~1.2cm이고 가늘며 불규칙하게 갈라진다. 줄기잎은 길이 0.7~1.5mm 정도이고 난형이며 끝은 뾰족하지만 긴 바늘모양으로 되지는 않는다. 잎맥은 잎의 중앙부 정도까지 도달한다. 암수딴그루이다. 삭은 길이 2.5~3.0mm이고 장타원형이며 경사져서 달린다. 삭병은 길이 3~4cm이고 적갈색이다.

유사종과의 구분법 : 물가깃털이끼(*T. cymbifolium*)와 비슷하지만 보다 가늘고, 가지도 적게 갈라지며, 암포엽 상부에 긴 털이 없는 것이 특징이다.

세계분포 : 한국, 중국, 일본, 타이완, 필리핀, 인도네시아, 인도, 스리랑카

국내분포 : 북한(경성, 금강산, 해주 등), 강원(태백산), 경남(밀양, 양산, 지리산), 전북(덕유산), 제주

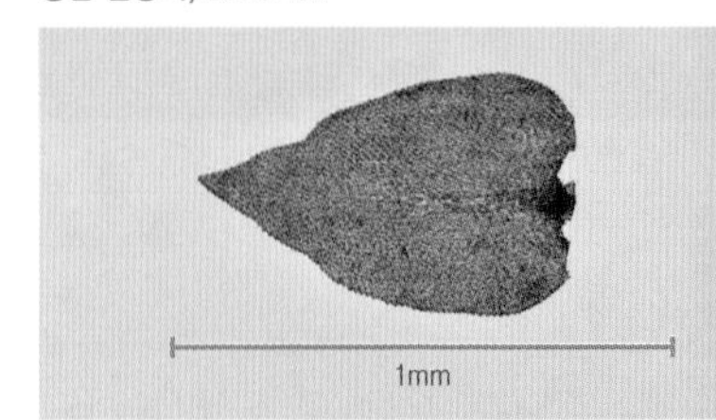

가지잎

경남 양산시, 2012.5.11

경남 밀양시, 2012.11.17

강원 강릉시, 2012.5.16

버들이끼

학명 : *Amblystegium serpens* (Hedw.) Schimp.

생육지 : 습지의 나무뿌리 부근 또는 부식토 위에 모여 자란다.

형태 : 식물체는 작고 연약하며 밝은 녹색~녹색이고 윤기가 약간 있다. 줄기는 잎을 포함해서 너비가 0.2~0.3mm이고 윗부분에서 가지가 많이 갈라진다. 줄기잎은 길이 1.0mm 정도이고 난상 피침형이며 끝은 길게 뾰족하다. 가장자리 끝부분에 치돌기가 약간 있다. 잎맥은 넓지만 연약하며 잎의 중·상부까지 뻗는다. 가지잎은 줄기잎보다 작다. 삭은 길이 1.7~2.0mm이고 원통형이며 적갈색이고 비스듬히 달린다. 삭병은 길이 10~15mm이다. 외삭치는 길이 0.45~0.5mm이며 아랫부분은 적갈색이고 윗부분은 황색이다.

유사종과의 구분법 : 서울버들이끼(*Leptodictyum humile*)는 줄기잎이 보다 크고(1.5mm 이하) 넓은 피침형~난형이며 잎맥이 잎끝 근처까지 있는 것이 특징이다.

세계분포 : 아시아(한국, 중국, 일본 등 중부~북부), 유럽, 아프리카(북부), 아메리카, 뉴질랜드

국내분포 : 북한(관모봉, 금강산, 백두산 등), 강원(강릉)

1mm

줄기잎

서울버들이끼, 강원 강릉시, 2012.5.16

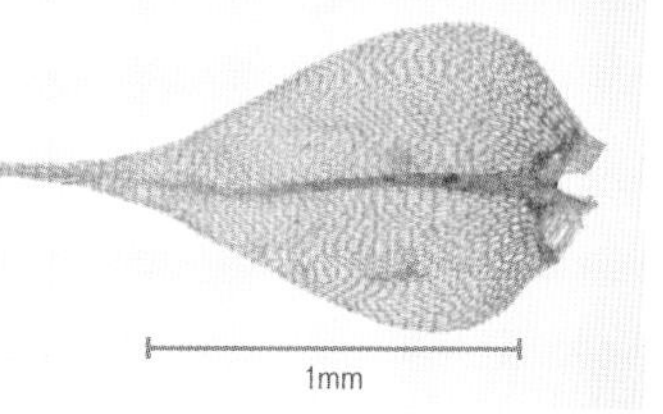

서울버들이끼, 줄기잎

강원 인제군, 2012.4.8

물가털깃털이끼

학명 : *Calliergonella lindbergii* (Mitt.) Hodenas

생육지 : 산지 골짜기의 물기 있는 바위 또는 땅 위에 매트모양으로 모여 자란다.

형태 : 식물체는 대형이며 황록색~황갈색이며, 줄기는 길이 10cm 이상까지도 자란다. 잎은 약간 휘어지고 편평하게 붙지 않으며 약간 주름진다. 잎맥은 불확실하며, 잎가장자리는 밋밋하거나 끝부분에 약간의 치돌기가 있다. 가지잎은 줄기잎과 비슷하지만 약간 크다(길이 1.0~1.8mm). 암수딴그루이다. 삭은 원통형이며 굽어지고 비상칭이며 마르면 세로로 긴 주름이 생긴다.

유사종과의 구분법 : 털깃털이끼과의 편평털깃털이끼(*Hypnum erectiusculum*)와 비슷하지만 잎이 별로 편평하지 않고, 삭이 마르면 주름지는 것이 다른 점이다. **창발이끼(*C. cupspidata*)**는 곁창발이끼(*Pleurozium schreberi*)와 유사하지만 줄기가 붉지 않고 흔히 줄기의 끝이 보다 가늘고 길게 뾰족한 것이 다른 점이다.

세계분포 : 한국, 일본, 러시아(동부), 유럽 등 북반구에 넓게 분포

국내분포 : 북한(묘향산), 강원(인제, 계방산, 태백산), 경남(지리산), 전북(덕유산), 제주

가지잎

창발이끼, 강원 평창군, 2012.8.9

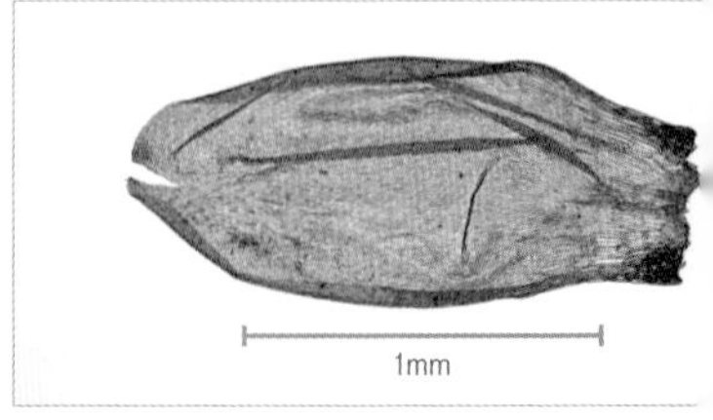

창발이끼, 잎

강원 횡성군, 2012.5.13

0.1mm

줄기잎

잎, 경기 포천시, 2011.4.10

2012.4.27

가는노란변덕이끼

학명 : *Campyliadelphus chrysophyllus* (Brid.) R. S. Chopra

생육지 : 산지의 습한 땅 위 또는 바위 위에서 모여 자라며, 석회질 토양을 선호하는 것으로 알려져 있다.

형태 : 식물체는 연약하며 아랫부분은 연한 녹색이고 윗부분은 황록색~황갈색이다. 줄기는 기거나 비스듬히 자라며 불규칙하게 가지가 갈라진다. 가지는 길이 5mm 이하이고 줄기에 빽빽이 붙는다. 줄기잎은 마르면 줄기에서 곧게 뻗는다. 줄기잎은 길이 1.5mm 이하이고 넓은 피침형이며 끝은 꼬리처럼 길게 뾰족하고 다소 홈이 진 것처럼 오목하다. 가장자리는 밋밋하며 잎맥은 뚜렷하고 잎의 중·상부까지 뻗는다. 암수딴그루이다. 삭은 길이 2.5~3.5mm이고 비상칭이며 비스듬히 달린다. 삭병은 길이 25~30mm이고 다소 구불구불하며 적갈색이다.

유사종과의 구분법 : 산황금털깃털이끼(*C. elodes*)와 비슷하지만 잎이 넓은 피침형이고 잎맥이 잎의 중·상부까지만 있는 것이 다른 점이다.

세계분포 : 한국, 중국, 일본, 중앙아시아, 히말라야 산맥, 유럽, 아프리카(동부), 아메리카 대륙

국내분포 : 북한(관모봉, 금강산, 백두산, 칠보산 등), 서울(관악산), 경기(포천), 강원(삼척, 정선, 태백산, 횡성 등), 전북(덕유산)

강원 삼척시, 2012.6.1

 버들변덕이끼

학명 : *Campylium hispidulum* (Brid.) Mitt.
생육지 : 산지 골짜기의 습한 바위 곁이나 나무뿌리 근처에 모여 자란다.
형태 : 식물체는 소형이고, 줄기는 기면서 자라며 가지는 불규칙하게 갈라진다. 줄기잎은 길이 0.8mm 이하이고 난형이며 다소 홈이 진 것처럼 오목하다. 잎끝은 꼬리처럼 길게 뾰족하며 가장자리는 거의 밋밋하거나 미세한 치돌기가 있다. 잎맥은 불명확하다. 가지잎은 줄기잎과 비슷하지만 보다 작다. 암수한그루이다. 삭은 길이 1.5~2.0mm이고 장타원형이며 비스듬히 달린다. 삭병은 길이 10~15mm이고 적갈색이다.
유사종과의 구분법 : 변덕이끼(*C. stellatum*)는 주로 습지 또는 습한 바위 위에서 자라며, 버들변덕이끼에 비해 전체적으로 대형이다. 또한 잎은 길이 2.5mm 이하이며 잎끝이 꼬리처럼 길게 뾰족하고 끝부분이 뒤로 젖혀지거나 구부러져 있는 것이 특징이다.
세계분포 : 아시아(한국, 중국, 일본 등), 유럽, 북아메리카
국내분포 : 북한(묘향산, 백두산, 백암, 신흥, 차일봉), 강원(삼척)

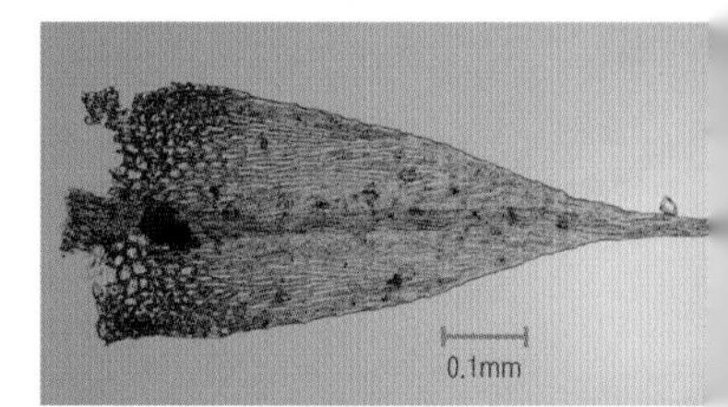

줄기잎

강원 삼척시, 2012.6.1

변덕이끼, 강원 영월군, 2012.8.3

강원 삼척시, 2012.6.1

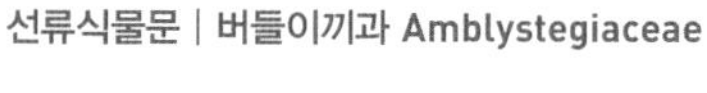

물가고사리이끼

1mm

줄기잎

잎, 경북 울릉군, 2012.4.11

강원 삼척시, 2012.6.1

학명 : *Cratoneuron filicinum* (Hedw.) Spruce

생육지 : 산지 골짜기의 물이 닿는 바위 또는 땅 위에서 모여 자란다.

형태 : 식물체는 크고 연한 녹색이며, 줄기는 10cm 이상까지 자란다. 가지는 흔히 깃모양으로 갈라지며 길이는 10mm 이하이다. 줄기에 난상 피침형의 모엽이 빽빽이 난다. 줄기잎은 길이 0.8~1.5mm이고 난상 피침형~삼각형이며 끝은 길게 뾰족하다. 가장자리에는 미세하고 무딘 치돌기가 있으며, 잎맥은 황갈색이고 뚜렷하며 잎끝까지 있거나 약간 아래까지 뻗는다. 암수딴그루이다. 삭은 길이 1.5~2.0mm이고 활모양으로 약간 구부러지며 적갈색이다. 삭병은 길이 20~30mm이고 약간 구불구불하며 적갈색이다.

유사종과의 구분법 : 북한에 분포하는 물가털이끼(*C. commutatum* var. *sulcatum*)에 비해 줄기의 모엽이 흔히 피침형이며 줄기잎의 끝이 낫모양으로 굽지 않고 비교적 곧은 것이 특징이다.

세계분포 : 한국, 중국, 일본, 유럽, 북아메리카, 남아메리카, 뉴질랜드

국내분포 : 북한(묘향산, 백두산, 삼수, 차일봉 등), 경기(소요산), 강원(삼척, 영월, 평창), 경북(울릉도)

경북 울릉군, 2012.4.11

끈양털이끼

학명 : *Brachythecium helminthocladum* Broth. & Paris
생육지 : 주로 습한 바위 위에 모여 자란다.
형태 : 식물체는 중간 크기이고 황록색이며, 줄기는 기면서 자란다. 줄기에서 가지가 빽빽이 달리며 잎도 촘촘히 붙는다. 잎은 마르면 줄기에 압착하고 습하면 옆으로 곧게 뻗는다. 줄기잎은 길이 3.5mm 이하이고 장타원상 난형이며 끝은 급히 꼬리처럼 길게 뾰족해진다. 상부 가장자리에 미세한 치돌기가 있으며 잎맥은 잎의 1/2~1/3 지점까지 뻗는다. 삭은 길이 2.0~2.5mm이고 장타원형~장타원상 원통형이며 적갈색이다. 삭병은 길이 10~15mm이다.
유사종과의 구분법 : 양털이끼속(*Brachythecium*)의 다른 종들에 비해 줄기의 단면이 원통형이며, 잎끝이 급하게 좁아져 길게 꼬리처럼 뾰족해지는 것이 특징이다.
세계분포 : 한국, 중국, 일본
국내분포 : 강원(강릉), 경북(울릉도), 전북(덕유산), 제주

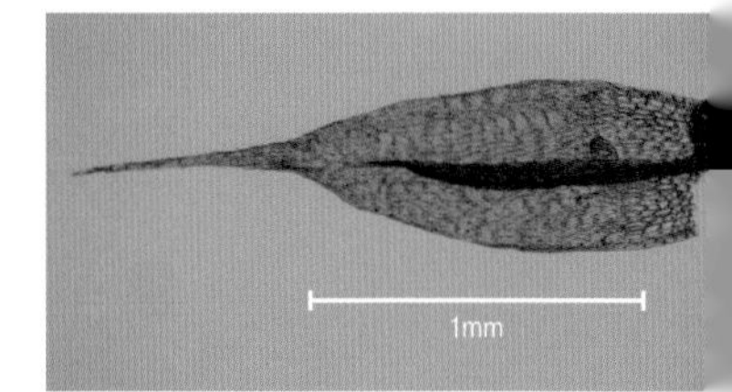

가지잎

잎, 경북 울릉군, 2012.4.12

전북 덕유산, 2012.6.12

전남 해남군, 2012.4.5

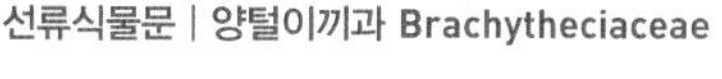

날개양털이끼 

가지잎

경북 울릉군, 2012.4.11

물가양털이끼, 경남 밀양시, 2012.5.12

학명 : *Brachythecium plumosum* (Hedw.) Schimp.

생육지 : 산지의 바위 위, 땅 위 또는 나무뿌리 부근에서 모여 자란다.

형태 : 식물체는 중간 크기이고 황록색이며, 줄기는 기면서 자란다. 줄기에서 가지가 빽빽이 달리며 잎도 촘촘히 붙는다. 가지는 길이 1cm 이하이고 끝이 둔하다. 잎은 말라도 옆으로 곧게 뻗는다. 줄기잎은 길이 2.0~2.5mm 이하이고 피침형~난상 피침형이며 잎끝은 길게 뾰족해진다. 가장자리에 미세한 치돌기가 약간 있으며, 잎맥은 잎 길이의 1/2~4/5 지점까지 뻗는다. 암수한그루이다. 삭은 길이 1.0~1.5mm이고 장타원형~난형이며 적갈색이다. 삭병은 길이 5~20mm이고 적갈색이며 상부에 유두가 있다.

유사종과의 구분법 : 물가양털이끼(*B. rivulare*)와 비슷하지만 줄기와 가지잎이 피침형으로 좁고 잎끝이 보다 길게 뾰족한 것이 다른 점이다.

세계분포 : 북반구, 뉴질랜드

국내분포 : 전국

경북 울릉군, 2012.4.11

양털이끼

학명 : *Brachythecium populeum* (Hedw.) Schimp.

생육지 : 산야의 바위, 땅 위 또는 나무뿌리 부근에 모여 자란다.

형태 : 식물체는 중간 크기이며 녹색~짙은 녹색이고 약간 윤기가 난다. 줄기는 기면서 자라며 약간의 가지가 갈라진다. 잎은 마르면 줄기에 다소 압착해서 붙는다. 줄기잎은 길이 2.0mm 이하이고 삼각상 피침형이며 약간 오목하게 말려있다. 잎끝은 차츰 좁아져 침모양으로 길게 뾰족하며 가장자리에는 미세한 치돌기가 있다. 잎맥은 거의 잎끝까지 있다. 암수한그루이다. 삭은 길이 1.0~1.8mm이고 장타원형이며 적갈색이다. 삭병은 길이 7~15mm이고 적갈색이다.

유사종과의 구분법 : 날개양털이끼(*B. plumosum*)와 비슷하지만 잎이 마르면 줄기에 압착해서 붙으며 잎맥이 거의 잎끝까지 있는 것이 다른 점이다.

세계분포 : 북반구, 뉴질랜드

국내분포 : 전국

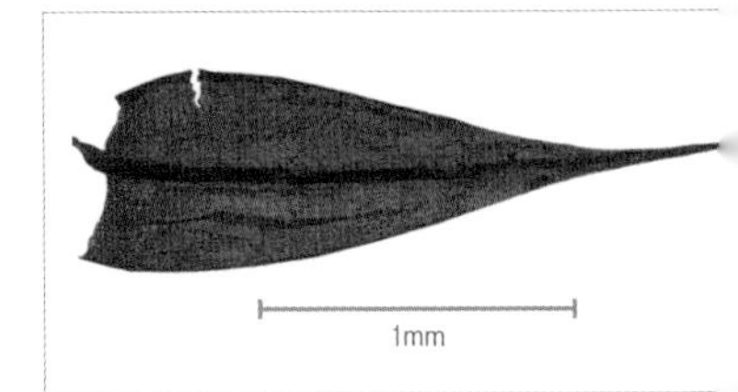

잎

삭, 경북 울릉군, 2012.4.11

잎, 경북 울릉군, 2012.4.11

경북 울릉군, 2012.4.12

경북 울릉군, 2012.4.11

경북 울릉군, 2012.4.12

물가침부리이끼

학명 : *Eurhynchium hians* (Hedw.) Sande Lac.
생육지 : 산지 골짜기의 바위 또는 축축한 땅 위에 모여 자란다.
형태 : 식물체는 작으며 황록색~짙은 녹색이고 윤기가 없다. 줄기는 기면서 자라며 가지는 길이 10mm 이하이고 약간 갈라진다. 줄기잎은 길이 1.0mm 이하이고 넓은 난형이며 약간 편평하다. 잎끝은 짧게 뾰족하거나 길게 뾰족하고 가장자리 전체에 미세한 치돌기가 있다. 잎맥은 잎끝 근처까지 있다. 가지잎은 길이 1.0mm 이하이고 난형이며 끝은 길게 뾰족하다. 가장자리 전체에 미세한 치돌기가 있다. 삭은 길이 1.5~2.0mm이고 적갈색이며 비스듬히 달린다. 삭병은 길이 12~16mm이고 적갈색이다.
유사종과의 구분법 : 물가부리이끼(*Rhynchostegium riparioides*)에 비해 줄기에 잎이 성기게 달리며 잎끝이 보다 뾰족하고 잎맥이 거의 잎끝까지 있는 것이 다른 점이다.
세계분포 : 한국, 일본, 타이완, 인도, 유럽, 북아메리카
국내분포 : 충남(청양 장곡사), 경북(울릉도, 청송), 전남(고흥), 전북(덕유산)

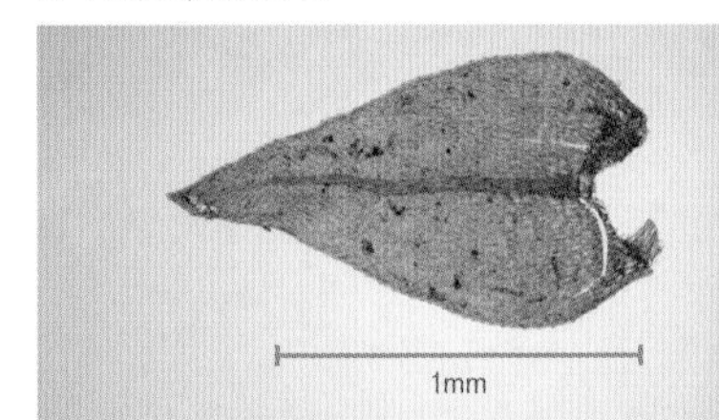

가지잎

삭과 마른 모습, 전남 고흥군, 2012.4.13

전남 고흥군, 2012.4.13

강원 정선군, 2012.4.27

나무가지이끼

줄기잎

학명 : *Homalothecium laevisetum* Sande Lac.

생육지 : 산지의 반음지 바위 위 또는 나무줄기에 모여 자란다.

형태 : 식물체는 황록색 또는 연한 녹색이며, 줄기는 기면서 길게 자라며 가지가 많이 갈라진다. 가지는 직립하며 보통은 갈라지지 않는다. 줄기잎은 길이 1.5mm 이하이고 삼각상 피침형이며 주름진다. 잎끝은 차츰 좁아져 길게 뾰족하며 가장자리 전체에 치돌기가 있다. 잎맥은 가늘고 잎의 2/3~3/4 지점까지 도달한다. 삭은 길이 1.7~2.0mm이고 장타원상 원통형이며 갈색이다. 삭병은 길이 10~15mm이다. 삭모는 길이 3.0~3.5mm이고 두건형이며 털이 있다.

유사종과의 구분법 : 겉나무가지이끼(*Palamocladium leskeoides*)와 비슷하지만 마르면 잎이 줄기에 밀착하며 줄기잎의 끝이 침모양으로 가늘어지지 않고, 삭모에 털이 있는 것이 다른 점이다.

세계분포 : 한국, 일본, 타이완, 인도, 유럽, 북아메리카

국내분포 : 강원(정선), 충남(청양 장곡사), 경북(울릉도, 청송), 전남(고흥), 전북(덕유산)

잎, 강원 정선군, 2012.4.27

강원 정선군, 2012.4.27

강원 홍천군, 2011.4.18

쥐꼬리이끼

학명 : *Myuroclada maximowiczii* (G. G. Borshch.) Steere & W. B. Schofield

생육지 : 물기 있는 땅이나 바위, 나무뿌리 부근에서 모여 자란다.

형태 : 식물체는 녹색이거나 황록색이며 윤기가 있다. 줄기는 기며 자라고 가지는 길이 2~4cm이고 줄기에서 모여난다. 줄기잎은 길이 1.5mm 이하이고 거의 원형이며 잎끝은 둥글거나 둔하다. 잎맥은 가늘고 잎의 중간 부근까지 있다. 삭은 길이 1.5~2.5mm이고 장타원형이며 적갈색(차츰 흑색으로 변함)이다. 삭병은 길이 15~30mm이다. 삭모는 길이 2.5~3.0mm이고 두건형이다.

유사종과의 구분법 : 잎은 사발처럼 안으로 굽어 있으며 비늘처럼 밀접하게 붙어있기 때문에 줄기나 가지는 매끈한 끈이나 쥐꼬리를 닮은 것이 특징이다.

세계분포 : 한국, 중국, 일본, 몽골, 러시아(동부), 알래스카

국내분포 : 전국

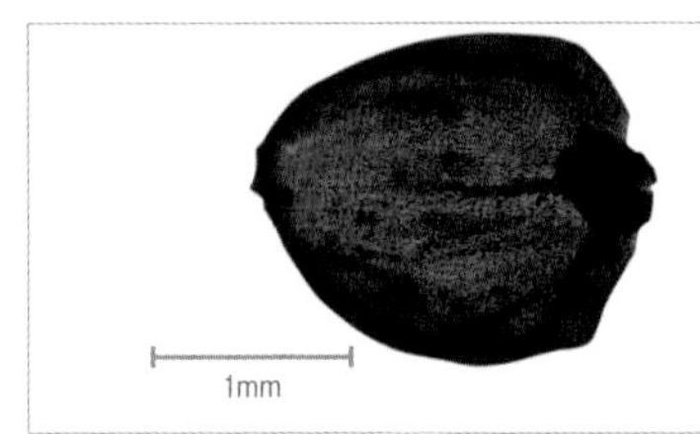

잎

잎, 경북 의성군, 2011.4.8

경북 울릉군, 2011.4.17

경북 의성군, 2012.4.26

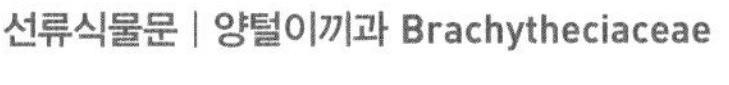

아기양털부리이끼

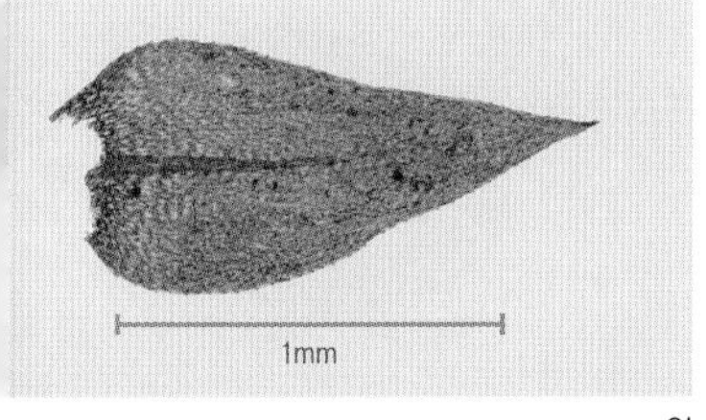

잎

경북 울릉군, 2012.4.12

학명 : *Rhynchostegium pallidifolium* (Mitt.) A. Jaeger.

생육지 : 산지의 축축한 바위 또는 땅 위에서 매트모양으로 모여 자란다.

형태 : 식물체는 연한 녹색~녹색이며 부드럽고 윤기가 적다. 줄기는 길게 기면서 자라며 가지가 불규칙하게 갈라진다. 줄기와 가지에는 잎이 다소 성기게 달린다. 잎은 말라도 가지에 압착되지 않는다. 줄기잎은 길이 1.5mm 이하이고 난상 피침형이며 잎끝은 차츰 가늘어져 길게 뾰족해진다. 가장자리 상부에 드물게 치돌기가 있으며 잎맥은 잎 길이의 2/3 지점까지 도달한다. 가지잎은 길이 1.7mm 이하이고 장타원상 피침형이며 잎끝은 꼬리처럼 길게 뾰족하다. 삭은 길이 1.5~1.8mm이고 장타원형이다. 삭병은 길이 15~20mm이고 적갈색이다.

유사종과의 구분법 : 양털부리이끼속(*Rhynchostegium*)의 다른 종에 비해 가지잎이 장타원상 피침형이며 잎끝이 길게 뾰족한 것이 특징이다. 또한 산주목이끼속(*Plagiothecium*)의 종들과 비슷하지만 잎맥이 긴 것이 다른 점이다.

세계분포 : 한국, 중국, 일본

국내분포 : 북한(백두산), 경기(소요산, 용문산), 강원(강릉), 충남(아산), 충북(단양 고수동굴), 경북(울릉도, 의성)

경남 양산시, 2012.5.11

선류식물문 | 양털이끼과 Brachytheciaceae

물가부리이끼

학명 : *Rhynchostegium riparioides* (Hedw.) Cardot

생육지 : 습지, 폭포 및 계곡가 주변의 물이 닿는 바위 겉 또는 물속의 바위 겉에서 큰 개체군을 형성하며 모여 자란다.

형태 : 식물체는 크며 짙은 녹색이고 형태적 변이가 심한 편이다. 줄기는 기면서 자라며 2차줄기가 많이 갈라진다. 2차줄기는 길이 10~20mm이고 곧추서거나 비스듬히 뻗으며 잎이 빽빽이 달린다. 줄기잎은 길이 1.5~2.0mm이고 난형~거의 원형이며 잎끝은 넓게 뾰족하거나 둔하다. 가장자리 전체에 치돌기가 있으며 잎맥은 잎 길이의 2/3~3/4 지점까지 있다. 암수한그루이다. 삭은 길이 1.5mm 이하이고 장타원형이며 비스듬히 달린다. 삭병은 길이 10mm 이하이고 적갈색이다.

유사종과의 구분법 : 물가부리이끼는 최근까지 부리이끼속(*Eurhynchium*)으로 취급하였으나, 가지잎이 줄기잎과 유사하며 가지잎의 잎맥이 가늘고 끝부분에 가시돌기가 없는 특징 때문에 양털부리이끼속(*Rhynchostegium*)에 포함시키는 추세이다.

세계분포 : 북반구에 넓게 분포

국내분포 : 북한(백암, 백두산, 황해도), 서울(관악산), 경기(소요산), 강원(고성), 충남(계룡산), 경남(밀양, 양산), 경북(울릉도), 전북(덕유산), 제주

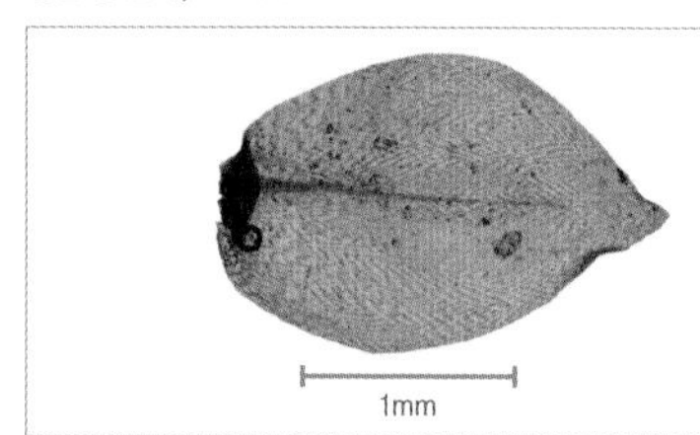

잎

잎, 경남 양산시, 2012.5.11

경남 양산시, 2012.5.11

경북 울릉군, 2012.4.11

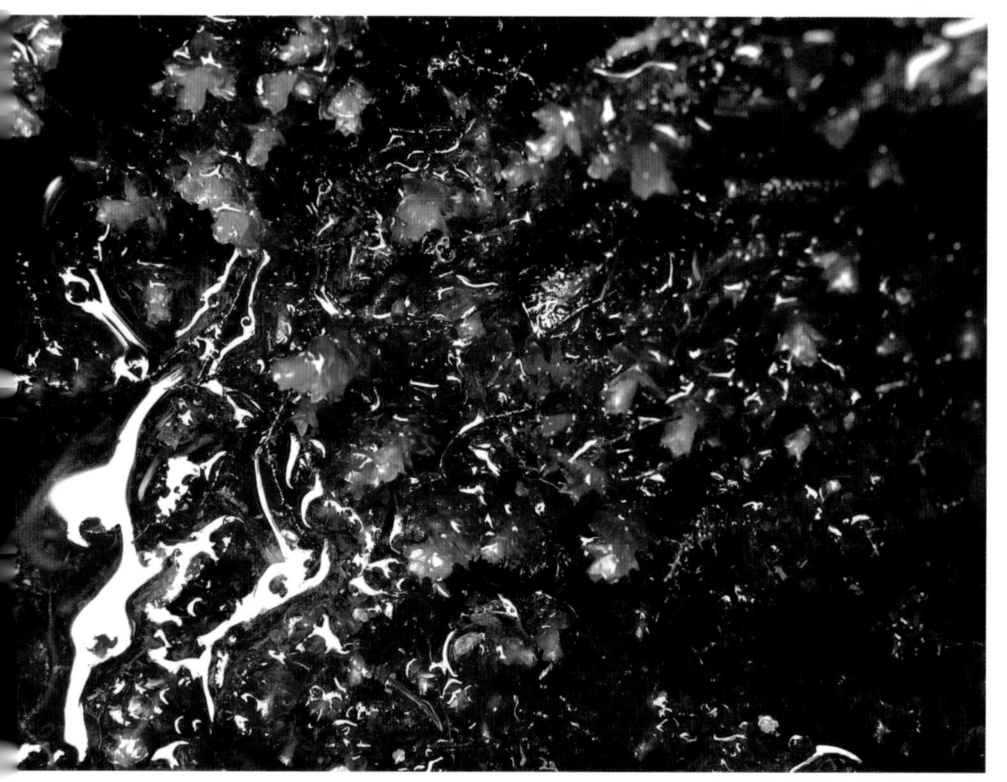

물속 자생, 경북 울릉군, 2012.4.11

강원 계방산, 2012.8.31

 넓은잎윤이끼

학명 : *Entodon challengeri* (Paris) Cardot

생육지 : 산지의 나무뿌리 부근 또는 바위 위에 모여 자란다.

형태 : 식물체는 녹색이고 편평하다. 줄기는 기면서 자라며, 끝은 새의 발자국처럼 깃모양으로 갈라지고 뾰족하다. 가지는 잎을 포함하여 너비 1~2mm이며 잎은 줄기와 가지에 납작하게 붙고 윤기가 난다. 줄기잎은 길이 2mm 정도이고 난상 타원형이며 잎끝은 뾰족하다. 가장자리는 밋밋하며, 잎맥은 2개로 갈라지고 매우 짧다. 암수한그루이다. 삭은 장타원형이며 곧추서서 달린다. 삭은 길이 3mm 이하이며, 삭병은 길이 7~15mm이고 갈색이다.

유사종과의 구분법 : 가는윤이끼(*E. sullivantii*)와 비슷하지만 줄기와 가지에 잎이 납작하게 붙고 흔히 잎가장자리가 밋밋한 것이 다른 점이다.

세계분포 : 한국, 중국, 일본, 몽골, 러시아(동부), 북아메리카(동부)

국내분포 : 북한(금강산, 백두산, 원산), 서울, 강원(계방산, 횡성), 충남(계룡산), 부산, 경남(밀양, 지리산), 대구, 경북(의성), 전북(덕유산, 진안)

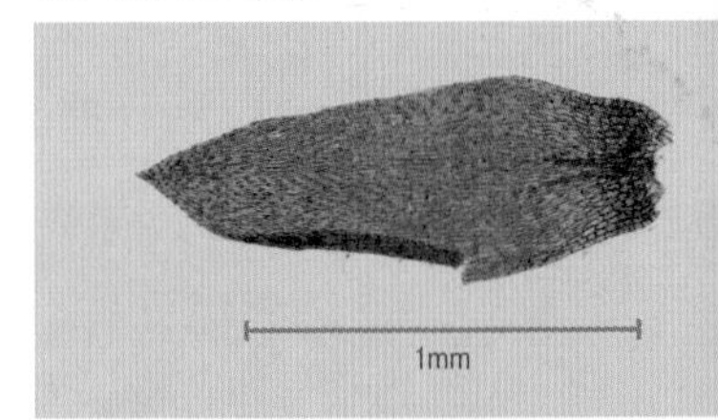

잎

잎, 경남 밀양시, 2012.5.12

마른 모습, 강원 횡성군, 2012.5.13

경남 밀양시, 2012.9.4

대구, 2013.3.23

경남 양산시, 2012.5.11

물가윤이끼

학명 : *Entodon luridus* (Griff.) A. Jaeger.
생육지 : 골짜기 습한 바위 위 또는 물속의 바위 위에 매트모양으로 모여 자란다.
형태 : 식물체는 크며 황록색~녹색이다. 줄기는 길이 5cm 이하이며 흔히 불규칙하게 1회 깃모양으로 갈라진다. 잎은 둥글게 가지에 붙어서 편평하지 않다. 줄기잎은 길이 1~1.5mm이고 난형~도란형이며 끝은 둔하거나 넓게 뾰족하다. 잎가장자리는 밋밋하며 잎맥은 2개로 갈라지고 매우 짧다. 암수한그루이다. 삭은 길이 3mm 이하이며, 삭병은 길이 10~20mm이고 진한 밤색이다.
유사종과의 구분법 : 넓은잎윤이끼(*E. challengeri*) 또는 가는윤이끼(*E. sullivantii*)에 비해 줄기잎의 끝이 둔하거나 넓게 뾰족하며 주로 물이 흐르는 바위 겉에 붙어 자라는 것이 다른 점이다.
세계분포 : 한국, 중국, 일본, 몽골, 인도(동북부), 히말라야 산맥
국내분포 : 북한(백두산, 신흥 등), 서울(관악산), 경남(밀양, 양산), 전북(덕유산)

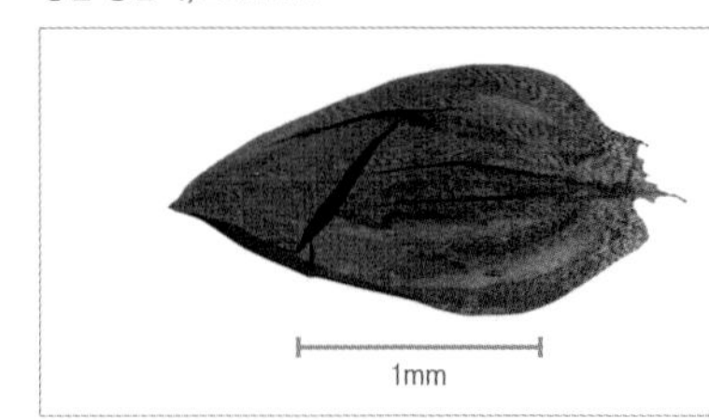

잎

삭, 경남 양산시, 2012.5.11

잎, 경남 양산시, 2012.5.11

강원 횡성군, 2012.5.13

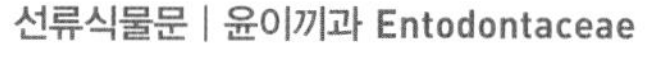

가지윤이끼

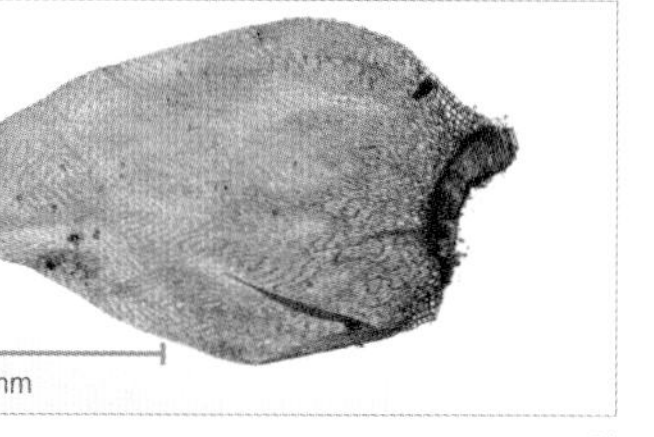

잎

지이윤이끼, 삭, 전북 덕유산, 2012.6.12

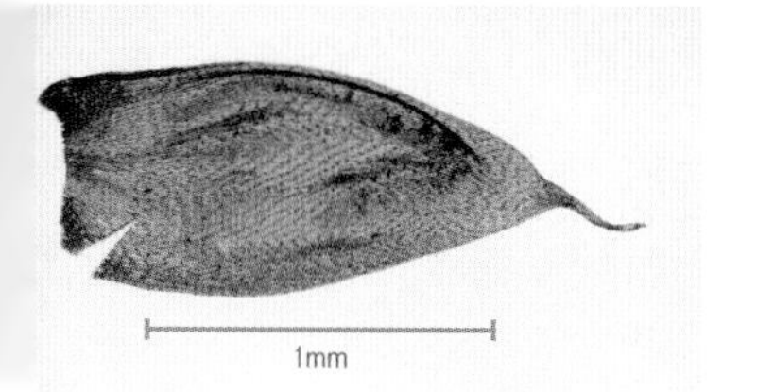

지이윤이끼, 잎

학명 : *Entodon flavescens* (Hook.) A. Jaeger.

생육지 : 산지의 나무뿌리 부근, 땅이나 바위 위에 납작한 매트모양으로 모여 자란다.

형태 : 식물체는 크며 황록색이지만 간혹 붉은색을 띠기도 한다. 줄기는 길이 10cm 정도 자라며 가지가 깃모양으로 빽빽이 달린다. 가지는 다시 작은 가지로 갈라진다. 가지는 차츰 가늘어지기 때문에 가지잎은 줄기잎보다 훨씬 작다. 줄기잎은 길이 2.5mm 정도이고 넓은 난형이며 잎끝은 차츰 좁아져 길게 뾰족해진다. 잎가장자리 상부에 치돌기가 있으며, 흔히 잎맥은 없다. 암수딴그루이다. 삭은 길이 4mm 정도로 큰 편이며 장타원상 원통형이다. 삭병은 40mm 정도로 길다.

유사종과의 구분법 : 넓은잎윤이끼(*E. challengeri*) 또는 가는윤이끼(*E. sullivantii*)에 비해 가지가 2회 깃모양으로 많이 갈라지며, 잎맥이 없고, 삭이 4mm 정도로 큰 것이 다른 점이다. **지이윤이끼(*E. scabridens*)**는 줄기와 가지에 잎이 납작하게 붙지 않는 점과 잎끝이 급하게 가늘어져 뾰족하며 잎맥이 2개로 갈라지는 것이 특징이다.

세계분포 : 동아시아

국내분포 : 전국

강원 정선군, 2011.5.1

가는윤이끼

학명 : *Entodon sullivantii* (Müll. Hal.) Lindb.

생육지 : 산지의 나무뿌리 부근이나 바위 위에 매트모양으로 모여 자란다.

형태 : 식물체는 황록색이거나 적갈색을 띤 녹색이며 윤기가 난다. 줄기는 길이 3~5cm이고 기면서 자라며 가지는 불규칙하게 갈라진다. 잎은 줄기에 다소 편평하게 붙지만 넓은잎윤이끼에 비해 편평하지는 않다. 줄기잎은 길이 1.5~2.0mm이고 난상 피침형이며 끝은 넓게 뾰족하다. 잎가장자리는 밋밋하지만 끝부분에 미세한 치돌기가 있다. 잎맥은 2개로 갈라지며 짧다. 암수딴그루이다. 삭은 길이 3mm 이하이고 난상 장타원형이다. 삭병은 길이 15~20mm이고 적갈색이다.

유사종과의 구분법 : 넓은잎윤이끼(*E. challengeri*)와 비슷하지만 줄기잎이 편평하게 붙지 않고 잎끝에 흔히 치돌기가 있는 것이 다른 점이다.

세계분포 : 한국, 중국, 일본, 북아메리카(동부)

국내분포 : 북한(백두산, 부전, 원산), 서울, 강원(정선), 충남(계룡산), 경남(밀양, 지리산), 전남

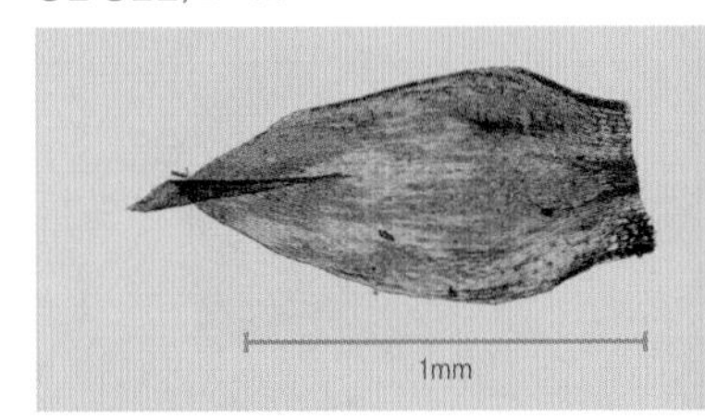

잎

잎, 경남 밀양시, 2010.5.12

잎, 경남 밀양시, 2010.5.12

경북 의성군, 2012.4.26

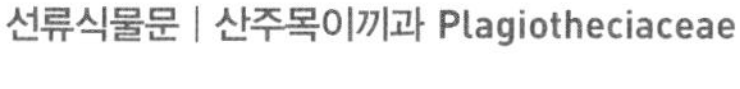

가는잎산주목이끼

1mm

잎

삭, 전북 진안군, 2012.5.31

전북 진안군, 2012.5.31

학명 : *Plagiothecium denticulatum* (Hedw.) Schimp.

생육지 : 산지의 나무뿌리 부근이나 바위 위, 땅 위에 모여 자란다.

형태 : 식물체는 연한 녹색~황록색~녹색이다. 줄기는 기면서 자라고 길이 2~5cm에 달한다. 줄기는 불규칙적으로 가지를 치며 잎은 줄기에 편평하게 붙는다. 줄기잎은 길이 1.0~1.6mm이고 장타원형~난상 피침형이며 끝은 뾰족하다. 잎가장자리는 밋밋하지만 상부에 가끔 작은 치돌기가 있을 때도 있다. 잎맥은 짧고 2개로 갈라진다. 암수딴그루이다. 삭은 원통형으로 다소 굽고 비상칭이며 비스듬히 달린다. 삭병은 길이 12~22mm이다.

유사종과의 구분법 : 산주목이끼(*P. nemorale*)와 비슷하지만 잎이 보다 작고 윤기가 있으며 잎맥이 짧은 것이 다른 점이다.

세계분포 : 전 세계

국내분포 : 북한(묘향산, 백두산 등), 경남(지리산), 경북(의성), 전북(덕유산, 진안)

경남 밀양시, 2012.9.4

산주목이끼

학명 : *Plagiothecium nemorale* (Mitt.) A. Jaeger.

생육지 : 산지의 나무뿌리 부근이나 바위 위, 땅 위에 모여 자란다.

형태 : 식물체는 크며 황록색~짙은 녹색이며, 줄기는 기면서 자라고 2차줄기는 작고 윤기가 거의 없으며 비스듬히 선다. 가지 상부의 잎은 별로 편평하지 않으며 마르면 심하게 꼬인다. 잎은 길이 2.4~3.5mm이고 난형이며 끝은 뾰족하거나 길게 뾰족하다. 잎가장자리는 밋밋하다. 잎맥은 2개로 갈라지며 잎의 중앙부까지 도달한다. 잎에 흔히 방추형의 무성아가 생기는 것이 특징이다. 암수딴그루이다. 삭은 길이 2.5~3.3mm이고 원통형이며 비스듬히 달린다. 삭병은 길이 15~40mm이다.

유사종과의 구분법 : 넓은잎산주목이끼(*P. euryphyllum*)는 산주목이끼에 비해 잎 기부 가장자리의 세포는 얇은 벽으로 되어 잎 기부의 다른 세포와 뚜렷하게 구분되며 잎 세포가 선형이고 너비가 5~7μm인 것이 특징이다.

세계분포 : 한국, 중국, 일본, 타이완, 히말라야 산맥, 러시아(동부), 유럽, 아프리카, 북아메리카

국내분포 : 북한(관모봉, 금강산, 백두산 등), 강원(계방산, 설악산, 오대산), 경남(밀양, 지리산), 경북(울릉도), 전북(덕유산), 제주

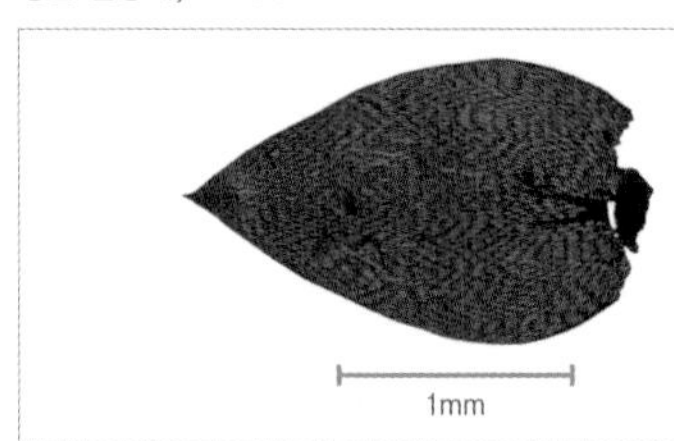

잎

잎, 강원 계방산, 2012.8.31

전북 덕유산, 2012.6.12

경북 울릉군, 2012.4.11

넓은잎산주목이끼, 전남 진도군, 2012.4.3

전남 해남군, 2012.4.4

거울이끼

학명 : *Brotherella henonii* (Duby) M. Fleisch.

생육지 : 산지의 나무뿌리 부근이나 바위 위, 땅 위에 매트모양으로 모여 자란다.

형태 : 식물체는 연한 녹색~황록색이지만 적갈색 빛이 도는 경우도 있다. 줄기는 기면서 자라고 가지는 깃모양으로 또는 불규칙하게 갈라진다. 줄기는 다소 납작하다. 잎은 건조하면 줄기 옆으로 개출한다. 줄기잎은 길이 1.5mm 정도이고 난상피침형~난형이며 끝은 급히 가늘어져 길게 뾰족해진다. 잎가장자리의 상반부에 치돌기가 있으며 잎맥은 매우 짧다. 가지잎은 피침형이고 끝은 꼬리처럼 길게 뾰족하다. 암수딴그루이다. 삭은 원통형이고 약간 굽으며 비스듬히 달린다. 삭병은 길이 15~25mm이고 평활하며 적갈색이다.

유사종과의 구분법 : 털거울이끼(*B. tenuirostris*)와 같은 속으로 취급하기도 하지만 겉모양은 털깃털이끼속(*Hypnum*) 종들과 비슷하다. 털거울이끼에 비해 대형이며, 주로 바위 위나 땅 위에 모여 자라는 것이 다른 점이다.

세계분포 : 한국, 중국, 일본, 러시아(동부), 북아메리카

국내분포 : 북한(금강산, 온성, 함흥 등), 전남(대둔산, 해남)

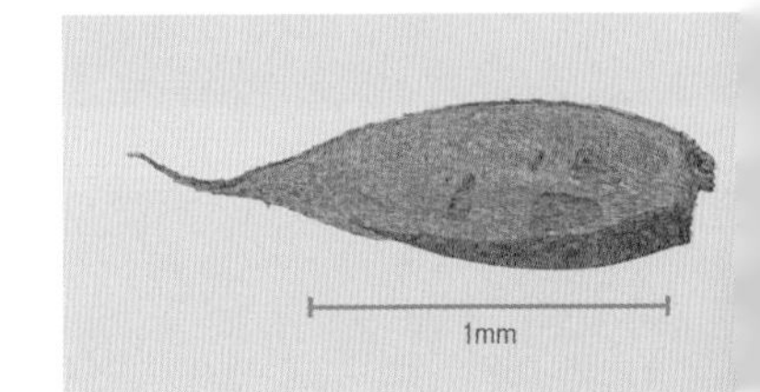

잎

젖은 상태

마른 모습

강원 정선군, 2012.5.14

털거울이끼 

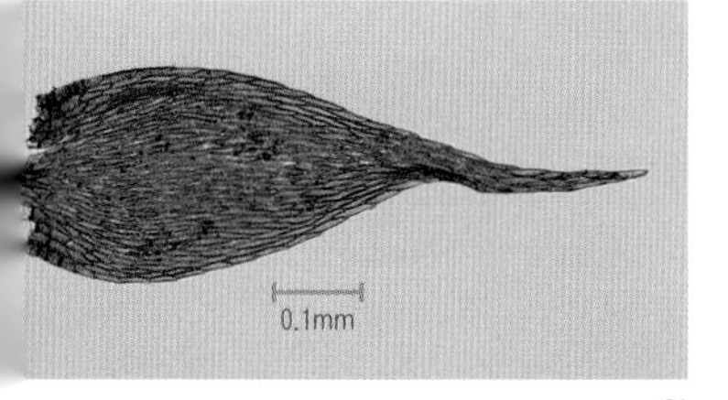

잎

고려거울이끼, 강원 횡성군, 2012.5.13

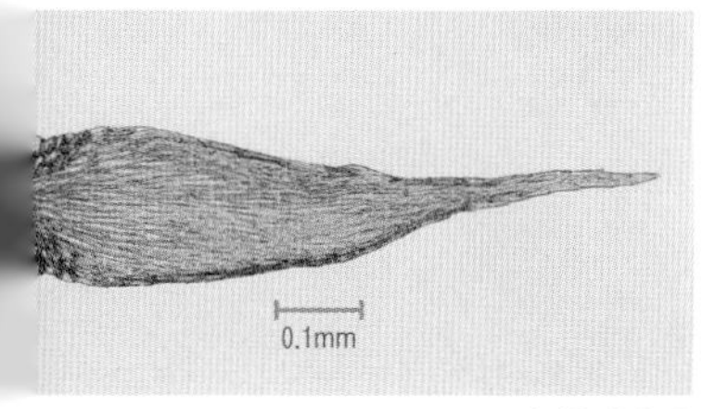

고려거울이끼, 잎

학명 : *Brotherella tenuirostris* (Bruch & Schimp. ex Sull.) Broth.

생육지 : 바위 위에도 자라지만 주로 나무줄기에 큰 개체군을 형성하며 자란다.

형태 : 식물체는 작고 녹색~녹갈색이며 약간 윤기가 있다. 가지는 깃모양으로 갈라지며 길이는 5mm 정도이고 가늘다. 줄기는 잎을 포함해 너비가 0.3~0.5mm이다. 가지잎은 길이 0.6~1.0 mm이고 피침형이며 잎끝은 꼬리처럼 길게 뾰족하고 낫모양으로 굽는다. 잎가장자리 상부에는 미세한 치돌기가 약간 있거나 밋밋하다. 잎맥은 매우 짧거나 없다. 암수딴그루이다. 삭은 길이 2mm 정도의 원통형이고 삭개에는 뾰족한 긴 부리가 있다. 삭병은 길이 15~20mm이다.

유사종과의 구분법 : 고려거울이끼(*B. coreana*, 한반도 고유종**)**는 가지잎이 전체적 또는 부분적으로 안쪽으로 말리며 잎끝이 꼬리처럼 길게 뾰족하고 한 방향으로 굽는다. 또한 잎 기부의 날개가 다소 편평한 삼각형이며 잎가장자리 상부에는 뚜렷한 치돌기가 있는 것이 특징이다.

세계분포 : 한국, 중국, 일본, 타이완, 러시아(동부)

국내분포 : 북한(금강산, 백두산, 차일봉 등), 서울(관악산), 경기(소요산), 강원(강릉, 오대산, 정선, 평창), 충남(계룡산), 경남(밀양, 지리산), 경북(울릉도, 청송), 전북(덕유산)

전북 덕유산, 2012.6.12

풀이끼

학명 : *Callicladium haldanianum* (Grev.) H. A. Crum
생육지 : 산지의 나무뿌리 부근, 고목 및 습한 땅 위에 매트모양으로 모여 자란다.
형태 : 식물체는 큰 편이며 녹색이고 약간 윤기가 있다. 줄기는 기며 약간의 불규칙한 가지를 낸다. 가지에 잎을 포함하여 너비가 1mm 정도이며, 줄기나 가지에 잎이 편평하게 부착하며 끝은 모두 뾰족하다. 가지잎은 길이 1.5~2mm이고 급하게 가늘고 뾰족한 난형이며 가운데가 오목하다. 잎가장자리는 밋밋하며, 잎맥은 2개로 갈라지고 매우 짧다. 위모엽은 피침형이다. 암수한그루이다. 포자체가 잘 생긴다. 삭은 비상칭이며 길고 굽어져 있다. 삭병은 길이 20~30mm이고 적갈색이다.
유사종과의 구분법 : 털깃털이끼속(*Hypnum*)의 종에 비해 잎이 곧으며 낫모양으로 굽어지지 않고 거의 좌우상칭인 것이 다른 점이다.
세계분포 : 북반구
국내분포 : 북한(금강산, 묘향산, 백두산 등), 경남(밀양, 지리산), 전북(덕유산)

잎

삭, 전북 덕유산, 2012.6.12

잎, 전북 덕유산, 2012.6.12

경북 청송군, 2012.4.26

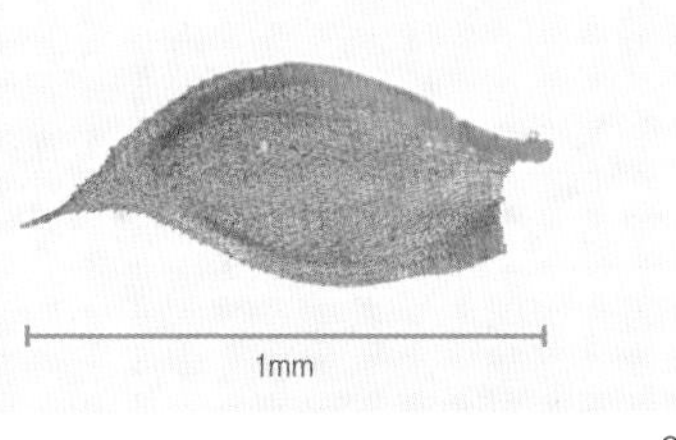

잎

산누운깃털이끼 

학명 : *Eurohypnum leptothallum* (Müll. Hal.) Ando

생육지 : 양지의 바위 위에 모여 자란다.

형태 : 식물체는 큰 편이며 녹색~황갈색이다. 줄기는 길게 기며 자라고 불규칙하게 가지가 갈라진다. 가지의 길이는 흔히 길이 2cm 이하이지만 변이가 심한 편이다. 가지는 잎을 포함하여 너비는 0.5~1.0mm이다. 위모엽은 실모양이다. 잎은 건조하면 가지에 압착한다. 가지잎은 길이 1.0~1.5mm이고 난형이며 끝은 급히 좁아져 길게 뾰족해진다. 가장자리 상부에 뚜렷하고 가는 치돌기가 있다. 잎맥은 2개이고 짧으며 불명확한 경우도 있다. 암수딴그루이다. 삭은 매우 드물게 생긴다. 삭은 약간 비상칭이며 곧추 달리거나 비스듬히 달린다. 삭병은 길이 20mm 정도이다.

유사종과의 구분법 : 가지잎이 난형이고 끝부분 가장자리에 뚜렷한 치돌기가 있는 것이 특징이다.

세계분포 : 한국, 중국, 일본

국내분포 : 북한(묘향산, 백두산, 평양), 서울(관악산), 강원(정선), 경남(밀양), 경북(소백산, 의성, 청송)

잎, 경북 의성군, 2012.4.26

경북 의성군, 2012.4.26

경기 포천시, 2012.4.29

주름사슴뿔이끼

학명 : *Gollania ruginosa* (Mitt.) Broth.

생육지 : 나무줄기의 아랫부분 또는 바위 또는 고목 위에 모여 자란다.

형태 : 식물체는 진한 녹색이고 윤기가 없다. 줄기는 기면서 자라고 불규칙하게 갈라진다. 잎은 건조하면 엉성하게 줄기에 압착한다. 가지는 잎을 포함하여 너비 1~2mm, 길이 2mm 정도이다. 줄기잎은 길이 1.0~2.0mm이고 난형이며 기부에서 점점 가늘게 뾰족해진다. 잎의 중앙은 주름이 많고 상부는 흔히 구부러진다. 잎가장자리는 밋밋하지만 중상부에 치돌기가 약간 있다. 잎맥은 2개로 갈라지고 잎의 중앙까지 도달한다. 가지잎은 소형이고 피침형이다. 삭은 난형이고 비상칭이며 비스듬히 달린다. 삭병은 길이 50~60mm로 매우 길다.

유사종과의 구분법 : 잎 중앙에 주름이 지며 잎끝이 꼬리처럼 길게 뾰족하고 주름지듯 구부러지는 것이 특징이다.

세계분포 : 한국, 중국, 일본, 타이완, 히말라야 산맥, 러시아(동부)

국내분포 : 북한(금강산, 묘향산), 서울(관악산), 경기(포천 한탄강), 강원(홍천, 횡성), 충남(계룡산), 전북(덕유산), 제주

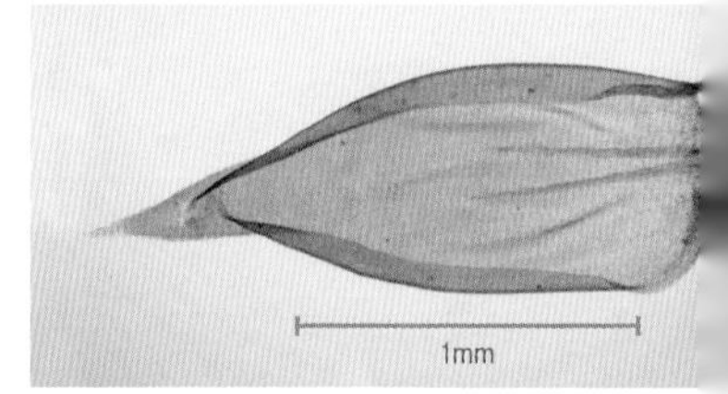

잎

잎, 경기 포천시, 2012.4.29

강원 홍천군, 2012.8.9

전남 고흥군, 2012.4.13

쌍끝양털이끼 

잎

전남 진도군, 2012.4.3

전남 고흥군, 2012.4.13

학명 : *Homomallium connexum* (Cardot) Broth.

생육지 : 낮은 지대의 건조한 바위 위 또는 나무줄기에 매트모양으로 모여 자란다.

형태 : 식물체는 황록색~녹색~짙은 녹색이며, 줄기는 기면서 자란다. 가지는 길이 5~10mm이며 불규칙하게 갈라지고 경사지게 달린다. 가지의 끝은 채찍모양으로 가늘고 길게 신장한다. 건조하면 잎은 줄기와 가지에 압착한다. 줄기잎은 길이 1.0~1.5mm이고 난형~넓은 난형이며 끝은 급히 좁아져 짧게 뾰족해진다. 가장자리는 밋밋하며, 잎맥은 2개로 갈라지고 잎 길이의 1/2~ 1/4 지점까지 도달한다. 삭은 난형이고 비상칭이며 비스듬히 달린다. 삭병은 길이 10~15mm이다.

유사종과의 구분법 : 들쌍끝양털이끼(*H. japonico-adnatum*)와 비슷하지만 잎이 난형이고 잎끝이 짧게 뾰족하며 잎맥이 뚜렷하게 2개로 갈라지는 것이 특징이다.

세계분포 : 한국, 중국, 일본

국내분포 : 북한(원산), 경기(소요산), 강원(오대산), 전남(완도, 고흥, 진도)

전남 고흥군, 2012.4.13

털깃털이끼

학명 : *Hypnum plumaeforme* Wilson

생육지 : 산야의 햇볕이 잘 드는 바위 및 땅 위에 매트모양으로 모여 자란다. 무덤이나 도시의 잔디밭에서도 흔히 관찰된다.

형태 : 식물체는 큰 편이며 황록색~녹갈색이고 윤기가 없다. 줄기는 길이 10cm 이하로 길게 기면서 자라고 규칙적으로 가지가 깃모양으로 갈라진다. 가지는 수평 또는 경사지며 밑부분은 갈색이다. 줄기잎은 길이 1.5~3.0mm이고 난형이며 끝부분은 낫모양으로 굽어져 있고 기부는 염통모양이다. 잎끝의 가장자리에는 작은 치돌기가 있으며, 잎맥은 2개로 갈라지고 짧거나 불확실하다. 가지잎은 줄기잎과 비슷하지만 길이 1.4~2.0mm로 보다 짧다. 암수딴그루이다. 포자체는 잘 생기지 않는다. 삭은 굽으며 비상칭이고 수평으로 붙는다. 삭병은 길이 30~50mm로 긴 편이다.

유사종과의 구분법 : 붉은털깃털이끼(*H. sakuraii*)는 털깃털이끼에 비해 식물체는 흔히 갈색~적색으로 윤기가 있고, 잎 기부가 엽통모양이 아닌 것이 특징이며, 주로 습한 장소에서 자란다.

세계분포 : 한국, 중국, 일본, 타이완, 동남아시아, 인도, 러시아(동부), 하와이

국내분포 : 전국

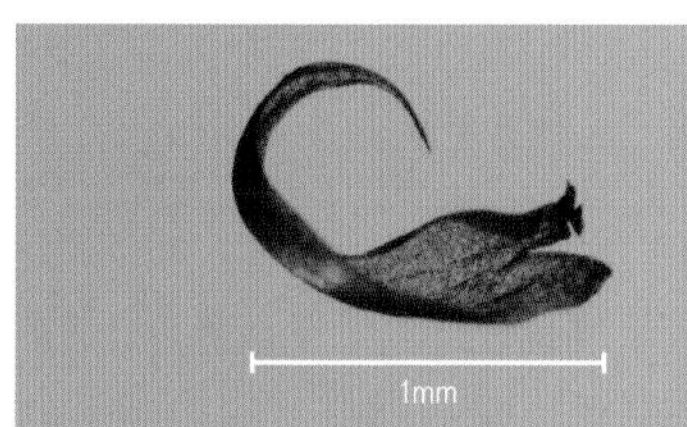

잎

잎, 인천, 2012.1.8

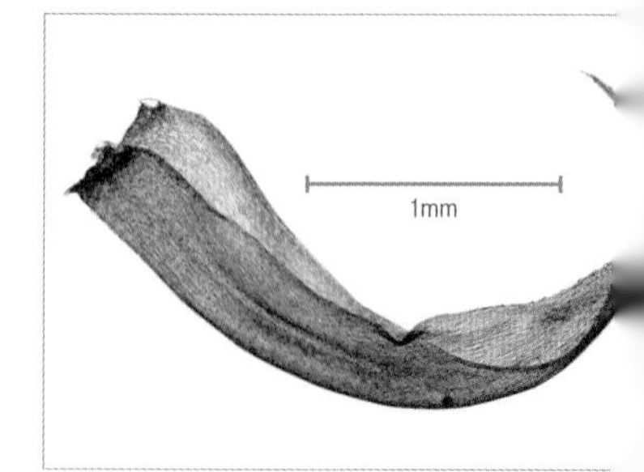

붉은털깃털이끼, 잎

전남 진도군, 2012.4.3

붉은털깃털이끼, 전북 부안군, 2012.4.15

강원 정선군, 2012.4.27

 석회털깃털이끼

학명 : *Hypnum calcicola* Ando

생육지 : 석회암지대의 바위 위에 매트모양으로 모여 자란다.

형태 : 식물체는 큰 편이며 황록색~녹갈색이다. 줄기는 기면서 길게 자라며 깃모양이고 규칙적으로 가지가 갈라진다. 전체적으로 털깃털이끼와 유사하다. 줄기잎은 길이 2~3mm이고 좁은 난형~피침형이며 끝은 급히 좁아지고 낫모양으로 굽는다. 잎맥은 뚜렷하다. 가지잎은 줄기잎과 모양이 비슷하다. 가지잎은 비교적 짧고 뾰족하며 낫모양으로 굽는다. 암수한그루이다. 암포엽은 길이 8mm 이하로 매우 길다. 삭은 길이 2mm 이하이고 긴 원통형으로 비상칭이며 수평 또는 비스듬히 달린다. 삭개는 원뿔형이고 긴 부리가 있다. 삭병은 길이 15~30mm이다. 삭모에는 털이 없다.

유사종과의 구분법 : 털깃털이끼(*H. plumaeforme*)와 비슷하지만 잎이 보다 좁고 암포엽이 길이 8mm 정도로 길며, 삭병의 길이가 15~25mm로 짧은 것이 다른 점이다.

세계분포 : 한국, 일본, 타이완

국내분포 : 북한(금강산, 묘항산, 차일봉), 강원(정선, 영월, 평창)

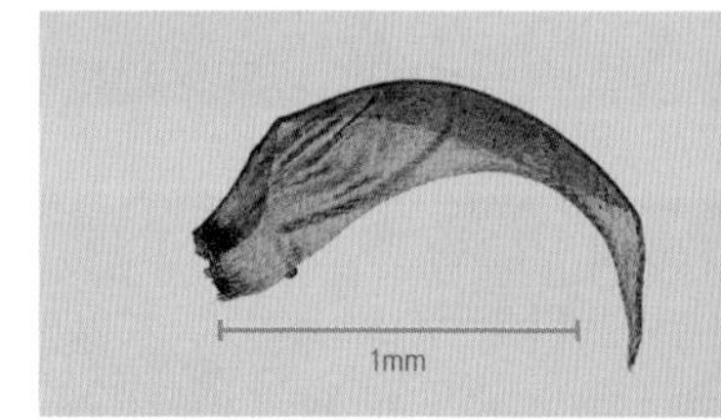

잎

삭, 강원 정선군, 2012.4.27

잎, 강원 정선군, 2012.4.27

전남 해남군, 2012.4.4

가는털깃털이끼 

1mm

잎

삭, 전남 해남군, 2012.4.4

잎, 전남 해남군, 2012.4.4

학명 : *Hypnum plumaeforme* Wilson

생육지 : 산지의 다소 습한 바위 위, 땅 위 또는 나무뿌리 부근에 매트모양으로 모여 자란다.

형태 : 줄기는 기면서 자라고 가지가 깃모양으로 빽빽이 달린다. 가지는 잎을 포함해 너비 1~2mm이다. 줄기잎은 길이 1.6~ 2.5mm이고 난형~삼각형이며 급히 좁아져 길게 꼬리처럼 뾰족하다. 끝부분은 강하게 낫모양으로 굽는다. 잎가장자리 상부에 작은 치돌기가 있으며 잎맥은 2개이고 매우 짧다. 가지잎은 길이 1.3~1.8mm로 작고 가늘다. 암수딴그루이다. 삭은 비스듬하거나 수평으로 달린다. 삭병은 길이 15~30mm이다.

유사종과의 구분법 : 털깃털이끼(*H. plumaeforme*)에 비해 식물체가 작고 가늘며, 잎은 밀착되는 것이 다른 점이다.

세계분포 : 한국, 중국, 일본

국내분포 : 북한(금강산, 백암, 포태산), 서울(관악산), 경기(소요산, 수락산), 강원(오대산), 경남(지리산), 전남(해남), 전북(덕유산)

전남 해남군, 2012.4.5

 빨간겉주목이끼

학명 : *Pseudotaxiphyllum pohliaecarpum* (Sull. & Lesq.) Z. Iwats.
생육지 : 산지의 다소 습한 바위 위, 땅 위 또는 나무뿌리 부근에 모여 자란다.
형태 : 식물체는 흔히 붉은빛을 띠지만 백색인 경우도 있다. 줄기는 길게 기면서 자라고 불규칙하게 가지가 갈라진다. 잎은 줄기에 편평하게 붙는다. 줄기잎의 모양은 다양하지만 흔히 길이 1.0~1.5mm이고 난형이며 비상칭이다. 끝은 뾰족하거나 넓게 뾰족하다. 가장자리 상부에 미세한 치돌기가 있다. 잎맥은 2개이고 짧다. 암수딴그루이다. 삭은 장난형이고 비스듬하거나 아래를 향해 달린다. 삭병은 길이 15~25mm이다.
유사종과의 구분법 : 흰겉주목이끼(*Isopterygium albescens*)에 비해 잎이 작고 편평하게 붙으며 흔히 붉은색이고 가지 상부의 잎겨드랑이에 무성아가 생기는 것이 다른 점이다.
세계분포 : 아시아의 열대~아열대~난대
국내분포 : 경북(울릉도), 전남(해남, 보길도), 전북(부안)

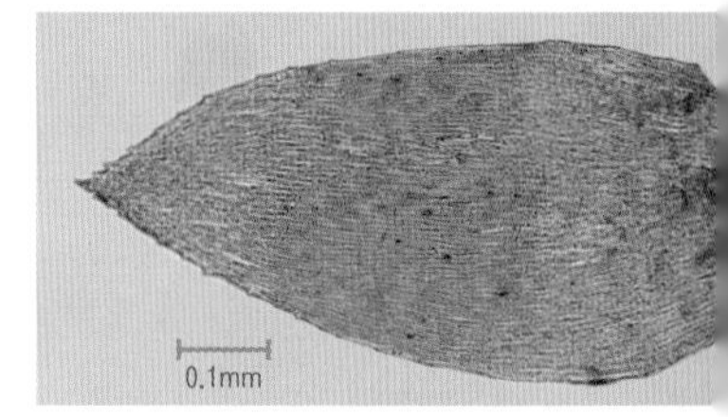

잎

붉은색 잎, 전남 보길도, 2012.2.7

전북 부안군, 2012.4.15

강원 화천군, 2010.8.1

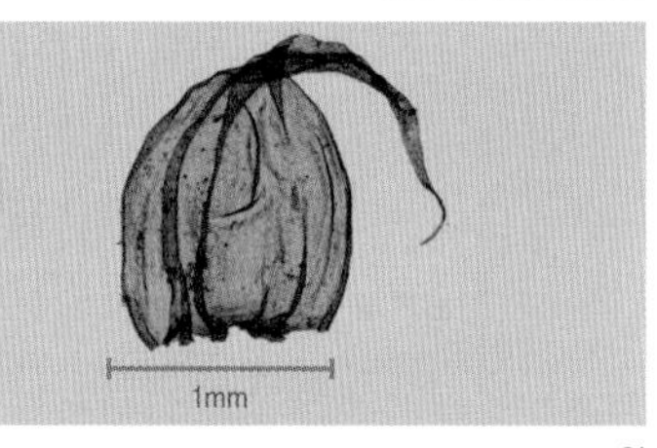

잎

타조이끼

학명 : *Ptilium crista-castrensis* (Hedw.) De Not.

생육지 : 주로 아고산대 산지의 부식토 위에 두꺼운 매트모양으로 모여 자란다.

형태 : 식물체는 크며 황록색이고, 가지가 빽빽이 나기 때문에 새의 깃털모양처럼 된다. 줄기는 곧게 서며 길이 10cm 이상 자라기도 한다. 가지는 줄기보다 가늘고 길이 5~10mm이며 가지는 잎을 포함하여 너비 1mm 정도이다. 잎은 낫모양으로 심하게 휘어진다. 줄기잎은 길이 2.5~3.0mm이고 넓은 난형인 기부에서 점차 가늘게 뾰족해진다. 잎 표면에는 깊은 세로 주름이 있으며 잎가장자리는 평탄하거나 약간 굽는다. 잎가장자리 상부에는 가는 치돌기가 있으며 잎맥은 2개로 갈라지며 매우 짧거나 불명확하다. 암수딴그루이다. 삭은 비상칭이며 경사진다. 삭병은 길이 30~40mm이다.

유사종과의 구분법 : 줄기는 대체로 곧게 서고 규칙적으로 깃모양으로 갈라지며 잎이 심하게 낫모양으로 굽어지고 좌우상칭인 것이 특징이다.

세계분포 : 한국, 중국, 일본, 타이완, 히말라야 산맥, 러시아(동부), 유럽, 북아메리카

국내분포 : 북한(관모봉, 금강산, 백두산, 차일봉 등), 강원(가리왕산, 설악산, 평창, 화천), 경북(소백산, 청송), 제주

강원 평창군, 2012.8.8

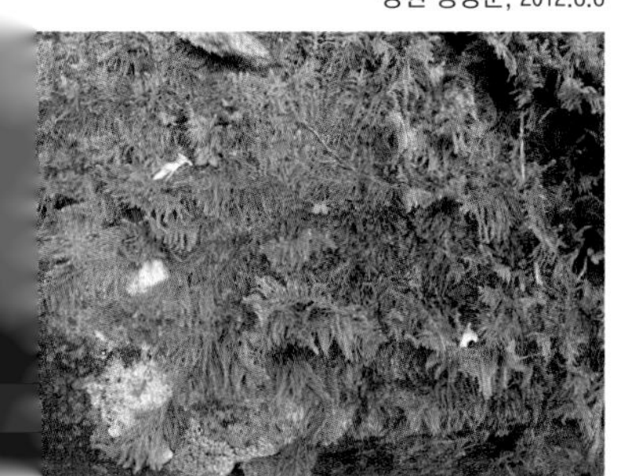

기는 모습, 강원 평창군, 2012.8.8

경남 밀양시, 2012.12.11

말린잎명주이끼

학명 : *Pylaisiella subcircinata* (Cardot) Z. Iwats. & Nog.
생육지 : 산지의 나무줄기에 붙어 매트모양으로 모여 자란다.
형태 : 식물체는 중간 크기이고 황갈색이 있는 녹색이며 윤기가 있다. 줄기는 길게 기면서 자라며 가지는 깃모양으로 갈라진다. 줄기잎과 가지잎은 비슷하고 빽빽이 난다. 줄기잎은 오목하고 타원형~난형이며 끝은 뾰족하다. 잎가장자리는 밋밋하다. 암수한그루이다. 암포엽은 타원형~난형이다. 삭은 길이 1.5~2.0mm이고 타원형이며 상칭이고 적갈색이다. 삭은 곧추서서 달리며 삭병은 길이 15mm 정도로 긴 편이고 적갈색이다. 내삭치의 치돌기의 상부는 외삭치에 부착한다. 삭모는 고깔모양이다.
유사종과의 구분법 : 명주이끼(*P. brotheri*)와 비슷하지만 삭병이 보다 길며 내삭치의 치돌기 상부가 외삭치에 부착되는 것이 다른 점이다.
세계분포 : 한국, 일본
국내분포 : 북한(금강산, 백두산, 추애산), 경남(밀양)

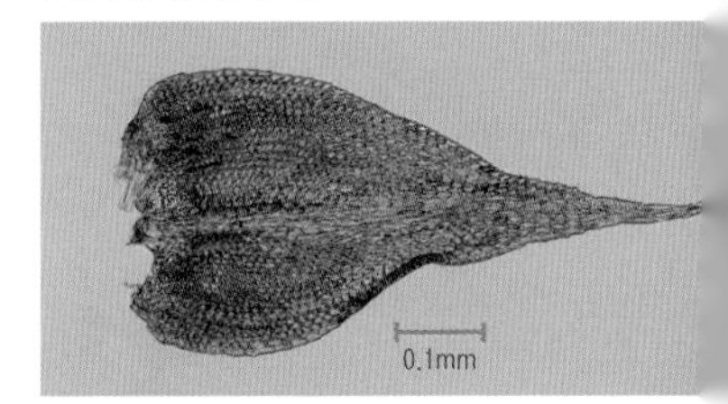

잎

삭

잎과 삭

강원 인제군, 2012.4.8

1mm

잎

겹친주목이끼

학명 : *Taxiphyllum aomoriense* (Besch.) Z. Iwats.

생육지 : 산지의 다소 습한 바위 위, 땅 위 또는 나무뿌리 부근에 매트모양으로 모여 자란다.

형태 : 식물체는 편평하고 녹색~짙은 녹색이며 윤기가 있다. 줄기는 기면서 자라며 가지는 깃모양으로 갈라진다. 건조하면 잎의 끝은 아랫방향으로 굽는다. 가지잎은 겹쳐져 빽빽이 붙으며 가지는 잎을 포함해 너비 1.5~2.0mm이다. 가지잎의 길이는 1.5~2.0mm이고 난형~장난형이고 비상칭이다. 잎끝은 급하게 좁아져서 실모양으로 가늘어진다. 잎가장자리에는 미세한 치돌기가 있으며 잎맥은 2개이고 짧다. 암수딴그루이다. 삭은 난형이고 비상칭이며 비스듬히 경사져서 달린다. 삭병은 길이 9~12mm이고 평활하다.

유사종과의 구분법 : 물가주목이끼(*T. alternans*)와 비슷하지만 가지잎이 길이 1.5~2.0mm로 보다 작으며(물가주목이끼는 2.0~4.0mm) 가지에 겹쳐져서 빽빽이 달리는 것이 다른 점이다.

세계분포 : 한국, 중국, 일본, 몽골, 러시아(동부)

국내분포 : 북한(금강산, 묘향산, 백두산, 원산 등), 경기(소요산), 강원(인제, 횡성), 경남(지리산), 전북(덕유산)

잎, 강원 횡성군, 2012.5.13

잎

대구 수성구, 2012.4.25

주목이끼

학명 : *Taxiphyllum taxirameum* (Mitt.) M. Fleisch.

생육지 : 산지의 다소 습한 바위 위, 땅 위 또는 나무뿌리 부근에 얇은 매트모양으로 모여 자란다.

형태 : 식물체는 황록색~녹색이며, 줄기는 기고 가지를 수평으로 불규칙하게 낸다. 줄기나 가지는 잎을 포함하여 너비 2~4mm이며 잎은 편평하게 붙는다. 잎은 길이 1.0~2.5mm이고 난상 피침형이며 비상칭이다. 잎가장자리 상부에 미세한 치돌기가 있으며 잎맥은 끝이 2개로 갈라진다. 암수딴그루이다. 삭은 거의 생기지 않는다. 삭은 난형이고 비상칭이며 수평으로 붙는다. 삭병은 길이 5mm 정도로 짧은 편이다.

유사종과의 구분법 : 겹친주목이끼(*T. aomoriense*)와 물가주목이끼(*T. alternans*)에 비해 잎이 작고(길이 1.0~2.5mm) 난상 피침형이며 마른 잎의 끝이 아랫방향으로 굽어지지 않는 것이 다른 점이다.

세계분포 : 한국, 중국, 일본, 타이완, 동남아시아, 러시아(동부), 북아메리카(동부)

국내분포 : 북한(금강산, 묘향산, 백두산, 원산, 함흥), 서울(관악산), 경기(소요산), 강원(오대산), 대구, 전북(덕유산)

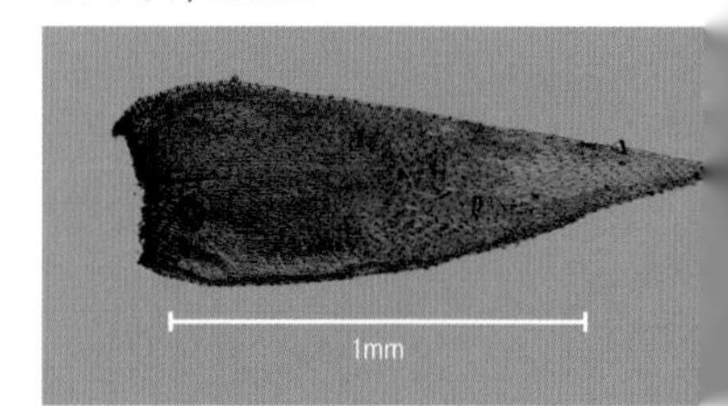

잎

잎

마른 모습, 강원 정선군, 2012.4.27

전남 해남군, 2012.4.4

1mm

잎

잎, 전남 해남군, 2012.4.4

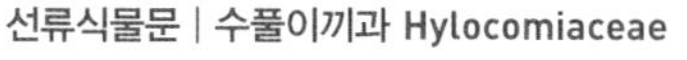

큰비룡수풀이끼

학명 : *Loeskeobryum brevirostre* (Brid.) M. Fleisch.

생육지 : 산지의 다소 습한 바위 위, 땅 위에 매트모양으로 모여 자란다.

형태 : 식물체는 크며 황록색~황갈색이고 다소 윤기가 있다. 줄기는 굵고 활모양으로 비스듬하며 불규칙하게 1~2회 깃모양으로 갈라진다. 가지는 잎을 포함해 너비 2.0~4.0mm이다. 줄기잎은 길이 3mm 정도이고 넓은 난형이며 깊게 오목하다. 잎끝은 급히 좁아져 가시모양으로 길게 뾰족하며 가장자리에는 뾰족한 치돌기가 있다. 잎맥은 2개이고 짧다. 가지잎은 줄기잎과 비슷하지만 길이 1.5~3.0mm로 보다 작다. 삭은 타원형이고 비상칭이며 경사진다. 삭병은 길이 2.0~2.5mm이며 적갈색이다.

유사종과의 구분법 : 비룡수풀이끼(*Hylocomium pyrenaicum*)와 비슷하지만 잎맥이 2개이고 줄기잎의 끝이 길게 가시모양인 것이 다른 점이다.

세계분포 : 한국, 일본, 유럽, 아프리카, 북아메리카

국내분포 : 경남(지리산), 전남(대둔산, 해남), 전북(덕유산), 제주

전남 해남군, 2012.4.4

경기 연천군, 2012.4.29

수풀이끼

학명 : *Hylocomium splendens* (Hedw.) Schimp.

생육지 : 주로 아고산대 산지의 바위 위 또는 고목 위에 모여 자란다.

형태 : 식물체는 크고 연하며 황록색이고 윤기가 있다. 전체는 납작하며 길이 20cm 이상 자라기도 하고 너비는 2~4cm이다. 줄기는 편평하게 기며 연차 생장이 뚜렷하다. 규칙적으로 2~3회 깃모양으로 갈라지며 계단같이 상하의 층이 생겨 부채모양이 된다. 줄기잎은 길이 2~3mm이고 난형이다. 끝은 급히 좁아져 꼬리모양으로 길게 구부러지거나 짧게 뾰족하다. 가장자리에는 치돌기가 있으며, 잎맥은 2개로 갈라지고 잎의 1/2 지점 가까이 도달한다. 암수딴그루이며 삭은 잘 생기지 않는다. 삭은 난형이고 수평으로 붙으며 약간 굽는다.

유사종과의 구분법 : 깃털이끼과(Thuidiaceae)의 종들과 유사한 느낌이 든다. 비룡수풀이끼(*H. pyrenaicum*)에 비해 잎맥이 2개이고 줄기잎의 끝이 길게 꼬리모양이며, 연차 생장으로 인해 줄기가 계단모양으로 자라는 것이 특징이다.

세계분포 : 북반구에 넓게 분포

국내분포 : 북한(갑산, 관모봉, 금강산, 묘향산, 백두산 등), 경기(연천), 강원(설악산, 평창, 화천), 경남(가야산, 지리산), 경북(청송), 전북(덕유산), 제주(한라산)

잎

잎, 경기 연천군, 2012.4.29

강원 평창군, 2012.8.8

백두산 소천지, 2011.6.4

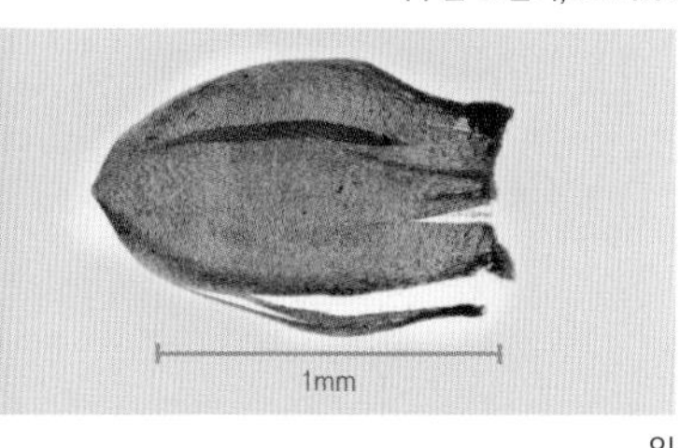

잎

줄기와 잎, 제주 한라산, 2011.10.11

겉창발이끼 

학명 : *Pleurozium schreberi* (Willd. ex Brid.) Mitt.

생육지 : 주로 북부지방 및 아고산대 산지의 바위 위 또는 부식토 위에 매트모양으로 모여 자란다.

형태 : 식물체는 큰 편이다. 줄기는 적색이고 길며 흔히 깃모양으로 불규칙하게 가지가 갈라진다. 가지잎은 복와상으로 붙으며 가지는 잎을 포함해서 너비 0.5~1.0mm이다. 줄기잎은 길이 2.0~2.5mm이고 난형~도란형이며 끝은 둥근 편이다. 잎끝을 제외한 가장자리는 밋밋하며, 잎맥은 2개이고 짧다. 가지잎은 줄기잎보다 작고 장난형이다. 암수딴그루이다. 삭은 비상칭이고 경사진다. 삭병은 길이 3~4mm이다.

유사종과의 구분법 : 줄기가 적색이고 불규칙하게 갈라지며, 잎끝이 둥근 점이 특징이다.

세계분포 : 북반구

국내분포 : 북한(관모봉, 금강산, 묘향산, 백두산, 차일봉 등), 강원(태백산, 평창, 홍천), 경남(지리산), 경북(소백산), 전북(덕유산), 제주(한라산)

강원 평창군, 2012.8.8

큰겉굵은이끼

학명 : *Rhytidiadelphus triquetrus* (Hedw.) Warnst.
생육지 : 주로 북부지방 및 아고산대 산지의 바위 위 또는 부식토 위에 모여 자란다.
형태 : 식물체는 매우 큰 편이며, 줄기는 곧추서거나 비스듬히 선다. 줄기는 불규칙하게 깃모양으로 갈라진다. 잎은 건조하면 줄기 옆으로 개출하며 한 방향으로 말린다. 줄기잎은 길이 4mm 정도이고 난형이며 기부는 줄기를 감싸고 끝은 뾰족하거나 길게 뾰족하다. 잎가장자리 상부에 뾰족한 치돌기가 있으며 잎맥은 2개이고 잎 길이의 1/2 지점 정도까지 있다. 가지잎은 줄기잎과 형태는 같지만 보다 작다. 삭은 경사지며 비상칭이다. 삭병은 길다.
유사종과의 구분법 : 아기겉굵은이끼(*R. japonicus*)에 비해 좁은 난형~난형이고 끝이 꼬리처럼 길게 뾰족하지 않으며 잎맥이 잎 길이의 1/2 지점 정도까지 길게 뻗는 것이 다른 점이다.
세계분포 : 한국, 중국, 일본, 러시아(동부), 히말라야 산맥, 코카서스, 유럽, 아프리카, 북아메리카
국내분포 : 북한(관모봉, 금강산, 묘향산, 백두산, 차일봉 등), 강원(태백산, 삼척, 평창, 홍천), 경남(지리산), 경북(소백산), 전북(덕유산), 제주(한라산)

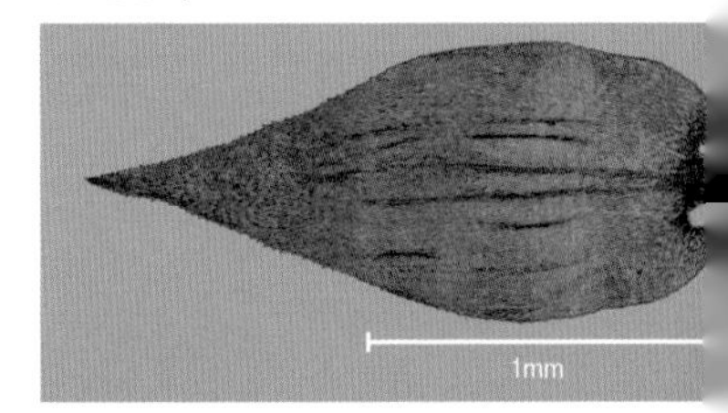

잎

마른 잎, 강원 평창군, 2012.8.8

아기겉굵은이끼, 마른 모습, 강원 삼척시, 2012.6.1

백두산 소천지, 2011.6.4

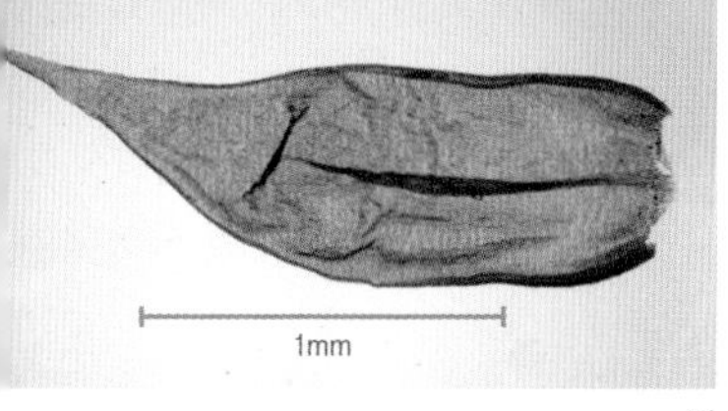

잎

잎, 강원 평창군, 2012.8.8

경기 연천군, 2012.8.27

굵은이끼 

학명 : *Rhytidium rugosum* (Ehrh. ex Hedw.) Kindb.

생육지 : 주로 북부지방 및 아고산대 산지의 바위 위 또는 부식토 위에 매트모양으로 모여 자란다.

형태 : 식물체는 크며 황록색~녹갈색이고 윤기가 난다. 줄기는 길이 5cm 정도이지만 때로는 10cm 이상 되는 것도 있다. 줄기는 굵고 경사지며 가지는 불규칙하게 깃모양으로 갈라진다. 줄기와 가지에 잎이 빽빽이 붙는다. 줄기잎은 길이 4~5mm이고 난상 피침형이며 많은 주름이 있다. 끝은 차츰 가늘어져 뾰족해지며 한쪽으로 휘어진다. 잎가장자리 상부에는 가는 치돌기가 있고 잎맥은 1개이고 잎의 중앙부~중상부까지 도달한다. 암수딴그루이다. 포자체는 거의 생기지 않는다.

유사종과의 구분법 : 큰겉굵은이끼(*Rhytidiadelphus triquetrus*)에 비해 잎이 난상 피침형이고 잎맥이 2개인 것이 다른 점이다.

세계분포 : 한국, 중국, 타이완, 히말라야 산맥, 러시아(동부), 유럽, 아프리카, 북아메리카

국내분포 : 전국의 아고산대 산지

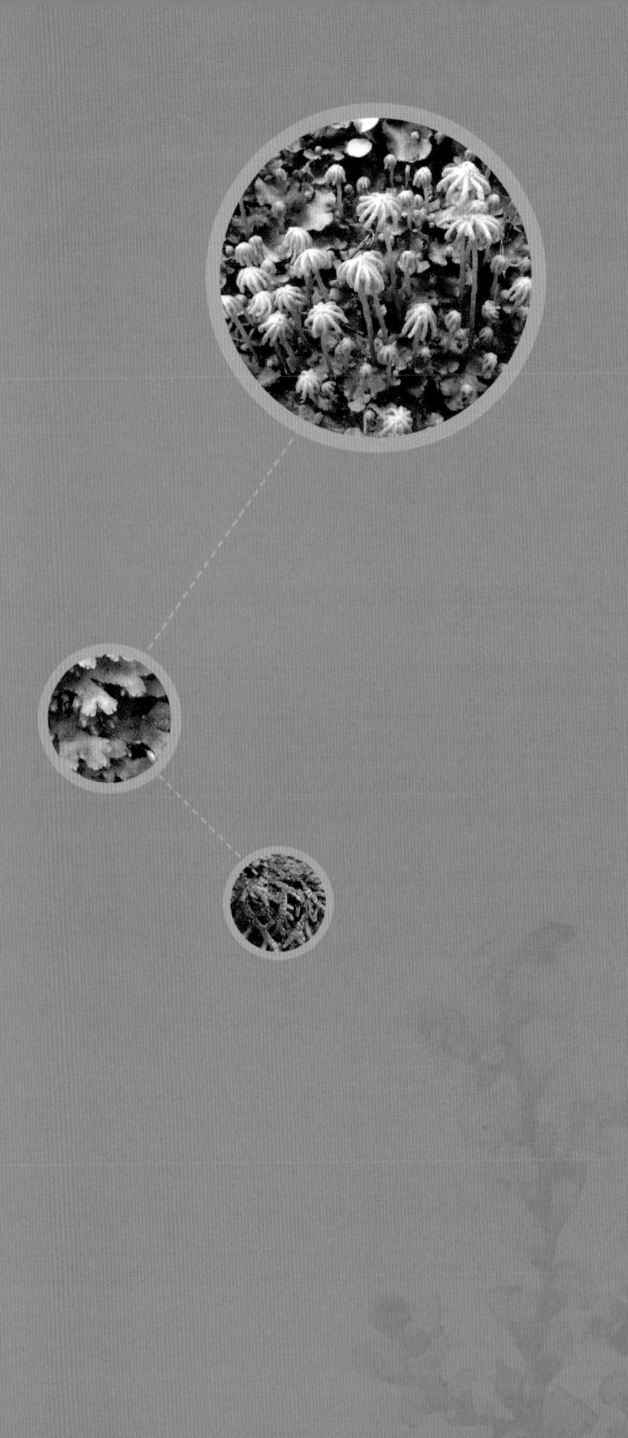

Marchantiophyta

태류식물문

암그루, 강원 평창군, 2012.6.14

윤기우산이끼

학명 : *Marchantia paleacea* Bertol. ssp. *paleacea*

생육지 : 주로 북부지방 산지의 계곡 바위 절벽 습한 곳에 자란다.

형태 : 엽상체는 윤기가 있고 가장자리는 붉은빛이 돈다. 길이 3~5cm, 너비 6~12mm이며 끝은 2갈래로 갈라진다. 가운데 잎맥은 뚜렷하며 표면에 육각형의 그물눈맥이 있다. 복인편은 4갈래로 갈라지며 부속체는 끝이 다소 뾰족하며 가장자리는 밋밋하다. 암수딴그루이다. 암생식기탁 자루의 횡단면에 2개의 헛뿌리 홈이 있다. 삭에는 긴 삭병이 있다. 수생식기탁에는 긴 자루가 있으나 일반적으로 암생식기탁에 비해 짧은 편이며 표면에 피침형의 인편이 드물게 있다. 우산은 둥글고 끝이 8개의 짧은 열편으로 균일하게 갈라진다. 무성아는 둥글다.

유사종과의 구분법 : 우산이끼(*M. polymorpha*)에 비해 엽상체 가장자리가 붉은색이며 복인편이 4개로 갈라지고 부속체의 가장자리가 밋밋한 것이 다른 점이다.

세계분포 : 한국, 일본

국내분포 : 강원(평창)

수그루, 강원 평창군, 2012.6.14

암그루, 강원 평창군, 2012.6.14

무성아, 강원 평창군, 2013.8.8

암그루, 경기 포천시, 2011.4

수그루, 경기 포천시, 2011.5.10

암그루, 경기 김포시, 2013.7.25

무성아, 경기 김포시, 2013.7.25

우산이끼

학명 : *Marchantia polymorpha* L.

생육지 : 민가 및 산야의 습한 반음지~음지의 빈터에 흔히 자란다.

형태 : 엽상체는 진한 녹색이며 넓게 퍼지거나 좁게 둥근 타원형으로 퍼진다. 엽상체는 길이 2~10cm, 너비 7~20mm이며 2갈래로 갈라지고 편평하거나 약간 오목하다. 엽상체 가장자리는 물결모양이며 표면에는 뚜렷한 그물눈맥이 있다. 복인편은 잎맥을 중심으로 보통 4~6갈래로 갈라지며 부속체는 둥글고 가장자리에 작은 돌기가 있다. 암수딴그루이다. 암생식기탁의 자루는 길이 3~5mm이고 암적색~녹색이다. 수생식기탁의 자루는 암생식기탁의 것보다 짧고, 우산은 둥글고 꽃이 8개의 짧은 열편으로 되어 있다. 무성아는 둥글거나 콩팥모양이며 배상체에서 만들어진다.

유사종과의 구분법 : 윤기우산이끼(*M. paleacea*)에 비해 엽상체 가장자리가 녹색이며 복인편이 4~6개로 갈라지고 부속체의 가장자리에 돌기가 있는 것이 다른 점이다.

세계분포 : 전 세계

국내분포 : 전국

충북 영동군, 2013.7.17

단지우산이끼

학명 : *Plagiochasma pterospermum* C. Massal

생육지 : 다소 습한 석회암지대 바위에 주로 분포한다.

형태 : 엽상체는 녹색이고 가장자리와 복면은 붉은 빛이 돈다. 엽상체는 길이 3cm 이하, 너비 2~4mm이며 끝부분에서 새로운 가지가 2개로 갈라진다. 기실은 4~6층이 있다. 복인편은 헛뿌리의 양쪽에 2줄로 배열하며, 복인편의 부속체는 피침형이고 (2~)3개가 있다. 암생기기탁은 엽상체의 선단 부근에서 나오며 삭병은 길이 0.5~1cm 정도로 짧은 편이다. 암생식기탁은 다소 심하게 2(~4)열하며 포막은 드러나 있다. 포자는 여름철에 성숙한다.

유사종과의 구분법 : 버섯우산이끼(*P. japonicum*)는 단지우산이끼와 유사하지만 탄사가 명료하게 비후되지 않으며 복인편의 부속체가 삼각형인 것이 다른 점이다. **꽃잎우산이끼(*Asterella cruciata*)**는 엽상체가 담록색이고 암생식기탁의 포막에서 가화피가 발달하는 것이 특징이다.

세계분포 : 아시아

국내분포 : 강원(영월, 정선, 평창), 충북(괴산, 영동), 경북(의성)

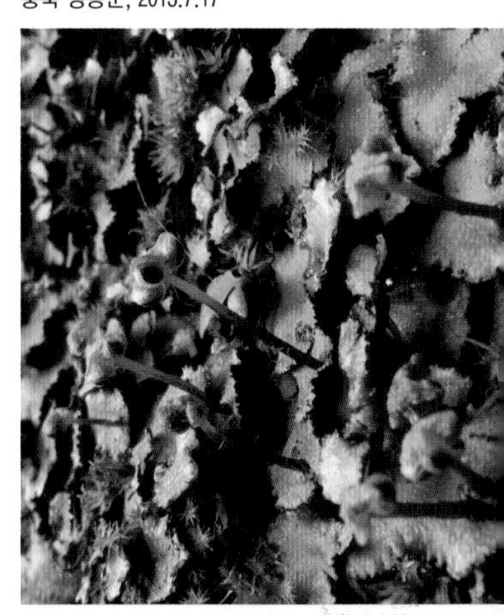

삭, 충북 영동군, 2013.7.17

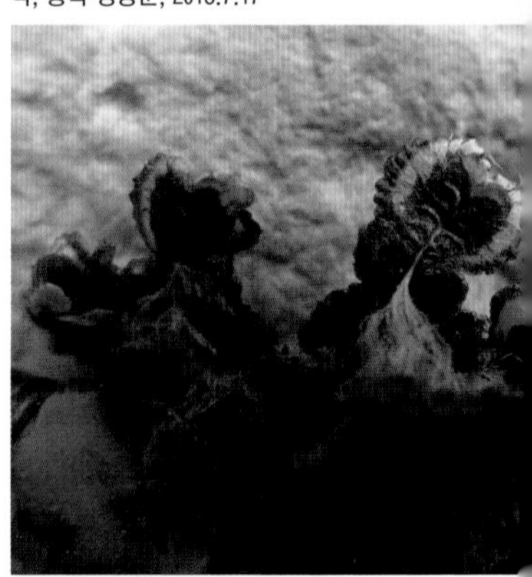

복면, 충북 영동군, 2013.7.17

버섯우산이끼, 엽상체, 충북 괴산군, 2013.7.17

꽃잎우산이끼, 충북 괴산군, 2013.7.16

경기 포천시, 2012.4.29

삿갓우산이끼

학명 : *Reboulia hemisphaerica* (L.) Raddi ssp. *hemisphaerica*
생육지 : 난온대~아고산대 산지의 습한 바위지대 및 민가 주변의 습한 땅과 바위에 모여 자란다.
형태 : 엽상체는 약간 윤기가 있는 녹색이며 가장자리는 적자색이다. 엽상체는 길이 1~4cm, 너비 5~7mm이고 2차상으로 갈라지며 건조가 심하면 가장자리는 밖으로 말린다. 복인편은 헛뿌리가 난 잎맥을 중심으로 양쪽에 각 1열씩 붙는다. 복인편은 적자색이고 거의 반달모양이며 부속체는 2개이고 피침형이다. 무성아를 만들지 않는다. 암수한그루이다. 암생식기탁은 엽상체의 끝이나 복면에서 나온 가지에 붙는다. 자루는 길이 2~5cm이고 우산은 삿갓모양이다. 우산은 3~5개로 짧게 갈라진다. 수생식기탁은 엽상체 끝이나 복면에서 나온 짧은 가지에 붙고 자루는 없다. 둥글고 검은 자주색이다.
유사종과의 구분법 : 본 종에 비해 한 엽상체에서 암생식기탁과 수생식기탁이 같이 생기는 것을 **김삿갓우산이끼(*R. hemisphaerica* ssp. *orientalis*)**로 구분하기도 한다.
세계분포 : 전 세계
국내분포 : 전국

경기 포천시, 2011.4

엽상체, 전남 고흥군, 2012.4.13

경기 포천시, 2011.4

김삿갓우산이끼, 경기 연천군, 2012.11.14

강원 정선군, 2012.4.27

패랭이우산이끼

학명 : *Conocephalum conicum* (L.) Underw.

생육지 : 산지 골짜기의 바위 위, 땅 위 또는 고목 위에 흔히 자라며 민가 주변에서도 관찰된다.

형태 : 엽상체는 연한 녹색~녹색이고 윤기가 있으며 길이 3~15cm, 너비 1~2cm이고 2갈래로 갈라진다. 복인편은 2갈래이고 잎맥에는 헛뿌리를 중심으로 양쪽에 각 1열씩 붙는다. 복인편은 반달모양이며 부속체는 적자색이고 둥글다. 암수딴그루이다. 암생식기탁은 엽상체의 끝에 생기며 자루는 매우 길다. 암생식기탁은 원뿔형이며, 속에 5~8개의 주머니 모양의 포막을 만든다. 삭은 짧은 삭병에 함께 붙어있으며 4~8개로 갈라진다. 수생기탁은 자루가 없이 엽상체의 끝에 생기며 나비모양의 원판상이고 검은 자주색이다.

유사종과의 구분법 : 아기패랭이우산이끼(*C. japonicum*)에 비해 엽상체는 너비가 넓고 윤기가 있으며 가장자리에 무성아가 생기지 않는 것이 특징이다.

세계분포 : 북반구

국내분포 : 전국

삭, 강원 정선군, 2012.4.27

강원 양양군, 2013.4.11

엽상체, 강원 정선군, 2012.4.27

경북 청송군, 2013.7.18

아기패랭이우산이끼

학명 : *Conocephalum japonicum* (Thunb.) Grolle
생육지 : 산지 골짜기의 바위 위, 땅 위 또는 고목 위에 자라며 민가 주변에서도 관찰된다.
형태 : 엽상체는 연한 녹색~녹색이며 길이 1~3cm, 너비 2~3mm이다. 늦가을에서 겨울 사이에 엽상체 가장자리에 많은 무성아가 달리는 것이 특징이다. 암수딴그루이다. 암생식기탁은 엽상체의 끝에서 나오며 자루는 길다. 암생식기탁은 원뿔형이며, 속에 5~8개의 주머니 모양의 포막을 만든다. 수그루의 엽상체 주변에는 무성아와 자갈색인 장정기가 있다. 삭은 둥글며 4~8개로 갈라진다.
유사종과의 구분법 : 패랭이우산이끼(*C. conicum*)에 비해 엽상체는 너비가 좁고 엽상체 가장자리에 무성아가 달리는 것이 다른 점이다.
세계분포 : 한국, 중국, 일본, 타이완, 러시아(동부)
국내분포 : 전국

엽상체, 경북 청송군, 2013.7.18

무성아, 경기 김포시, 2013.9.22

경남 양산시, 2012.5.11

물긴가지이끼

학명 : *Riccia fluitans* L.

생육지 : 연못이나 논과 같은 습지 가장자리의 땅 위 또는 물속이나 물 위에 모여 자란다.

형태 : 엽상체는 황록색~녹색이며 엽상체는 길이 1~5cm, 너비 0.5~1.0mm이며 규칙적으로 2갈래로 갈라진다. 헛뿌리와 복인편은 없다. 엽상체의 가지 길이는 건조 상태에 따라 큰 차이가 있다. 암수한그루이다. 생식 기관은 매우 희귀하며 포자체는 엽상체의 복면 위에 둥근 돌기모양으로 형성한다. 포자는 황갈색으로 투명하고 표면에 유두가 있다.

유사종과의 구분법 : 밭둥근이끼(*R. glauca*)나 **은행이끼** (***Ricciocarpos natans***)에 비해 엽상체의 너비가 매우 좁으며 복인편이 없는 것이 특징이다.

세계분포 : 전 세계

국내분포 : 전국

강원 강릉시, 2012.9.6

경기 김포시, 2013.7.25

은행이끼, 엽상체, 경기 포천시, 2013.6.22 ©이강협

엽상체, 강원 정선군, 2012.4.27

조개우산이끼

포자낭

마른 모습, 강원 정선군, 2012.4.27

학명 : *Targionia hypophylla* L.

생육지 : 하천이나 산지 골짜기의 습한 암벽지대에 자란다. 국내에서는 석회암지대의 습한 반음지 절벽지에서 매우 드물게 관찰된다. 일본의 경우 절멸위기 Ⅱ급종으로 지정하여 보호하고 있다.

형태 : 엽상체는 녹색이지만 간혹 다소 갈색을 띠기도 하고 가장자리는 적갈색이다. 길이 1~2cm, 너비 2~5mm이다. 복인편은 초승달모양이고 2열로 배열되며 부속체는 삼각형이고 가장자리에 털이 많다. 암수한그루이다. 포자체는 엽상체 선단의 복면에서 나온다.

유사종과의 구분법 : 우산이끼류와 같은 우산모양의 암생식기탁은 발달하지 않으며, 장란기가 엽상체의 끝부분 복면에 달리는 것이 특징이다.

세계분포 : 전 세계

국내분포 : 강원(정선)

제주, 2012.10.12

털우산이끼

학명 : *Dumortiera hirsuta* (Sw.) Nees

생육지 : 온대 남부~난온대 산지의 그늘지고 습한 바위 위 또는 땅 위에 모여 자란다.

형태 : 엽상체는 짙은 녹색이며 길이 3~15cm, 너비 1~2cm이고 2갈래로 갈라진다. 배면에는 약간의 거미줄 같은 흰 그물눈이 보이며 어릴 때는 더욱 뚜렷하다. 복인편은 매우 작다. 암수한그루이다. 암생식기탁은 엽상체의 끝 부근에 생기며 자루는 길다. 우산은 둥근 편이나 가장자리가 얕게 6~10갈래로 갈라지며 포막은 각 열편 밑에 있다. 삭병은 짧다. 수생식기탁은 엽상체의 끝에 생기며 주위는 털로 싸여있는 원판모양이고 자루는 거의 없다.

유사종과의 구분법 : 엽상체에 기실이 없으며, 엽상체 가장자리와 수생식기탁 주변에 긴 털이 있는 것이 특징이다.

세계분포 : 전 세계

국내분포 : 전남(대둔산), 제주(한라산)

제주, 2012.10.12

수그루의 수생식기탁, 제주, 2013.3.26

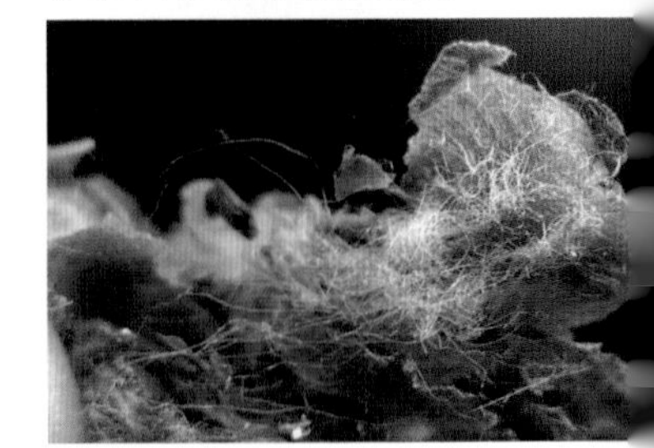

복면, 제주, 2012.10.12

경북 울릉군, 2012.4.12

가는물우산대이끼

제주, 2013.3.26

학명 : *Pellia endiviifolia* (Dicks.) Dumort.

생육지 : 물기가 많은 그늘진 암반의 틈이나 땅 위에 모여 자란다.

형태 : 엽상체는 녹색이거나 붉은 자주색이며 끝이 2갈래로 갈라진다. 길이 2~5cm, 너비 7mm 정도이다. 수그루는 대체로 엽상체 끝이 급히 가늘어져 차상으로 갈라진다. 엽상체의 가장자리는 약간 물결모양으로 굽어지며 잎맥 부분은 약간 넓은 편이나 한계는 뚜렷하지 않다. 암수딴그루이다. 삭모는 도란형이고 길게 포막에서 돌출하여 나오며 삭병은 길다. 삭은 둥글며 4갈래이다. 장정기는 엽상체의 배면에 널리 흩어져 파묻혀 있다.

유사종과의 구분법 : 옆은잎우산대이끼과(Blasiaceae)의 **옆은잎우산대이끼(*Blasia pusilla*)**는 가는물우산대이끼에 비해 엽상체가 연한 녹색이고 너비가 넓으며, 암생식기탁의 자루가 짧다.

세계분포 : 전 세계

국내분포 : 경북(울릉도, 청송), 전남(대둔산), 제주(한라산)

경북 청송군, 2013.7.18

옆은잎우산대이끼, 잎, 제주, 2012.10

제주, 2011.3.10

다시마이끼(거미집이끼)

학명 : *Pallavicinia subciliata* (Austin) Stephani
생육지 : 그늘진 계곡가의 물기가 많은 바위 위 또는 땅 위에서 모여 자란다.
형태 : 엽상체는 연한 녹색~녹색이며, 길이 3~6cm, 너비 4~6 mm 정도로 큰 편이다. 엽상체는 2차상으로 1~2회 갈라진다. 가장자리에는 수개의 세포길이로 된 긴 털이 있다. 잎맥은 굵고 뚜렷하며 중심속은 1개이다. 암수딴그루이다. 수생식기탁은 엽상체 기부의 잎맥 양측면에서 모여 나오며, 암생식기탁은 잎맥의 표면에서 나온다.
유사종과의 구분법 : 미역이끼(*Hattorianthus erimonus*)와 유사하지만 엽상체 가장자리에 다세포상의 긴 털이 있으며, 잎맥의 중심속이 1개인 것이 다른 점이다.
세계분포 : 동아시아
국내분포 : 제주

제주, 2012.10.10

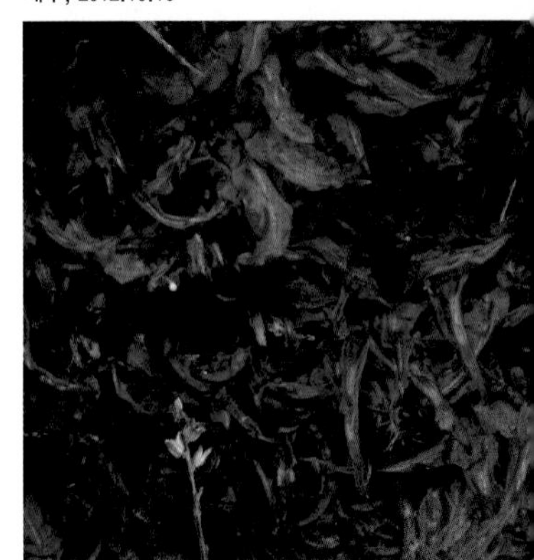

엽상체, 제주, 2011.3.11 ©이강협

경남 밀양시, 2011.12.9

털보리본이끼

엽상체

배면

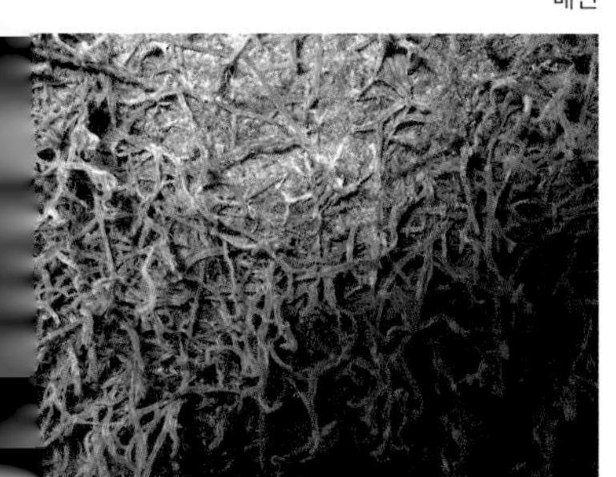

강원 평창군, 2012.8.8

학명 : *Apometzgeria pubescens* (Schrank) Kuwah.

생육지 : 산지의 나무뿌리 부근, 고목이나 바위 겉에 붙어 자란다.

형태 : 엽상체는 연한 녹색~황록색이며 길게 기면서 자란다. 줄기는 길이 20~30mm, 너비 0.8~1.5mm이며 불규칙하게 깃 모양으로 가지가 갈라진다. 배면과 복면에 긴 털이 빽빽이 난다. 엽상체는 납작하지 않고 약간 부풀어져 있다. 잎맥은 뚜렷하게 구분된다. 암수딴그루이다. 암꽃가지는 잎맥의 복면에서 나오며 매우 짧고, 포막에는 잔털이 빽빽이 나며 귀모양이다. 수꽃가지는 잎맥의 복면에서 나오며 매우 짧고 표면에 잔털이 있다.

유사종과의 구분법 : 엽상체 양면에 긴 털이 빽빽이 나서 리본이끼(*Metzgeria lindbergii*)와 쉽게 구분이 된다.

세계분포 : 북반구

국내분포 : 전국

경남 밀양시, 2011.4.8

리본이끼

학명 : *Metzgeria lindbergii* Schiffner

생육지 : 산지의 나무뿌리 부근, 고목이나 바위 겉에 붙어 자란다.

형태 : 엽상체는 연한 녹색이며 길이 10~30mm, 너비 0.7~1.1mm이고 거의 규칙적으로 2차상으로 갈라진다. 엽상체 가장자리에는 밋밋하고 털이 있으며 잎맥은 뚜렷하고 잎맥의 복면에 털이 있다. 암수한그루이다. 삭은 타원형이고 열편은 4개로 갈라진다. 장정기는 잎맥의 복면에서 생기고 가장자리에 털이 있다.

유사종과의 구분법 : 무성아리본이끼(*M. temperata*)는 엽상체 선단에 유두모양의 무성아가 많이 생겨 리본이끼와 구분된다.

세계분포 : 동아시아~동남아시아, 유럽, 아프리카, 북아메리카

국내분포 : 전국

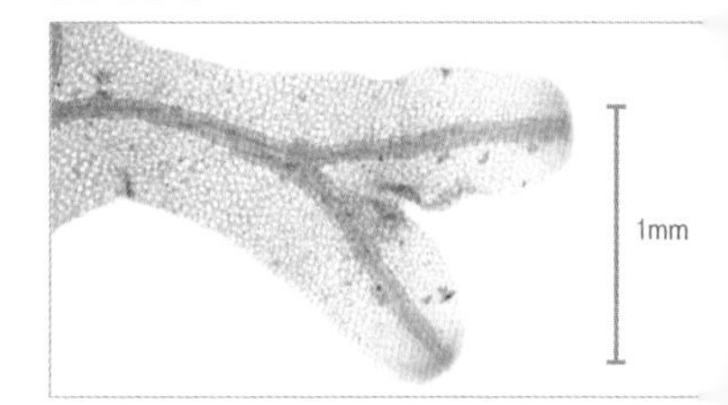

엽상체

전남 진도군, 2012.4.3

전남 유달산, 2013.3.15

경남 밀양시, 2012.11.16

침세줄이끼

복면

경남 밀양시, 2012.12.11

학명 : *Porella caespitans* S. Hatt. var. *cordifolia* S. Hatt.

생육지 : 산지의 양지~반음지 바위 또는 나무줄기에서 매트 모양으로 모여 자란다.

형태 : 식물체는 황갈색이며 단단한 편이며 윤기가 약간 있다. 줄기는 길이 3~6cm, 너비 3~4mm이며 1~2회 깃모양으로 갈라진다. 잎의 배편(열편)은 심한 복와상으로 줄기를 완전히 덮는다. 잎은 길이 1.5~2.0mm이고 삼각상 난형이며 가장자리는 밋밋하고 잎끝은 선형으로 뾰족해진다. 복편(소열편)은 잎의 기부에 붙으며 길이 0.8~0.9mm이고 삼각상 난형이다. 가장자리는 밋밋하고 끝은 둔하다. 복엽은 길이 0.9~1.1mm이고 난형이며 끝은 2갈래로 갈라지기도 한다. 기부에 1~2개의 치돌기가 있다.

유사종과의 구분법 : 자생하는 세줄이끼속(*Porella*)의 다른 종에 비해 배편이 삼각상 난형이고 끝이 침모양으로 길게 뾰족한 것이 특징이다.

세계분포 : 한국, 중국, 일본, 타이완, 러시아

국내분포 : 전국

경북 청송군, 2012.4.26

밴잎세줄이끼

학명 : *Porella densifolia* var. *fallax* (C. Massal) S. Hatt
생육지 : 산지의 바위 위에서 매트모양으로 모여 자란다.
형태 : 식물체는 황록색~녹색이고 윤기가 있으며 다소 붉은 빛이 돌기도 한다. 줄기는 길이 5~10cm이고 불규칙하게 가지가 갈라진다. 잎의 배편(열편)은 길이 2mm이고 타원상 삼각형이며 가장자리는 밋밋하지만 안으로 약간 굽는다. 끝부분 가장자리에는 1~3개의 둔한 치돌기가 있다. 복편(소열편)은 겹쳐져서 촘촘히 붙으며 혀모양이다. 길이는 너비보다 3배 정도 더 길다. 가장자리는 밋밋하고 밖으로 약간 굽는다. 복엽은 복편과 비슷하다.
유사종과의 구분법 : 알꼴세줄이끼(*P. japonica*)에 비해 배편이 타원상 삼각형이고 끝이 뾰족한 것이 다른 점이다.
세계분포 : 동아시아
국내분포 : 경북(청송)

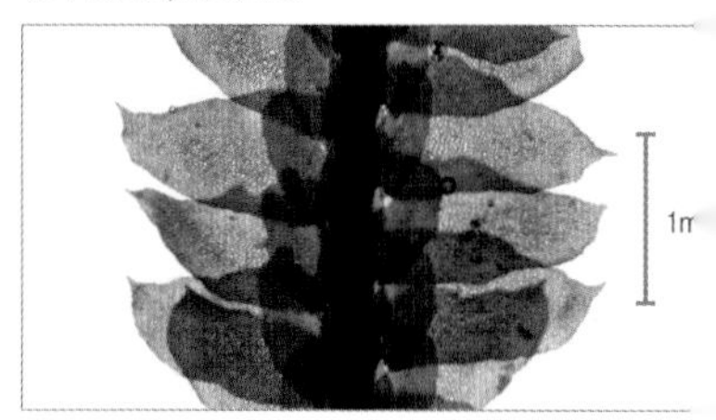

복면

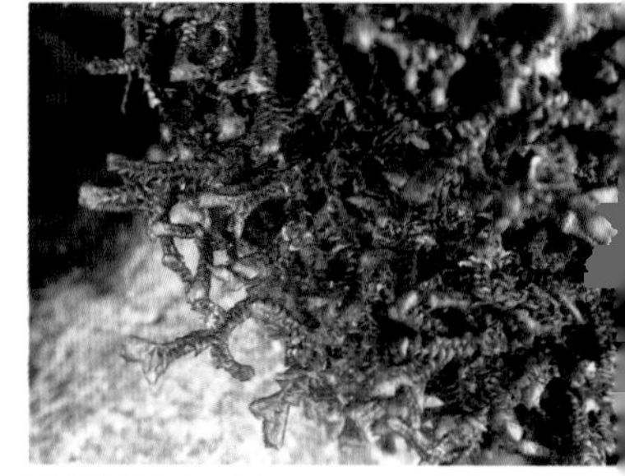

경북 청송군, 2012.4.26

복면

강원 평창군, 2012.8.8

털세줄이끼 

복면

학명 : *Porella fauriei* (Stephani) S. Hatt.

생육지 : 산지의 계곡 주변 바위 겉에 붙어 자란다.

형태 : 식물체는 연한 녹색~녹색이고 윤기가 나며 옆으로 기면서 자란다. 줄기는 길이 2~3cm, 너비 1.0~1.5mm이며 가지가 많이 갈라진다. 잎의 배편(열편)은 길이 1.0~1.2mm이고 난상 타원형이며 복와상으로 줄기를 완전히 덮는다. 끝부분에는 3~6개의 긴 치돌기가 있으며 안으로 약간 굽는다. 복편(소열편)은 길이 0.2~0.25mm이고 난형이며 선단부에 2~3개의 치돌기가 있다. 복엽은 길이 0.4~0.5mm이고 타원형~사각형이며 선단부와 중앙부가 가장 넓다. 선단부에는 흐르는 듯한 치돌기 있으며 하단부에는 긴 치돌기가 있다.

유사종과의 구분법 : 가시세줄이끼(*P. vernicosa*)에 비해 복엽이 사각형이고 중앙부와 선단부가 넓으며 가장자리 전체에 치돌기가 있는 것이 특징이다.

세계분포 : 한국, 일본, 러시아(동부), 북아메리카(알래스카)

국내분포 : 경기(소리봉), 강원(가리왕산, 오대산, 태백산, 평창), 경남(지리산), 경북(일월산), 전북(덕유산)

배면

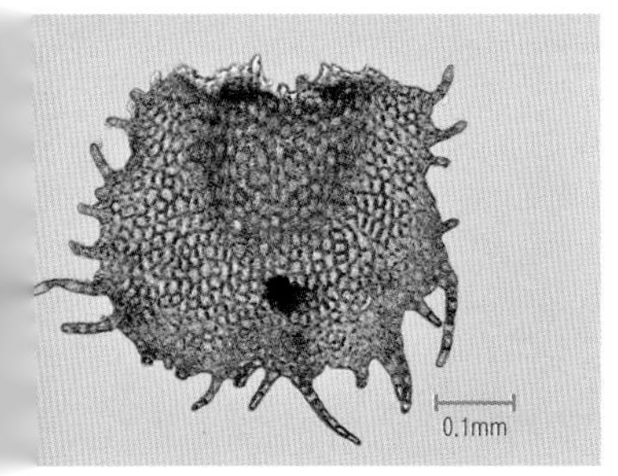

복엽

강원 정선군, 2012.5.14

가는세줄이끼

학명 : *Porella gracillima* Mitt.

생육지 : 주로 산지의 바위 또는 나무줄기에 붙어서 자라며 석회암지대에서 흔히 관찰된다.

형태 : 식물체는 회록색이며 윤기가 있다. 줄기는 길이 3~5cm이며 불규칙하게 갈라진다. 잎의 배편(열편)은 장타원형이고 줄기에 촘촘히 겹쳐져 붙는다. 끝은 둥글고 약간의 치돌기가 있으며 가장자리가 안으로 약간 굽어져 있다. 복편(소열편)은 혀모양이고 가장자리에 긴 치돌기가 있으며 기부는 약간 귀모양과 같이 밑으로 처진다. 배편과 복편의 연결부는 거의 없다. 복엽은 줄기 너비의 2배 정도이고 난형이다.

유사종과의 구분법 : 가시세줄이끼(*P. vernicosa*)와 비슷하지만 잎(배편, 복편)과 복엽의 가장자리에 치돌기가 없이 밋밋한 것이 다른 점이다.

세계분포 : 한국, 중국, 일본, 히말라야 산맥, 북아메리카

국내분포 : 서울(관악산), 강원(가리왕산, 오대산, 태백산, 정선), 경북(일월산), 전북(덕유산)

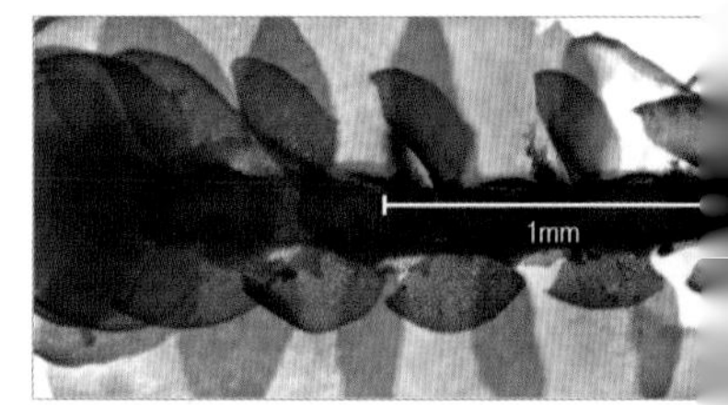

복면

강원 정선군, 2012.4.27

복면

강원 횡성군, 2010.5.13

큰세줄이끼

학명 : *Porella grandiloba* Lindb.

생육지 : 산지의 물기 있는 바위 또는 나무줄기에 붙어 자란다.

형태 : 식물체는 녹색~회록색이며, 줄기는 길이 3~8cm이고 불규칙하게 가지가 갈라진다. 잎의 배편(열편)은 길이 1.0~1.5mm이고 혀모양이며 끝은 둥글고 가장자리는 밋밋하지만 안으로 약간 굽어 있다. 배편과 복편의 연결부는 매우 짧다. 복편(소열편)은 좁은 혀모양이며 길이는 너비의 약 3배이다. 끝은 둥글고 가장자리는 밋밋하다. 복엽은 혀모양~난형이며 너비는 줄기의 1.0~1.2배 정도이고 가장자리는 밋밋하다. 암수딴그루이다.

유사종과의 구분법 : 세줄이끼속(*Porella*)의 다른 종에 비해 배편, 복편, 복엽의 가장자리에 치돌기가 거의 없이 밋밋한 것이 특징이다.

세계분포 : 한국, 일본, 타이완, 러시아(동부)

국내분포 : 전국

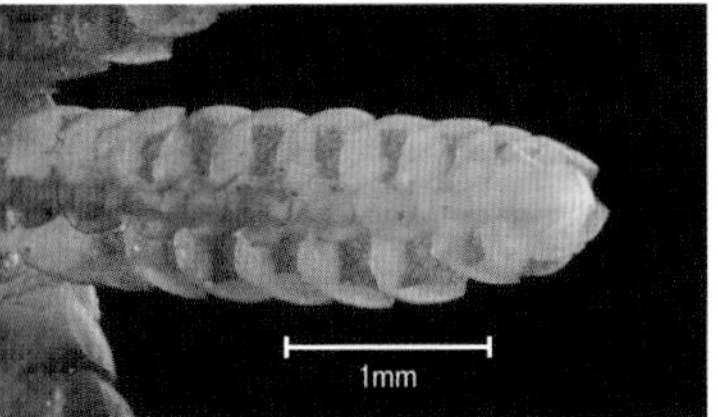

복면

강원 정선군, 2012.4.27

마른 모습, 강원 횡성군, 2010.5.13

경북 울릉군, 2012.4.12

알꼴세줄이끼

학명 : *Porella japonica* (Sande Lac.) Mitt.

생육지 : 산지의 습한 바위 또는 나무줄기에 붙어 자란다.

형태 : 식물체는 연한 녹색~녹색~회록색이고 윤기가 있다. 줄기는 길이 4~6cm이고 가지가 불규칙하게 갈라진다. 잎의 배편(열편)은 길이 1.0~1.5mm이고 난상 혀모양이며 복와상으로 줄기를 완전히 덮는다. 끝은 둥글며 상반부에 1~5개의 치돌기가 있다. 복편(소열편)은 긴 혀모양이고 가장자리에 물결모양의 작은 치돌기가 있다. 복엽은 혀모양~직사각상 난형이고 투명한다.

유사종과의 구분법 : 긴잎세줄이끼(*P. oblongifolia*)와 비슷하지만 배편의 길이가 너비의 1.2~1.5배 정도이고 복엽이 투명한 것이 다른 점이다.

세계분포 : 한국, 일본, 타이완, 필리핀(수마트라)

국내분포 : 경북(울릉도, 의성, 일월산), 전북(덕유산)

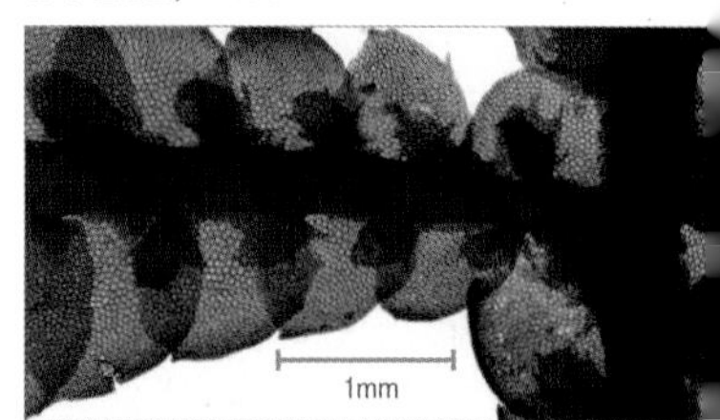

복면

경북 울릉군, 2012.4.12

마른 모습, 경북 울릉군, 2012.4.12

경남 밀양시, 2012.11.16

가시세줄이끼

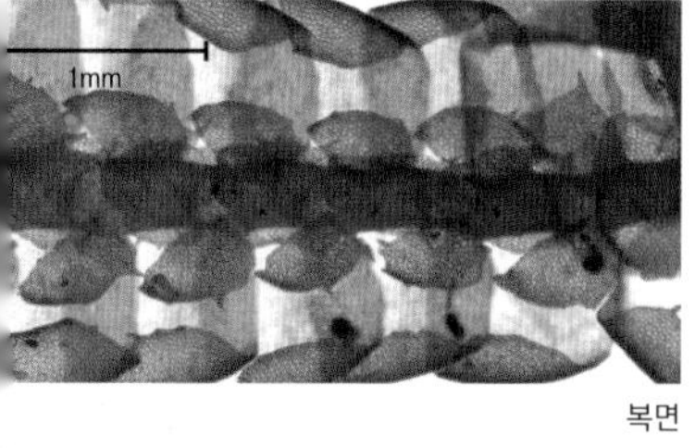

복면

복면

경기 연천군, 2012.4.29

학명 : *Porella vernicosa* Lindb.

생육지 : 산지의 바위 또는 나무줄기에 모여 자란다.

형태 : 식물체는 회록색~회갈색이고 금속류의 윤기가 강하다. 줄기는 길이 3~5cm으로 기며 가지는 수가 적고 불규칙하게 갈라진다. 잎의 배편(열편)은 밀접하게 겹쳐져 있으며 길이 1.5~ 2.0mm이고 장타원형이다. 끝은 둥글며 여러 개의 치돌기가 있고 뚜렷하게 안으로 굽는다. 복편(소열편)은 혀모양이고 긴 치돌기가 있다. 끝은 밖으로 굽어지며 안쪽 가장자리의 기부는 처지고 바깥쪽 가장자리의 기부는 귀모양과 비슷하다. 배편과 복편의 접착점은 거의 없다. 복엽은 난형이고 줄기 너비의 2배 정도이며 치돌기가 적고 끝은 밖으로 굽는다. 기부는 귀모양과 비슷하다.

유사종과의 구분법 : 잔가시세줄이끼(*P. spinulosa*)와 비슷하지만 배편이 좁고 장타원형이며 끝에 치돌기가 발달하는 점과 복편이 긴 혀모양이고 긴 치돌기가 있는 것이 차이점이다.

세계분포 : 한국, 일본, 러시아(동부)

국내분포 : 전국

주름세줄이끼

학명 : *Porella ulophylla* (Stephani) S. Hatt.

생육지 : 산지의 바위 또는 나무줄기에 모여 자란다.

형태 : 식물체는 암록색이며, 줄기는 기면서 자라고 길이 2~5 cm이며 가지가 불규칙하게 갈라진다. 잎은 줄기에 2열로 붙고 복와상으로 겹쳐져 줄기를 완전히 덮는다. 잎의 배편(열편)은 길이 1~2mm이고 난형이며 가장자리는 물결모양이고 치돌기가 전혀 없다. 끝은 둔하며 안쪽으로 약간 굽는다. 복편(소열편)은 보통 혀모양(수그루는 삼각형)인데 밋밋하고 끝이 둔하다. 복엽의 길이는 줄기 너비의 2배 정도이며 가장자리는 밋밋하다. 암수딴그루이다. 암포엽은 잎과 비슷하며 약간의 치돌기가 있고 끝이 뾰족하다.

유사종과의 구분법 : 세줄이끼속(*Porella*)의 다른 종에 비해 잎 가장자리가 심하게 물결모양이고 복편, 배편, 복엽의 가장자리에 치돌기가 거의 없는 것이 특징이다.

세계분포 : 한국, 중국, 일본

국내분포 : 전국

전남 진도군, 2012.4.3

복면

복면

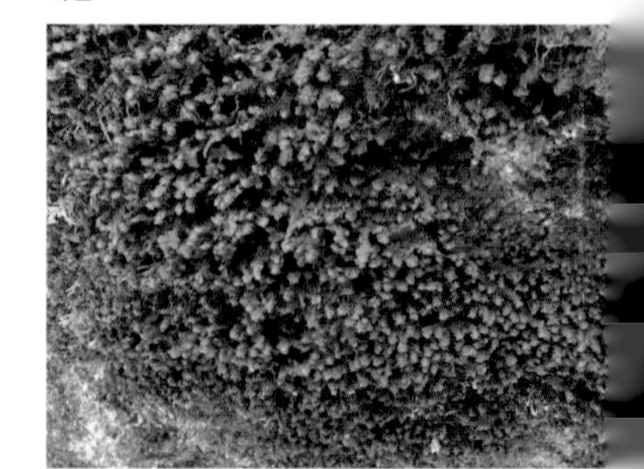

전남 진도군, 2012.4.3

경남 밀양시, 2012.11.16

마른 모습, 경북 의성군, 2011.4.8

강원 정선군, 2012.5.14

부채이끼

학명 : *Radula japonica* Gottsche ex Stephani
생육지 : 산지의 습기 있는 바위 또는 나무줄기에 모여 자란다.
형태 : 식물체는 작고 녹색~녹갈색이며 기면서 자란다. 줄기는 길이 1~2cm이며 약간 불규칙하게 깃모양으로 갈라진다. 잎의 배편(열편)은 길이 0.6~0.9mm이고 난상 원형이며 가장자리는 밋밋하다. 끝은 둥글며 안으로 약간 굽어 있다. 복편의 길이는 배편의 1/2 정도이고 사각모양이며 끝은 둔하다. 배편과 복편이 만나는 접착점은 직선이며 거의 편평하다. 무성아는 없다. 복엽은 없다. 암수딴그루이다. 화피는 줄기 끝에 나며 길이는 1.5~1.9mm이고 납작한 긴 원통형이다. 끝은 넓고 약간 물결모양이다.
유사종과의 구분법 : 옆꽃부채이끼(*R. obtusiloba*)와 비슷하지만 잎이 난상 원형(옆꽃부채이끼는 타원상 난형)이고 줄기에 복와상으로 보다 더 촘촘히 붙으며, 화피가 주로 줄기 끝에 달리는 것(옆꽃부채이끼는 주로 가지 끝에 달림)이 다른 점이다.
세계분포 : 한국, 일본
국내분포 : 전국

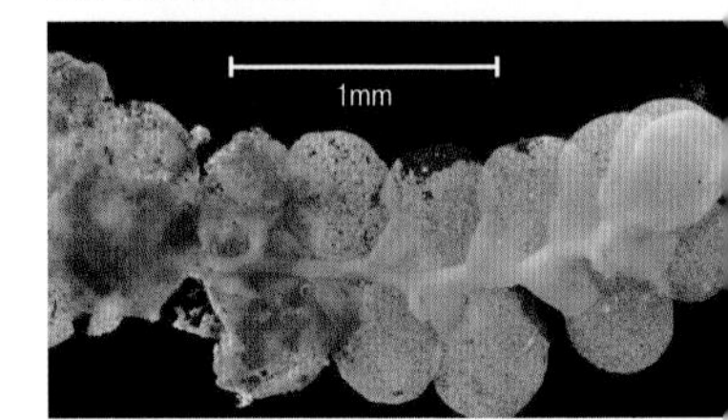

복면

경북 울릉군, 2012.4.12

경기 연천군, 2012.4.29

강원 평창군, 2012.8.8

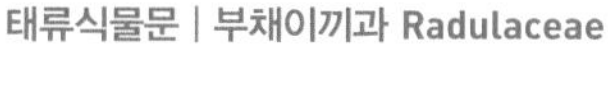

귀부채이끼

1mm

복면

복면

강원 평창군, 2012.8.8

학명 : *Radula auriculata* Stephani

생육지 : 주로 아고산대 산지의 바위 또는 나무줄기에 모여 자란다.

형태 : 식물체는 작고 연한 녹색~녹색~녹갈색이며 기면서 자란다. 줄기는 길이 1~3cm이며 불규칙하게 깃모양으로 갈라진다. 잎은 복와상으로 겹쳐져 줄기에 붙고 아랫부분이 줄기를 덮는다. 잎의 배편(열편)은 길이 0.8~1.0mm이고 타원형~난상 원형이며 가장자리는 밋밋하다. 끝은 둔하거나 둥글며 기부는 귀모양이 아니다. 복편은 길이 0.4~0.45mm이고 사각모양이며 기부는 약간 귀모양이다. 암수딴그루이다. 화피는 짧은 가지의 끝에 달리며 끝은 물결모양이다. 새로운 가지가 나오기도 한다.

유사종과의 구분법 : 부채이끼속(*Radula*)의 다른 종에 비해 화피가 짧은 가지의 끝에 달리며 복편이 작은 것이 특징이다.

세계분포 : 한국, 일본, 인도, 네팔, 캐나다, 알래스카(남부)

국내분포 : 북한(금강산, 차일봉, 추애산 등), 강원(평창), 경남(지리산), 전북(덕유산), 제주(한라산)

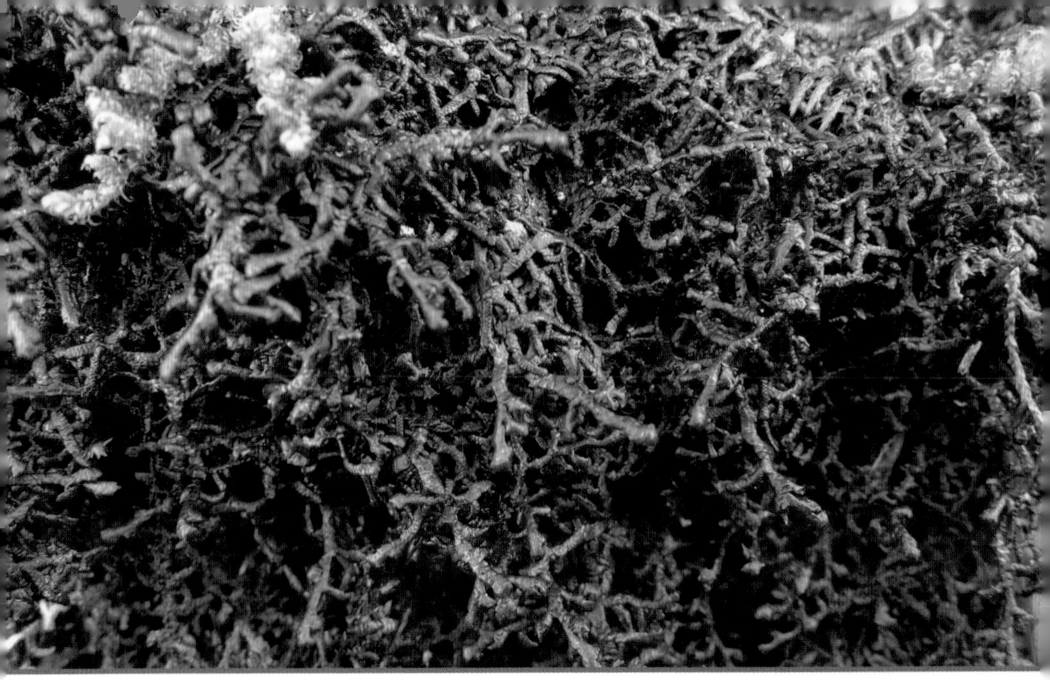

경북 청송군, 2012.4.26

침지네이끼

학명 : *Frullania appendiculata* Stephani
생육지 : 산지의 바위 또는 나무줄기에 모여 자란다.
형태 : 식물체는 회녹색~적갈색이고 금속류의 윤기가 강하다. 줄기는 길이 3~7cm이고 2~3회 깃모양으로 불규칙하게 갈라진다. 잎의 배편(열편)은 길이 0.5~1.3mm이고 난형이며 가장자리는 밋밋하다. 끝은 뾰족하고 안쪽으로 굽어 있으며 가장자리 기부는 귀모양이다. 복편(소열편)은 긴 도란상 원통형이고 길이가 너비의 2배 정도이며 줄기에 인접하여 약간 평행하다. 복엽은 신장형이고 너비는 줄기 지름의 2~4배이며 기부는 귀모양이다. 끝부분은 복엽 길이의 1/6~1/4 정도까지 2열로 갈라진다. 암수딴그루이다.
유사종과의 구분법 : 지네이끼속(*Frullania*)의 다른 종에 비해 잎이 난형이고 끝이 뾰족하며, 줄기와 가지의 복편이 줄기에 평행하거나 약간 비스듬히 붙는 것이 특징이다.
세계분포 : 한국, 중국, 일본, 타이완, 필리핀(수마트라), 러시아(동부)
국내분포 : 전국

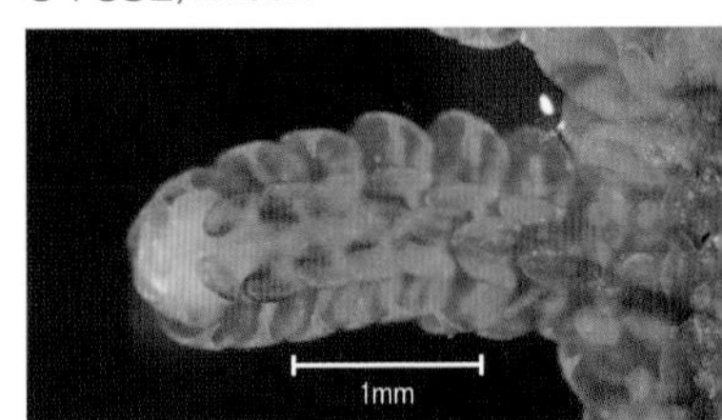

복면

전남 해남군, 2012.4.4

경남 밀양시, 2012.9.6

경북 의성군, 2012.4.26

빨간지네이끼 

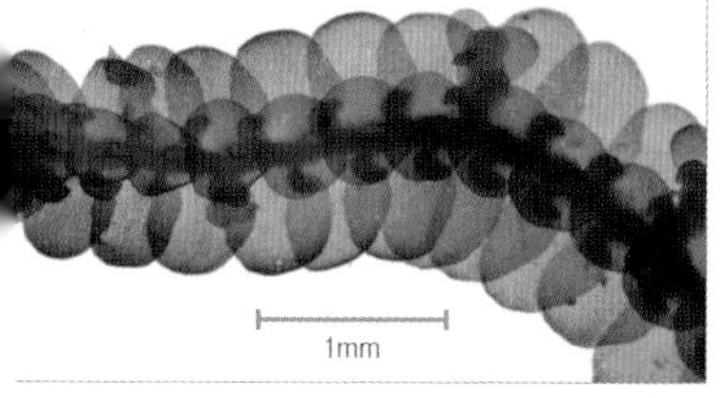

복면

강원 정선군, 2012.5.14

복면

학명 : *Frullania davurica* Hampe

생육지 : 산지의 바위 또는 나무줄기에서 모여 자란다.

형태 : 식물체는 황적색~적갈색이며 기면서 자라며, 줄기는 길이 3~4cm이고 가지가 많이 갈라진다. 잎의 배편(열편)은 길이 1.0~1.2mm이고 난형이며 복와상으로 줄기를 완전히 덮는다. 끝은 약간 안쪽으로 굽어 있으며 가장자리는 밋밋하다. 복편(소열편)은 원형이며 배편의 1/6~1/5 정도로 작고 줄기에 인접하여 평행하게 붙어 있다. 복엽은 원형이며 너비는 줄기 지름의 3~4배 정도이고 길이보다 길다. 끝은 2개로 갈라진다. 암수딴그루이다. 화피는 줄기 끝에 나거나 측생하며 도란형이고 끝이 새의 부리처럼 짧게 뾰족하다.

유사종과의 구분법 : 지네이끼속(*Frullania*)의 다른 종에 비해 식물체가 흔히 붉은빛이 돌며 복엽이 원형이고 너비가 줄기 지름의 3~4배 정도인 것이 특징이다.

세계분포 : 한국, 중국, 일본, 타이완

국내분포 : 전국

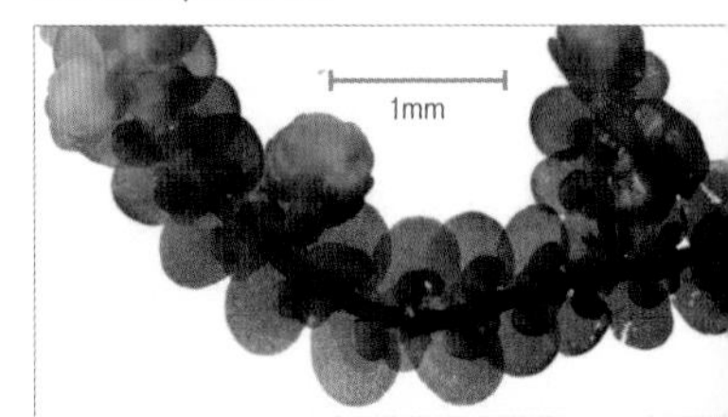

경남 밀양시, 2012.11.16

들지네이끼

학명 : *Frullania taradakensis* Stephani

생육지 : 산지의 바위 또는 나무줄기에 붙어 자란다.

형태 : 식물체는 연녹색~녹색~녹갈색이며 건조시 적갈색을 띤다. 줄기는 길이 1~3cm 정도이고 2회 깃모양으로 갈라진다. 잎의 배편(열편)은 길이 0.7~0.9mm이고 타원형이며 복와상으로 줄기 전체를 덮는다. 끝은 둥글고 가장자리는 밋밋하다. 복편(소열편)은 길이 0.25mm 정도이고 고깔모양이며 줄기보다 조금 더 넓고 줄기와 약간 평행되게 붙는다. 복엽은 길이 0.5~0.6mm이고 넓은 신장형이며 줄기 지름의 4~5배이고 끝은 복엽 길이의 1/5 정도까지 2열한다. 화피는 길이 1.2mm 정도의 도란형이며 3개의 세로 주름이 있고 끝은 새의 부리처럼 뾰족하다.

유사종과의 구분법 : 지네이끼(*F. diversitexta*)와 비슷하지만 복편이 고깔모양이며, 복엽이 넓은 신장형이고 끝부분이 1/5 정도 2열하는 것이 다른 점이다.

세계분포 : 한국, 일본

국내분포 : 북한(묘향산, 추애산 등), 전국에 넓게 분포

복면

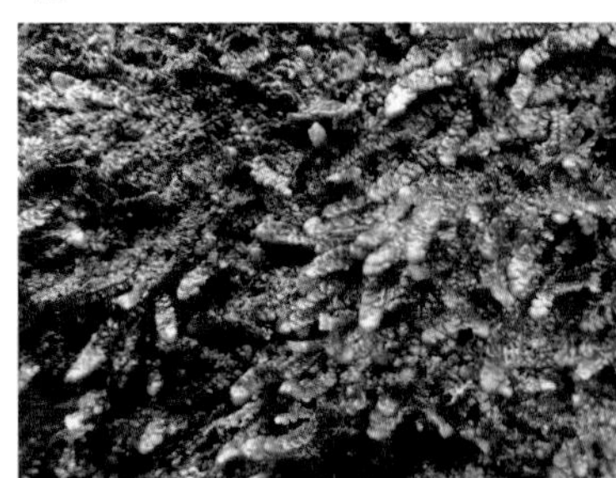

경기 연천군, 2012.11.14

경남 양산시, 2012.5.11

경남 밀양시, 2012.11.16

전북 덕유산, 2012.6.13

양지지네이끼

학명 : *Frullania kagoshimensis* Stephani
생육지 : 산지의 나무줄기에 붙어 자란다.
형태 : 식물체는 녹갈색~적갈색이며, 줄기는 길이 1~2cm이고 가지가 많이 갈라진다. 잎의 배편(열편)은 길이 0.6~0.7mm이고 넓은 타원형이며 복와상으로 줄기 전체를 덮는다. 끝은 둥글고 가장자리는 밋밋하다. 배편(소열편)은 길이 0.2~0.25mm이고 고깔모양이며 줄기의 지름보다 2.0~2.5배가량 크다. 복엽은 도란형~넓은 원형이고 너비는 줄기 지름의 4~5배이며 끝은 복엽 길이의 1/5~1/4 정도까지 2열한다. 암수딴그루이다. 화피에는 뚜렷한 3개의 능선이 있으며 끝은 새의 부리처럼 뾰족하다.
유사종과의 구분법 : 참지네이끼(*F. muscicola*)와 비슷하지만 복편의 너비가 길이의 2배 정도로 넓으며, 복엽의 너비가 줄기 지름의 4~5배 정도 넓은 것이 다른 점이다.
세계분포 : 한국, 일본
국내분포 : 경기(광교산, 용문산), 강원(가리왕산, 태백산), 경남(지리산), 전북(덕유산)

전북 덕유산, _2012.6.13

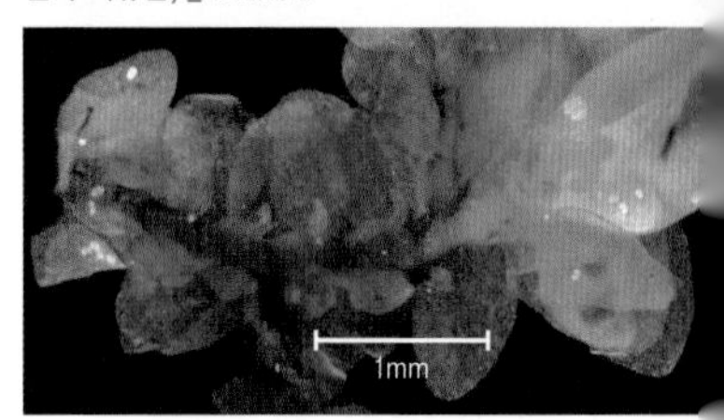

복면

전북 덕유산, 2012.6.13

전북 덕유산, 2012.6.13

경남 밀양시, 2012.5.11

둥근지네이끼

0.1mm

복엽

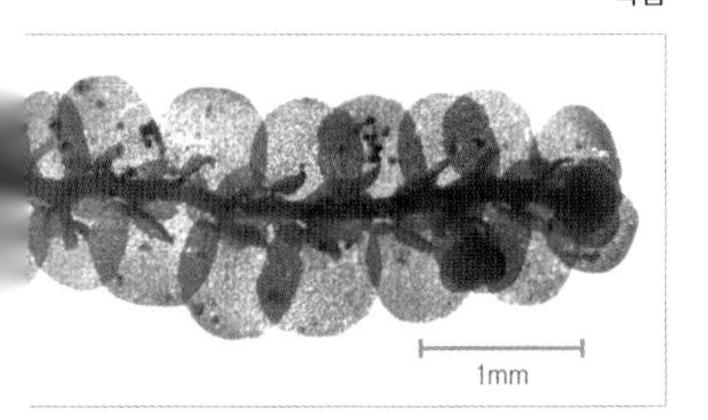

복면

학명 : *Frullania osumiensis* (S. Hatt.) S. Hatt.

생육지 : 산지의 바위 또는 나무줄기에 붙어 자란다.

형태 : 식물체는 연한 녹색~황갈색~적갈색이고, 줄기는 길이 3~4cm이며 가지는 불규칙하게 갈라진다. 잎의 배편(열편)은 넓은 타원형~난형~신장형이며 복와상으로 줄기 전체를 덮는다. 끝은 둥글고 약간 안으로 굽어 있으며 가장자리는 밋밋하다. 복엽의 너비는 길이의 약 2배 정도(줄기 지름의 4배 정도)이다. 끝은 1/4 정도 얕게 2열하며 가장자리에 4개 이상의 뾰족한 치돌기가 있다. 암수딴그루이다. 화피는 3개의 능선이 있으며 능선에 유두모양 돌기가 있다.

유사종과의 구분법 : 참지네이끼(*F. muscicola*)와 비슷하지만 비교적 대형이고 식물체에 흑자색 빛이 돌지 않으며, 복엽 가장자리에 4개 이상의 뾰족한 치돌기가 있는 것이 다른 점이다. **지네이끼(*F. diversitexta*)**는 들지네이끼(*F. taradakensis*)와 비슷하지만 복편이 곤봉상 원통형이며 복편의 길이가 너비의 2배 이상으로 긴 것이 다른 점이다.

세계분포 : 한국, 일본

국내분포 : 강원(치악산), 경남(밀양)

지네이끼, 전북 진안군, 2012.5.30

전남 진도군, 2012.4.3

경북 청송군, 2012.4.26

경북 의성군, 2012.4.26

마른 모습, 강원 정선군, 2012.4.27

참지네이끼

학명 : *Frullania muscicola* Stephani

생육지 : 산야의 바위 또는 나무줄기에 붙어 자란다.

형태 : 식물체는 녹갈색~적갈색~흑갈색이며 윤기가 난다. 줄기는 길이 1~2cm이고 가지는 불규칙하게 많이 갈라진다. 잎의 배편(열편)은 길이 0.5~0.8mm이고 난형이며 복와상으로 줄기 전체를 덮는다. 끝은 둥글고 약간 안으로 굽어 있다. 복편(소열편)은 고깔모양~종모양이며 너비는 길이의 1.0~1.5배이다. 복엽은 넓은 신장형이며 너비는 줄기 지름의 1.5~3배 정도이다. 끝은 복엽 길이의 1/5~1/3 정도까지 2열하고 가장자리는 미세한 치돌기가 있다. 암수딴그루이다. 화피는 도원추형~배모양이고 3~5개의 능선이 있으며 끝은 새부리처럼 길게 뾰족하다.

유사종과의 구분법 : 식물체가 적갈색~흑갈색이며 작고(너비 1.5mm 이하) 화피가 다소 평활한 것이 특징이다.

세계분포 : 한국, 중국, 일본, 인도, 러시아(동부)

국내분포 : 경기(광교산, 용문산), 강원(가리왕산, 태백산), 경남(지리산), 경북(의성, 청송), 전남(진도), 전북(덕유산, 진안)

전북 진안군, 2012.12

삭, 강원 정선군, 2012.4.27

전북 덕유산, 2012.6.13

우사미지네이끼

학명 : *Frullania usamienesis* Stephani
생육지 : 산지의 나무줄기에 붙어 자란다.
형태 : 식물체는 황록색~녹갈색~적갈색이며, 줄기는 길이 2~3cm이고 가지가 많이 갈라진다. 잎의 배편(열편)은 길이 1.0~1.3mm이고 장타원형이며 복와상으로 줄기 전체를 덮는다. 끝은 둥글고 약간 안으로 굽어 있으며 가장자리는 밋밋하다. 복편(소열편)은 길이 0.25~0.3mm이고 고깔모양이며 너비는 길이의 2배 이상(줄기 지름의 2배 정도)이다. 복엽은 길이 0.55~0.65mm이고 넓은 신장형이며 끝은 밋밋하거나 얕게 2열한다. 암수딴그루이다. 화피는 3개의 능선이 있으며 끝은 새의 부리처럼 뾰족하다.
유사종과의 구분법 : 들지네이끼(*F. taradakensis*)에 비해 복엽의 끝이 밋밋하거나 얕게 2열하며 줄기 밖으로 약간 굽어지는 것이 다른 점이다. 우사미지네이끼와 비슷하지만 줄기의 끝이 채찍모양으로 가늘어지며 주로 아고산대에 분포하는 것을 **고산지네이끼(*F. bolanderi*)**라고 한다.
세계분포 : 한국, 일본
국내분포 : 전국

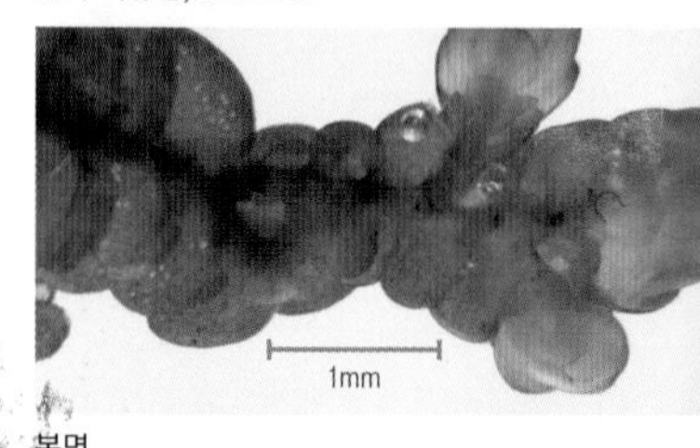

복면

전북 덕유산, 2012.6.13

고산지네이끼, 강원 정선군, 2012.4.27

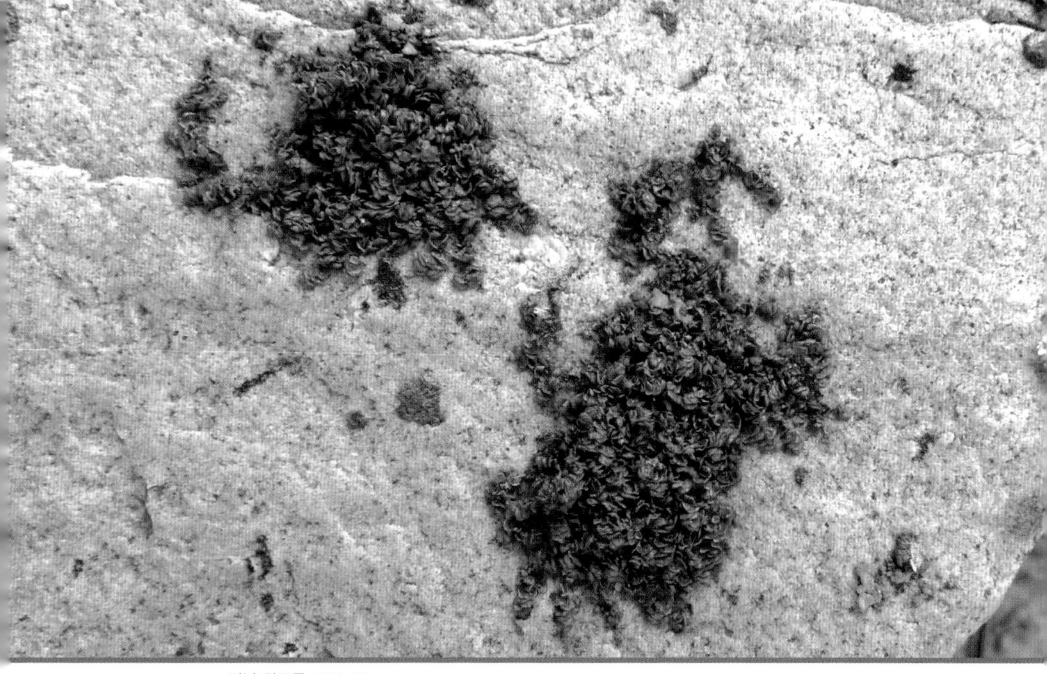

전남 진도군, 2012.4.3

세모귀이끼

복면

학명 : *Cololejeunea japonica* (Schiffner) Mizut.
생육지 : 남부지방의 민가 또는 낮은 산지의 바위 또는 나무 줄기에 붙어 자란다.
형태 : 식물체는 연한 녹색~녹색이며, 줄기는 길이 3~5mm이고 가지가 불규칙하게 깃모양으로 갈라진다. 잎의 배편(열편)은 길이 0.5mm 정도이고 난형이며 복와상으로 줄기를 덮는다. 끝은 둥글고 가장자리는 밋밋하다. 복편(소열편)은 주머니모양~삼각형~혀모양 등 변이가 심한 편이며 길이는 배편의 1/4~1/3이다. 복엽은 없다. 암수한그루이다. 화피는 도란형이며 5개의 능선이 있고 약간 편평하다.
유사종과의 구분법 : 세모귀이끼에 비해 배편이 길이 0.2mm 정도로 작고 타원상 난형이며 끝이 뾰족하고 배면이 평활한 것을 **산귀이끼(*C. ornata*)**라고 한다. 세모귀이끼에 비해 주로 북부지방 및 해발이 높은 산지에 자란다.
세계분포 : 한국, 일본
국내분포 : 경북(울릉도), 전남(고흥, 완도, 진도)

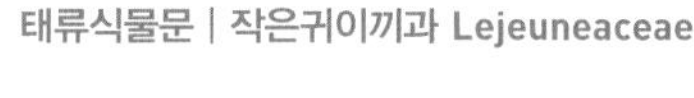

경북 울릉군, 2012.4.12

산귀이끼, 경북 의성군, 2012.4.26

대구 수성구, 2012.4.25

작은귀이끼

학명 : *Lejeunea japonica* Mitt.

생육지 : 산지 계곡부의 습한 바위에 붙어 자란다.

형태 : 식물체는 연한 녹색~황록색이며, 줄기는 길이 5~20mm이고 가지가 불규칙하게 약간 갈라진다. 잎의 배편(열편)은 길이 0.4~0.7mm 정도이고 난형~넓은 난형이며 복와상으로 줄기 전체를 덮는다. 끝은 둔하거나 둥글고 안쪽으로 약간 굽어 있으며 가장자리는 밋밋하다. 복편(소열편)은 난형이고 길이는 배편 길이의 1/5~1/4배 정도(줄기 지름의 2~3배)이며 끝은 편평하다. 복엽은 난싱 원형~아원형이고 너비가 길이보다 넓으며 끝은 복엽 길이의 1/3~1/2 지점까지 V자 또는 활모양으로 2열한다.

유사종과의 구분법 : 들작은귀이끼(*L. parva*)에 비해 배편이 크고 끝이 둥글며 줄기에 거의 수직으로 붙는 것이 다른 점이다.

세계분포 : 한국, 일본

국내분포 : 전국

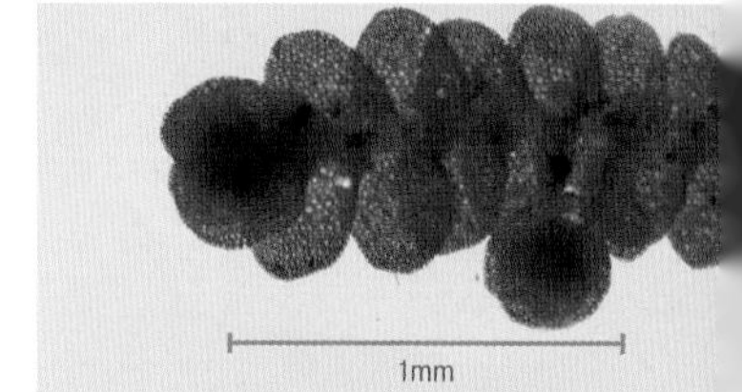

복면

경남 밀양시, 2012.11.16

경남 밀양시, 2012.5.11

경기 연천군, 2012.11.14

경북 의성군, 2012.4.26

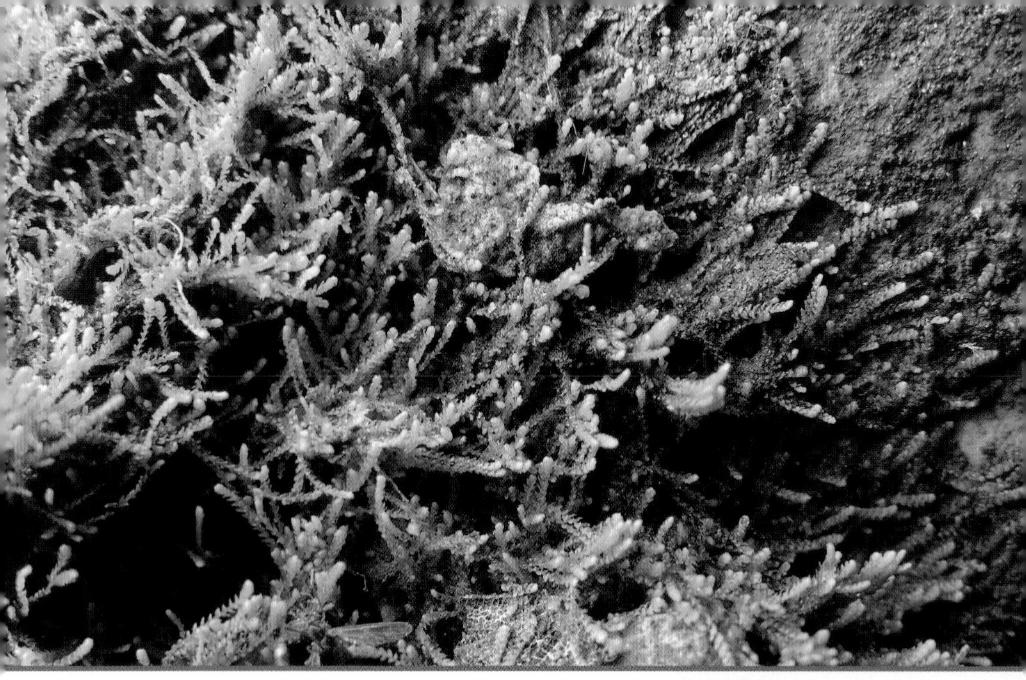

전북 부안군, 2012.4.13

태류식물문 | 작은귀이끼과 Lejeuneaceae

들작은귀이끼

학명 : *Lejeunea parva* (S. Hatt.) Mizut.

생육지 : 산지 계곡부의 습한 바위 또는 나무줄기에 붙어 자란다.

형태 : 식물체는 연한 녹색~황록색이며, 줄기는 길이 5~20mm이고 가지가 불규칙하게 갈라진다. 잎의 배편(열편)은 길이 0.2~0.45mm 정도이고 삼각형이며 약간 떨어져서 줄기에 비스듬히 붙는다. 끝은 뾰족하거나 둔하고 안쪽으로 약간 굽어지며 가장자리는 밋밋하다. 복편(소열편)은 난형이고 길이는 배편 길이의 1/2배 정도이며 끝에 1개의 돌기가 있다. 복엽은 길이 0.12~0.15mm이고(줄기 지름의 2배 정도) 난형이며 길이와 너비가 비슷하다. 끝은 복엽 길이의 약 2/5 지점까지 V자형으로 2열한다.

유사종과의 구분법 : 작은귀이끼(*L. japonica*)에 비해 배편이 작고 끝이 대개 뾰족하며 줄기에 비스듬히 성글게 붙는 것이 다른 점이다.

세계분포 : 한국, 일본

국내분포 : 전국

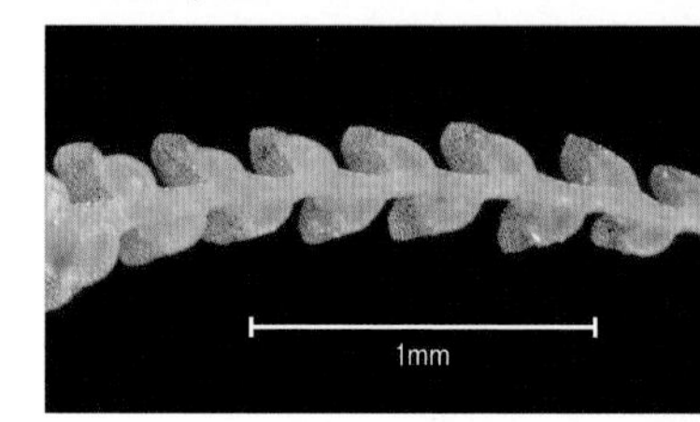

복면

경남 양산시, 2012.5.11

전북 부안군, 2012.4.13

경남 양산시, 2012.5.11

전북 부안군, 2012.4.13

경남 밀양시, 2012.11.16

둥근귀이끼

학명 : *Trocholejeunea sandvicensis* Mizut.

생육지 : 해안가를 포함해서 산야의 바위 또는 나무줄기에 붙어 자란다.

형태 : 식물체는 연한 녹색~황록색~녹갈색이며, 줄기는 길이 2~3cm이고 가지는 불규칙하게 갈라진다. 잎의 배편(열편)은 줄기에 겹쳐져 빽빽이 달리며 습하면 배면 방향으로 치우친다. 길이는 1.0~1.3mm이고 난형이며 끝은 둥글고 가장자리는 밋밋하다. 복편(소열편)은 반원형이고 길이는 배편 길이의 1/3~1/2 정도이며 가장자리 상반부에 3~5개의 치돌기가 있다. 복엽은 원형이고 너비는 줄기 지름의 3~4배 정도이며 끝은 둥글고 가장자리는 밋밋하다. 암수한그루이다. 화피는 도란형이고 10개 정도의 능선이 있다.

유사종과의 구분법 : 작은귀이끼속(*Lejeunea*)의 종들에 비해 배편이 줄기에 빽빽이 겹쳐져 직각으로 붙으며 복엽이 갈라지지 않는 것이 다른 점이다.

세계분포 : 한국, 중국, 일본, 타이완, 인도네시아, 인도, 하와이

국내분포 : 전국

잎, 경북 의성군, 2011.7.14

경북 의성군, 2011.4.8

경북 울릉군, 2012.4.12

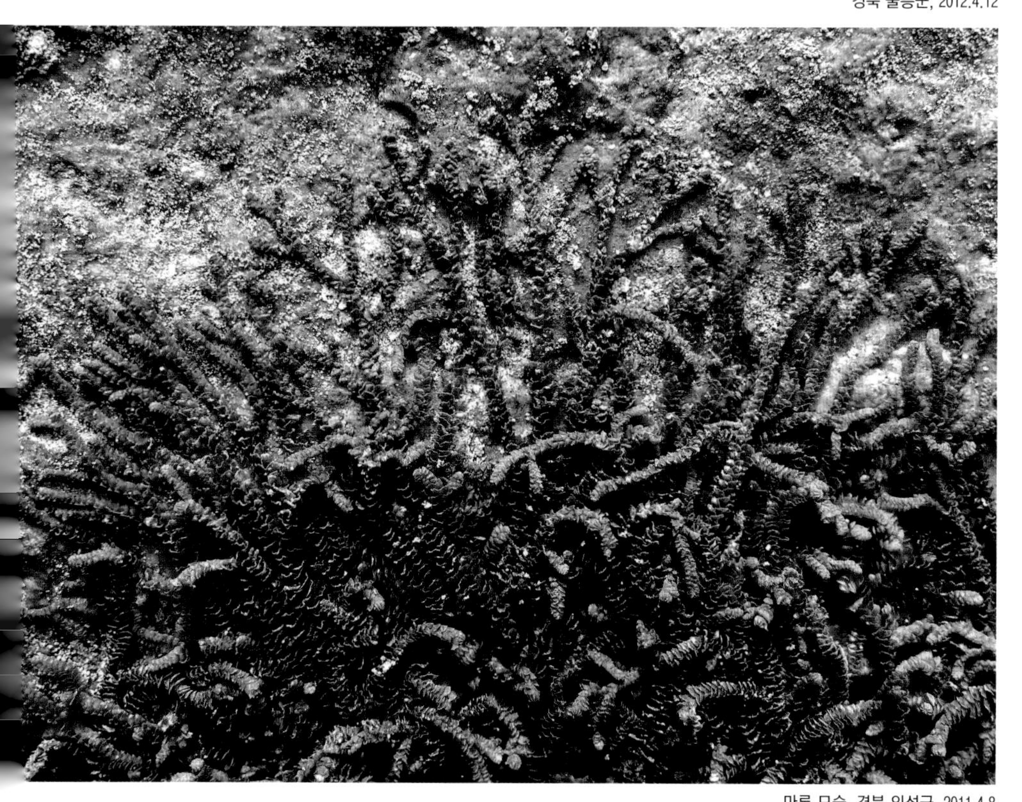
마른 모습, 경북 의성군, 2011.4.8

경기 연천군, 2012.4.29

날개꼴귀이끼

학명 : *Tuzibeanthus chinensis* (Stephani) Mizut.

생육지 : 산지의 바위 위 또는 나무뿌리 부근에서 모여 자란다.

형태 : 식물체는 대형이고 연한 녹색~녹갈색이며 윤기가 난다. 줄기는 길이 3~9cm이고 옆으로 길게 뻗어 자라며 가지는 불규칙하게 갈라진다. 잎은 건조하면 복편방향(안쪽)으로 심하게 접힌다. 배편(열편)은 길이 1~1.3mm이고 타원형~비스듬히 기울어진 난형이다. 끝은 둥글고 가장자리는 밋밋하다. 복편(소열편)의 길이는 배편 길이의 1/4 정도이다. 복엽은 떨어져서 날리며 원형이고 가장자리는 밋밋하다. 암수딴그루이다. 암포엽의 가장자리는 밋밋하다. 무성아는 달리지 않는다.

유사종과의 구분법 : 복엽이 둥글고 갈라지지 않으며 약간 떨어져서 달리는 것은 검정비늘이끼(*Dicranolejeunea yoshinagana*)와 비슷하지만 보다 대형(검정비늘이끼는 줄기가 2cm 이하)이고 배편이 타원형 또는 비스듬히 기울어진 난형인 것이 다른 점이다.

세계분포 : 한국, 중국, 일본

국내분포 : 경기(연천), 강원(가리왕산)

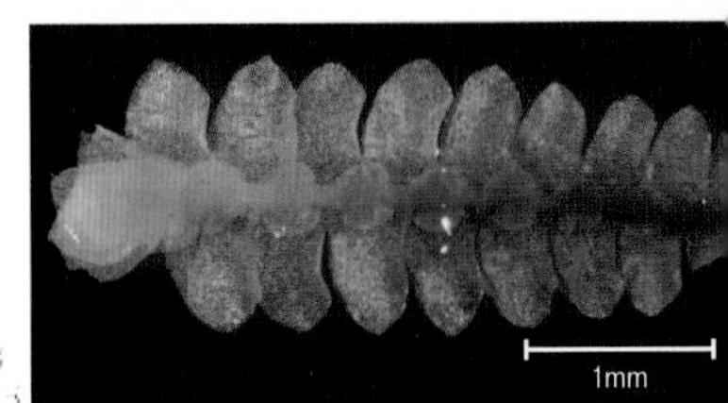

복면

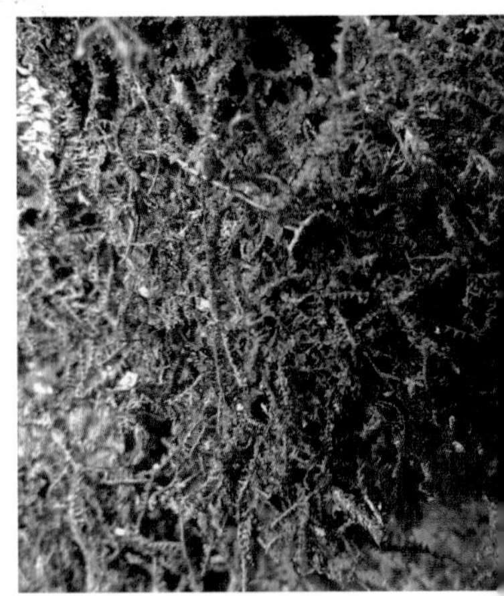

경기 연천군, 2012.4.29

제주 한라산, 2012.10.10

복면

가지와 잎

강원 설악산, 2011.8.12

털잎이끼

학명 : *Ptilidium pulcherrimum* (Weber) Hampe

생육지 : 주로 아고산대의 바위 또는 나무줄기에 붙어 자란다.

형태 : 식물체는 황록색~황갈색~적갈색이며, 줄기는 2~3cm 정도이고 짧은 가지가 불규칙하게 많이 갈라진다. 잎은 줄기의 옆으로 촘촘히 겹쳐지고 붙는다. 잎은 2/3~3/4 지점까지 3~4갈래로 갈라지며 잎가장자리에는 5~10개의 긴 털이 있다. 복엽은 난형~반원형이고 너비는 줄기 지름의 2배 정도이며 가장자리에 털이 있다. 암수딴그루이다. 화피는 장타원형이고 약간 팽창하며 위쪽 끝에 주름이 약간 있다.

유사종과의 구분법 : 새털잎이끼(*P. ciliare*)에 비해 잎이 보다 깊게 갈라지며(새털잎이끼는 1/2 지점까지 갈라짐) 가장자리에 긴 털이 비슷한 밀도로 나 있고 배측 쪽의 열편이 피침형인 것이 다른 점이다.

세계분포 : 북반구 냉온대 지역

국내분포 : 북한(백두산), 강원(설악산), 제주(한라산)

전북 부안군, 2012.4.13

솔잎이끼

학명 : *Blepharostoma minus* Horik

생육지 : 산지의 습한 바위 위 또는 땅 위에 작은 매트모양으로 모여 자란다.

형태 : 식물체는 연한 녹색이고 섬세하며, 줄기는 길이 3~5mm이고 가지는 불규칙하게 갈라지거나 곧게 자란다. 잎은 길이 1.5~3.0mm이며 중앙부는 약간 굽는다. 흔히 3~4개로 기부까지 깊게 갈라지며 열편은 피침형이고 끝은 둥글다. 복엽은 잎과 크기와 모양이 동일해서 구별하기 힘들다. 헛뿌리는 거의 없다. 암수한그루이다. 화피는 줄기 끝에 나며 원통형이고 길이가 너비보다 2배 정도 길다.

유사종과의 구분법 : **산솔잎이끼(*B. trichophyllum*)**는 솔잎이끼에 비해 잎의 중앙이 굽지 않으며 열편 끝이 둔하고, 화피의 길이가 너비보다 3배 정도 긴 것이 특징이다.

세계분포 : 한국, 중국, 일본, 러시아

국내분포 : 북한(관모봉, 구월산, 금강산, 묘향산, 백두산 등), 인천(강화), 경남(지리산), 경북(소백산, 팔공산), 전북(덕유산, 마이산, 부안), 제주(한라산)

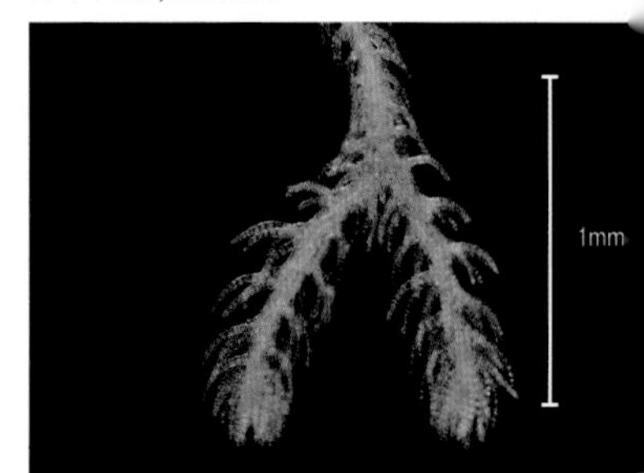

잎과 줄기

산솔잎이끼, 화피, 강원 평창군, 2012.8.8

산솔잎이끼, 잎

강원 평창군, 2012.8.8

잎

쌍갈고리이끼

학명 : *Herbertus aduncus* (Dicks.) Gray

생육지 : 아고산대 이하의 산지의 능선부 또는 계곡부의 건조한 바위 위, 나무줄기에 붙어 자란다.

형태 : 식물체는 황갈색~녹색~녹갈색이고 다소 윤기가 난다. 길이 2~10cm 정도 자라며 다소 깃모양으로 갈라진다. 잎은 길이 1.0~1.5mm이고 잎 길이의 2/3~3/4 정도까지 V자형으로 깊게 2열한다. 열편은 피침형이고 끝이 뾰족하며 가장자리에 2~3개의 미세한 치돌기가 있다. 복엽은 잎과 매우 유사하지만 약간 작다.

유사종과의 구분법 : 계곡쌍갈고리이끼(*H. dicranus*)와 매우 유사하지만 잎이 보다 더 깊게 V자형으로 깊게 갈라지는 것이 특징이며, 정확한 동정은 세포형질[비타(vitta)가 라미나(lamina) 부근이나 위에서 갈라짐]에 의해 이루어진다.

세계분포 : 북반구

국내분포 : 전국

잎, 강원 평창군, 2012.8.8

마른 모습, 강원 평창군, 2012.8.8

경남 밀양시, 2012.9.6

산좀벼슬이끼

학명 : *Bazzania denudata* (Torr. ex Lindenb.) Trevis.

생육지 : 주로 아고산대 산지의 바위 위, 고목 위 또는 땅 위에 모여 자란다.

형태 : 식물체는 연한 녹색이며, 줄기는 길이 1~3cm이고 잎이 다소 겹쳐져 달린다. 잎은 길이 1.0~1.4mm이고 좁은 혀모양~난형이며 끝은 뾰족하고 약간 갈라진다. 복엽은 줄기에 밀착하여 붙는다. 넓은 난형~둥근 사각형이며 너비는 줄기 지름보다 2~3배 정도 넓다. 편평하고 끝은 밋밋하거나 물결모양으로 3~4회 갈라진다. 암수딴그루이다.

유사종과의 구분법 : 산좀벼슬이끼는 세모좀벼슬이끼(*B. tricrenata*)에 비해 연한 녹색이고 잎이 좁은 혀모양에서 난형이며 잎이 심하게 안으로 굽지 않는 것이 다른 점이다.

세계분포 : 북반구의 냉온대 지역

국내분포 : 강원(설악산, 두타산, 평창), 경남(지리산, 밀양), 전북(덕유산), 제주(한라산)

복면

잎

강원 평창군, 2012.8.8

강원 설악산, 2012.8.7

세모좀벼슬이끼 

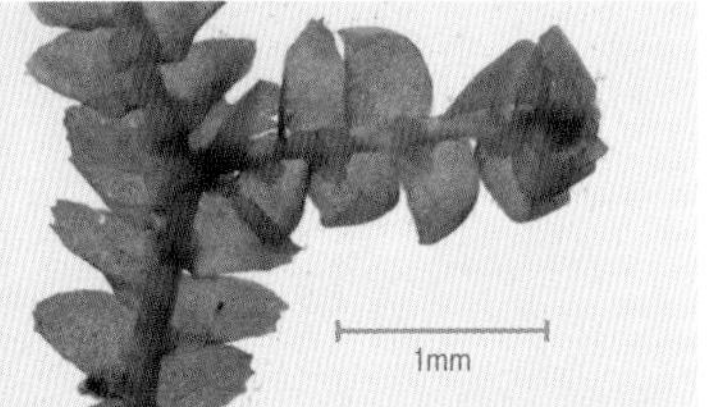

복면

아기좀벼슬이끼, 강원 박지산

아기좀벼슬이끼, 복면

학명 : *Bazzania tricrenata* (Wahlenb.) Trevis.

생육지 : 주로 아고산대 산지의 바위 위, 고목 위 또는 땅 위에 모여 자란다.

형태 : 식물체는 녹색~녹갈색이며, 줄기는 길이 3~8cm이고 드물게 가지가 갈라진다. 잎은 길이 1.0~1.5mm이고 삼각상 난형이며 가장자리는 안쪽으로 심하게 굽는다. 끝은 흔히 3~4개로 얕게 갈라진다. 복엽은 다소 개출하고 둥근 사각형이며 너비는 줄기의 지름보다 2배 정도 넓다. 끝은 심한 물결모양~거치상이다.

유사종과의 구분법 : 잎이 뻣뻣한 삼각상 난형이고 끝이 3~4개로 갈라지며 잎이 심하게 안으로 굽는 것이 특징이다. **아기좀벼슬이끼(*B. bidentula*)**는 매우 작으며 잎의 끝이 2(~3)개로 갈라지며 복엽이 잎 한쪽과 연결되고 투명하지 않은 것이 특징이다.

세계분포 : 북반구의 냉온대 지역

국내분포 : 북한(관모봉, 낭림산, 백두산, 백암 등), 강원(설악산), 경남(지리산), 경북(팔공산), 전북(덕유산), 제주

전남 해남군, 2012.4.4

좀벼슬이끼

학명 : *Bazzania pompeana* (Sande Lac.) Mitt.
생육지 : 남부지방 산지의 바위 위, 고목 위 또는 땅 위에 두꺼운 매트모양으로 모여 자란다.
형태 : 식물체는 녹색~진한 녹색~녹갈색이며, 줄기는 길이 12cm 정도까지 자라고 가늘고 긴 가지가 많다. 잎은 줄기에 비늘모양으로 겹쳐져 촘촘히 달린다. 잎은 길이 2.5~3.5mm이고 사각상 도란형~사각상 난형~난형으로 형태 변이가 많다. 끝에는 3개의 큰 치돌기가 있고 가장자리는 밋밋하다. 복엽은 둥근 네모꼴이며 너비는 줄기 지름의 2~3배이다. 끝부분에는 겹으로 된 치돌기가 있다. 암수딴그루이다. 화피는 원통형이며 끝부분에 3개의 깊은 주름이 있고 3~4개로 갈라진다.
유사종과의 구분법 : 자생 좀벼슬이끼속(*Bazzania*) 중에서 가장 대형이며, 잎의 상단부가 3개 이상으로 갈라지고 복엽에 겹으로 된 치돌기가 있는 것이 특징이다.
세계분포 : 한국, 일본
국내분포 : 전남(대둔산, 해남), 제주(한라산)

복엽

복면, 전남 해남군, 2012.4.4

전남 해남군, 2012.4.4

전남 해남군, 2012.4.4

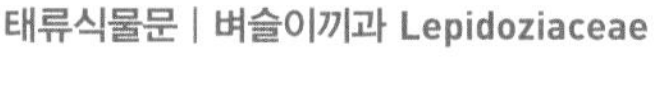

벼슬이끼 

학명 : *Lepidozia vitrea* Stephani

생육지 : 남부지방 산지의 바위 위, 고목 위 또는 땅 위에 매트 모양으로 모여 자란다.

형태 : 식물체는 황록색~백록색이고 누워 자란다. 줄기는 길이 1.5~4.0cm이고 가지는 깃모양으로 갈라지며 가지는 다시 작은 가지를 낸다. 가지 끝이 가늘고 긴 가지모양으로 된 것이 많다. 잎은 길이 0.2~0.5mm이고 1/4~1/2 지점까지 3~4열하며 약간 안으로 굽어져 있다. 줄기에 밀접하거나 약간 떨어져 붙으며 너비는 줄기 지름과 비슷하다.

유사종과의 구분법 : 누운벼슬이끼(*L. reptans*)에 비해 아고산대 이하의 산지에서 자라며, 잎의 열편 기부의 너비가 2~3개의 세포 너비인 것이 다른 점이다.

세계분포 : 한국, 일본

국내분포 : 경남(거제도), 전남(대둔산, 해남)

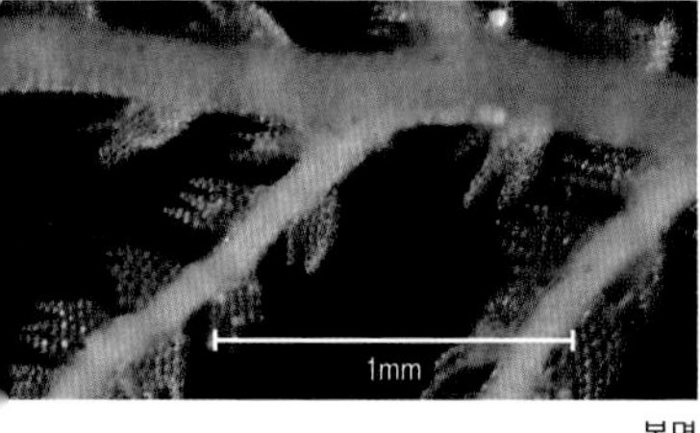

복면

전남 해남군, 2012.4.4

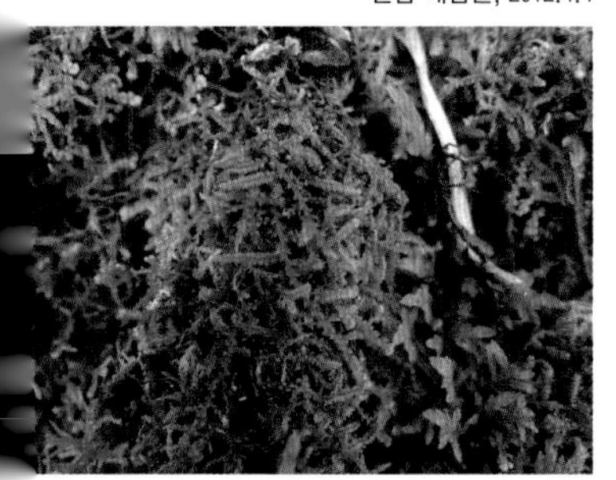

전남 해남군, 2012.4.4

산벼슬이끼

학명 : *Lepidozia subtransversa* Stephani

생육지 : 주로 아고산대 산지의 땅 위 또는 바위 위에 매트모양으로 모여 자란다.

형태 : 식물체는 황록색~백록색이고 비스듬히 누워 자란다. 줄기는 길이 3~10cm이고 가지는 1~2회 깃모양으로 갈라진다. 잎을 포함해서 줄기의 너비는 0.75~1.0mm이다. 잎은 1/2 지점까지 4열하며 열편은 삼각모양이다. 복엽은 잎보다 더욱 작고 중앙에서 중·상부까지 끝이 4개로 갈라진다. 암수딴그루이다.

유사종과의 구분법 : 누운벼슬이끼(*L. reptans*)에 비해 비스듬히 서서 자라며, 약간 더 대형이다. 잎의 열편 기부의 너비가 8개 이상의 세포 너비인 것이 주요 특징이다.

세계분포 : 한국, 일본, 북아메리카

국내분포 : 강원(설악산)

강원 설악산, 2011.8.12

강원 설악산, 2013.6.10

마른 모습, 강원 설악산, 2013. 6.10

강원 설악산, 2013. 6.10

전북 덕유산, 2012.6.13

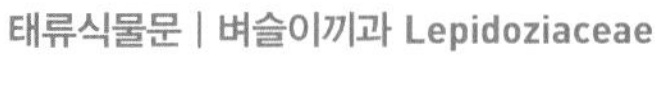

누운벼슬이끼

1mm

복면

경남 밀양시, 2012.9.6

전북 덕유산, 2012.6.13

학명 : *Lepidozia reptans* (L.) Dumort.

생육지 : 주로 아고산대 산지의 땅 위 또는 썩은 나무 위에 매트모양으로 모여 자란다.

형태 : 식물체는 백록색~녹색이며, 줄기는 길이 1.5~3.0cm이고 기면서 자란다. 가지가 깃모양으로 갈라지며 채찍모양의 편지가 있다. 잎은 길이 0.3~0.4mm이고 둥근 사각형이며 잎 길이의 1/3~1/2 지점까지 (3~)4열한다. 열편은 삼각모양이며 가장자리는 밋밋하다. 복엽은 잎과 유사하며 끝이 4갈래로 갈라진다. 암수한그루이다. 삭은 황갈색이고 긴 원통형이다. 화피는 방추형이며 끝부분에 주름이 있다.

유사종과의 구분법 : 산벼슬이끼(*L. subtransversa*)와 유사하지만 땅을 기면서 자라며, 줄기(잎 포함)의 너비는 0.2~0.4mm 정도로 좁다. 잎의 열편 기부의 너비가 4~8개의 세포 너비인 것이 주요 특징이다.

세계분포 : 한국, 일본, 타이완, 유럽, 북아메리카

국내분포 : 북한(관모봉, 금강산, 낭림산, 묘향산, 백두산, 백암, 차일봉 등), 강원(태백산), 경남(지리산, 밀양), 전북(덕유산), 제주(한라산)

전북 덕유산, 2012.6.13

물비늘이끼

학명 : *Chiloscyphus polyanthos* (L.) Corda
생육지 : 습지 및 산지 계곡의 물속이나 물 가장자리에 모여 자란다.
형태 : 식물체는 연한 녹색~녹색이며, 줄기는 길이 2~5cm이고 기부에서 가지가 약간 갈라진다. 잎은 줄기에 약간 겹쳐져서 수평으로 붙으며 길이 1.0~2.0mm이고 사각상 타원형~사각상 원형이다. 끝은 둥글거나 편평하고 가장자리는 밋밋하다. 복엽은 길이 0.2~0.3mm이고 혀모양~난형이며 잎의 한쪽 기부와 연결된다. 암수딴그루이다. 화피는 원통형이고 짧은 측지 끝에 달린다.
유사종과의 구분법 : 아기물비늘이끼(*C. pallescens*)에 비해 잎 끝이 둥글며, 화피 끝부분이 갈라지지 않고 뾰족한 톱니가 있는 것이 다르다. 아기물비늘이끼는 습지뿐만 아니라 습한 땅 위, 바위 위, 쓰러진 고목에서도 자란다.
세계분포 : 한국, 중국, 일본, 러시아, 유럽, 북아메리카
국내분포 : 전국

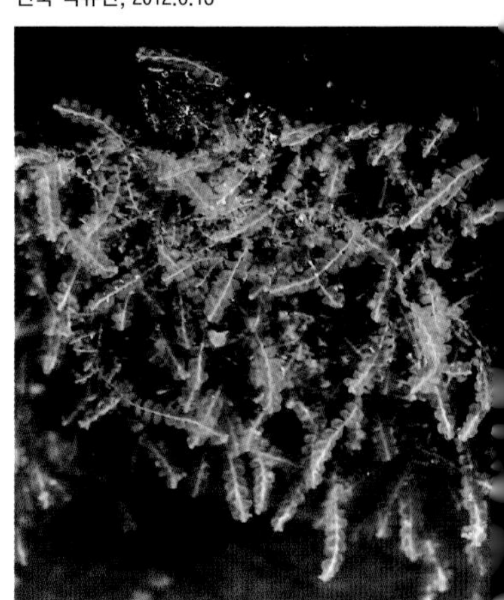

물속 자생 ©이강협

마른 모습, 전북 덕유산, 2012.6.12

경기 연천군, 2012.11.14

잎, 경북 의성군, 2012.4.26

마른 모습, 강원 횡성군, 2010.5.13

경북 의성군, 2012.4.26

비늘이끼

학명 : *Heteroscyphus planus* (Mitt.) Schiffner

생육지 : 산지의 바위 위, 고목 위, 땅 위 또는 나무뿌리 부근에서 매트모양으로 모여 자란다.

형태 : 식물체는 황록색~암록색이며, 줄기는 길이 2~5cm이고 옆으로 기면서 자란다. 잎은 줄기에 약간 겹쳐져 붙으며, 헛뿌리는 복엽의 밑부분에서 다발로 나온다. 잎은 긴 사각형~난상 사각형이며 끝은 둥글거나 편평하고 2~6개의 큰 치돌기가 있다. 다른 부분은 밋밋하다. 복엽은 서로 떨어져서 달리고 1/2 이상까지 2열한다. 열편은 뾰족하고 양쪽에 각각 1개씩 치돌기가 있다. 암수딴그루이다. 암꽃과 수꽃은 모두 복엽 밑에서 나온 짧은 가지에 달린다. 화피는 암포엽에 싸이고 삼각기둥모양이나 얕게 3열하며 가장자리에 긴 치돌기가 있다.

유사종과의 구분법 : 아기비늘이끼(*H. argutus*)와 비슷하지만 잎이 난상 사각형이고 잎끝이 편평한 것이 다른 점이다.

세계분포 : 한국, 중국, 일본, 타이완, 필리핀

국내분포 : 전국

강원 정선군, 2012.4.27

들두끝벼슬이끼

학명 : *Lophocolea bidentula* (Nees) Fulford

생육지 : 산지의 습한 땅 위에 모여 자란다.

형태 : 식물체는 연한 녹색~황록색이며, 줄기는 길이 1~2cm이고 가지가 많이 갈라진다. 잎은 줄기에 복와상으로 비스듬히 붙는다. 잎은 길이 1.0~1.3mm이고 타원형~난상 원형이며 끝은 1/4~1/3 정도까지 2열한다. 복엽은 줄기 지름의 2.0~2.5배 크고 1/2 지점까지 2열한다. 암수한그루이다. 화피는 길이 2mm 정도이고 타원상 난형이며 줄기 끝에 달린다.

유사종과의 구분법 : 이토두끝벼슬이끼(*L. itoana*)는 들두끝벼슬이끼와 비슷하지만 잎끝에 무성아가 달리고 복엽의 너비가 줄기 지름의 1.4배 이하이며, 암수딴그루인 것이 다른 점이다.

세계분포 : 한국, 중국, 일본, 타이완, 히말라야 산맥, 북아메리카

국내분포 : 강원(가리왕산, 태백산, 정선), 제주(한라산)

복면

강원 정선군, 2012.4.27

이토두끝벼슬이끼, 강원 정선군, 2012.4.27

전남 고흥군, 2012.4.13

두끝벼슬이끼

학명 : *Lophocolea heterophylla* (Schrad.) Dumort.

생육지 : 산지의 습한 바위 위, 고목 위, 땅 위 또는 나무뿌리 부근에 자란다.

형태 : 식물체는 황록색~연한 녹색~녹색이며, 줄기는 길이 1~2cm이고 가지가 불규칙하게 약간 갈라진다. 헛뿌리는 복엽의 기부에서 빽빽이 난다. 잎은 길이 0.6~0.7mm이고 긴 사각형이며 끝은 얕게 2열하거나 둥글다. 복엽은 줄기 지름의 1.0~1.5배이고 1/2~2/3 지점까지 2열하며, 열편 가장자리에 보통 1개의 뾰족한 치돌기가 있다. 암수한그루이다. 화피는 길이 1.8mm 정도이고 타원상 난형이며 줄기 끝에 달린다. 화피 끝에는 작은 치돌기가 있거나 없다.

유사종과의 구분법 : 아기두끝벼슬이끼(*L. minor*)에 비해 크고 잎끝에 무성아가 달리지 않으며, 암수한그루이고 화피 끝에 작은 치돌기가 있는 것이 다른 점이다.

세계분포 : 북반구 냉온대

국내분포 : 전국

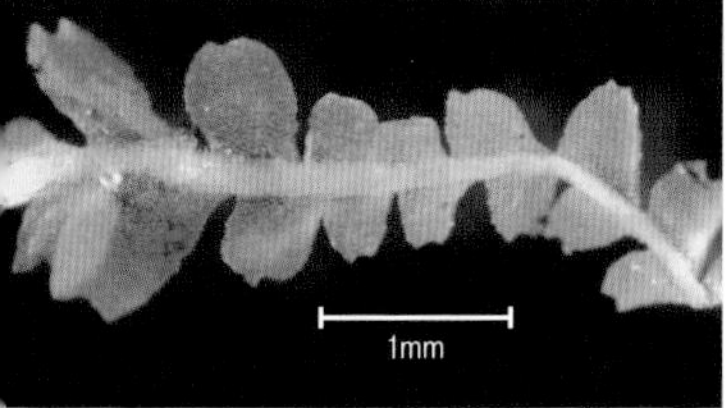

복면

전북 대둔산, 2013.3.16

마른 모습, 강원 평창군, 2012.8.8

강원 화천군, 2012.8.3

아기두끝벼슬이끼

학명 : *Lophocolea minor* Nees

생육지 : 산지의 습한 바위 위, 고목 위, 땅 위 또는 나무뿌리 부근에서 자란다.

형태 : 식물체는 황록색~연녹색이며, 줄기는 길이 1.0~1.5cm이고 가지가 많이 갈라진다. 잎은 길이 0.5~0.7mm이고 타원상 원형~사각상 원형이며 길이가 너비와 비슷하거나 약간 길다. 끝은 밋밋하거나 약간 갈라지거나 또는 잎 길이의 1/3 정도 다양하게 갈라진다. 잎끝에 흔히 무성아가 많이 달리지만 없는 경우도 있다. 복엽은 길이 0.2~0.4mm이고 줄기 지름보다 약간 크며 흔히 1/2 지점까지 2열한다. 암수딴그루이다. 화피는 길이 1.8mm이고 타원상 난형이며 줄기 끝에 달린다. 끝부분에 삼각상의 치돌기가 있다.

유사종과의 구분법 : 두끝벼슬이끼(*L. heterophylla*)에 비해 작고 잎끝에 무성아가 많으며 암수딴그루인 것이 다른 점이다.

세계분포 : 북반구 냉온대

국내분포 : 전국

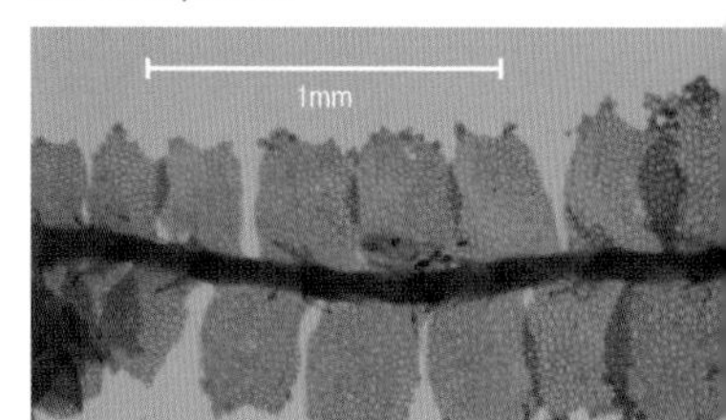

복면

무성아, 전남 유달산, 2013.3.15

마른 모습, 경남 밀양시, 2012.5.11

경북 울릉군, 2012.4.12

전남 고흥군, 2012.4.13

둥근날개이끼

학명 : *Plagiochila ovalifolia* Mitt.

생육지 : 산지의 습기 있는 바위 위에 매트모양으로 모여 자란다.

형태 : 식물체는 연한 녹색~녹색~녹갈색이며, 줄기는 길이 3~5cm이고 가지가 많이 갈라진다. 잎은 길이 2.0~2.8mm이고 타원상 난형~난형이며 길이가 너비보다 길다. 끝은 둥글고 가장자리에 20~30개의 실모양 치돌기가 있다. 복엽은 선형이고 퇴화되어 흔적만 있다. 암수딴그루이다. 화피는 길이 3.8~4.8mm이고 편평한 타원상 종모양이며 끝에는 불규칙한 가시가 있다.

유사종과의 구분법 : 숲날개이끼(*P. porelloides*)와 비슷하지만 전체적으로 크며, 잎이 타원상 난형~난형이고 길이가 너비보다 뚜렷이 긴 것이 다른 점이다.

세계분포 : 한국, 중국, 일본, 필리핀

국내분포 : 전국

경기 연천군, 2012.11.14

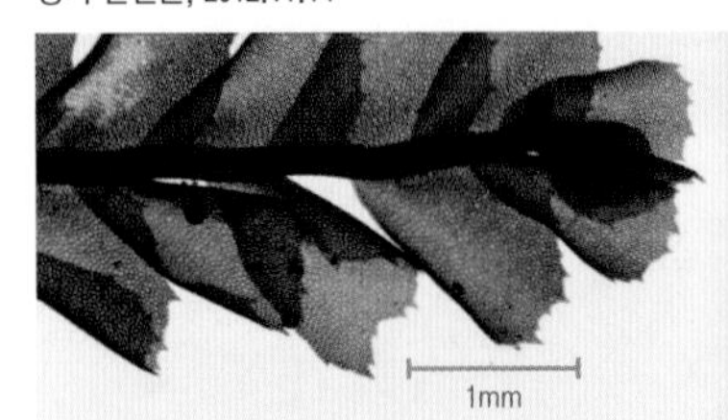

복면

경기 연천군, 2012.8.27

마른 모습, 강원 횡성군, 2010.5.13

전북 덕유산, 2012.6.13

숲날개이끼

1mm

복면

세모날개이끼, 충북 제천시, 2012.11.15

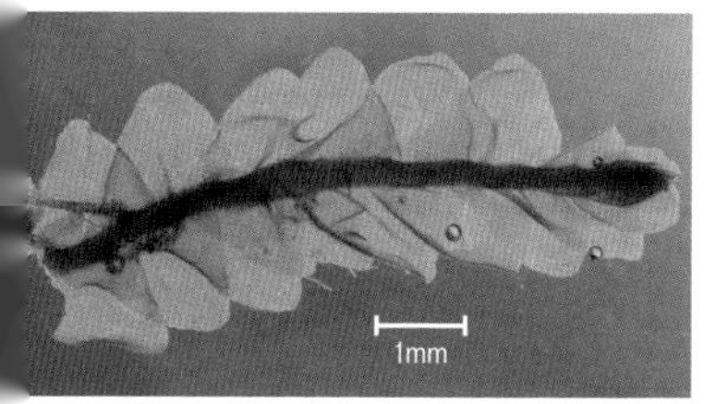

세모날개이끼, 복면

학명 : *Plagiochila porelloides* (Torr. ex Nees) Lindenb.

생육지 : 주로 아고산대 산지의 습기 있는 바위 위 또는 고목 위에 매트모양으로 모여 자란다.

형태 : 식물체는 연한 녹색~녹색이며, 줄기는 길이 1.0~1.5cm이고 가지가 기부에서 갈라진다. 잎은 줄기에 촘촘히 복와상으로 겹쳐져 비스듬히 달린다. 잎은 길이 0.8~1.5mm이고 원형이며 길이와 너비가 거의 비슷하다. 끝은 둥글고 가장자리에는 10~16개의 가는 치돌기가 있다. 복엽은 없다. 암수딴그루이다. 화피는 길이 2.0~2.8mm이고 원통형상의 종 모양이며 끝에 가는 치돌기가 있다.

유사종과의 구분법 : 둥근날개이끼(*P. ovalifolia*)에 비해 전체적으로 작으며 잎이 원형으로 길이와 너비가 거의 비슷한 것이 특징이다. **세모날개이끼(*Xenochila integrifolia*)**는 줄기의 끝이 직립하고 실모양이며 무성아가 달린다. 잎이 삼각상 난형이고 복엽이 없는 것이 특징이다.

세계분포 : 한국, 일본, 북아메리카(알래스카)

국내분포 : 전국

충북 제천시, 2012.11.15

누운날개이끼

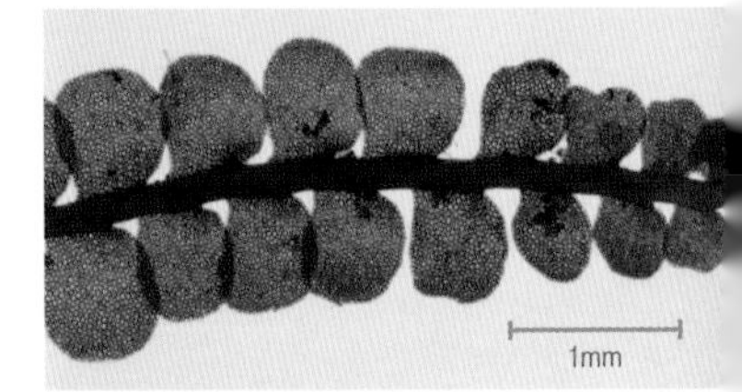

복면

학명 : *Pedinophyllum truncatum* (Stephani) Inoue
생육지 : 산지의 습기 있는 바위 위 또는 고목 위에 매트모양으로 모여 자란다.
형태 : 식물체는 연한 녹색~녹색이며, 줄기는 길이 1~2cm이고 가지가 측면에서 갈라진다. 헛뿌리는 줄기 복면에서 빽빽이 난다. 잎은 줄기를 반 정도 감싸며 복와상으로 비스듬히 달린다. 잎은 길이 1.0~1.5mm이고 난상 혀모양이며 끝은 둥글고 가장자리는 거의 밋밋하다. 복엽은 퇴화되어 흔적만 남아 있다. 암수한그루이다. 화피는 줄기 끝에 달리며 상부가 좌우로 편평한 난형이고 끝은 밋밋하거나 치돌기가 있다.
유사종과의 구분법 : 둥근날개이끼(*P. ovalifolia*)에 비해 줄기는 누워 자라고 가지가 줄기의 측면에서 갈라지며, 잎가장자리가 거의 밋밋한 것이 다른 점이다.
세계분포 : 한국, 중국, 일본, 러시아, 북아메리카
국내분포 : 전국

강원 홍천군, 2012.8.8

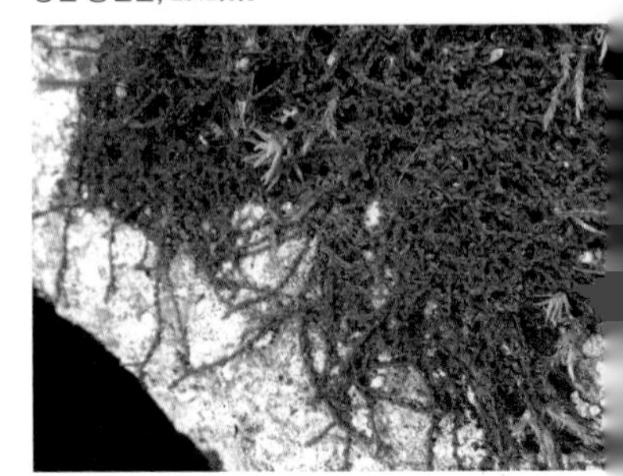

마른 모습, 경북 청송군, 2012.4.26

강원 설악산, 2012.8.7

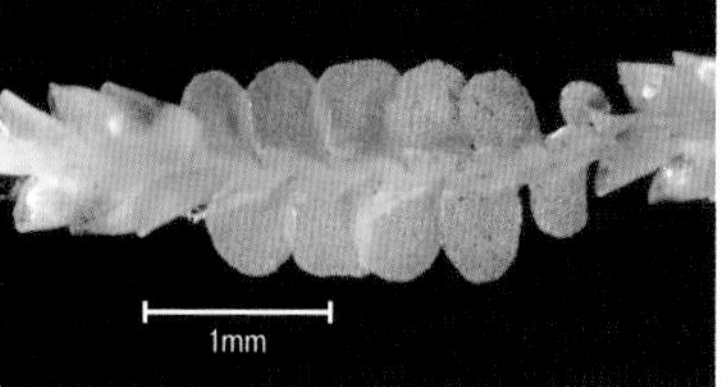

복면

강원 평창군, 2012.8.8

마른 모습, 강원 평창군, 2012.8.8

가을비늘이끼

학명 : *Crossogyna autumnalis* (DC.) Schljakov

생육지 : 산지의 바위 위, 고목 위 또는 땅 위에 매트모양으로 모여 자란다.

형태 : 식물체는 연한 녹색~진한 녹색이며 오래된 잎은 붉은 빛이 돌기도 한다. 줄기는 길이 1~3cm이며 가지는 줄기의 복면 또는 드물게 측면에서 갈라진다. 헛뿌리는 잎가장자리의 기부 근처 줄기에서 나온다. 잎은 줄기 옆으로 넓게 개출하지만 다소 배측으로 치우치며 비스듬히 달린다. 잎은 길이 0.8~1.3mm이고 타원형~원형이며 끝은 둥글고 가장자리는 밋밋하다. 길이는 너비보다 짧거나 비슷하다. 복엽은 작고 끝이 깊게 2열하며 줄기 아래로 갈수록 퇴화되어 있다. 암수딴그루이다. 화피는 원통형 곤봉모양이며 상반부에 다수의 능선이 있다.

유사종과의 구분법 : 주름가을비늘이끼(*C. undulifolia*)에 비해 화피가 원통형의 곤봉모양인 것이 특징이다.

세계분포 : 한국, 중국, 일본, 러시아(동부), 유럽, 북아메리카

국내분포 : 전국

꼭지망울이끼와 혼생, 강원 설악산, 2012.8.7

꽃게발이끼

학명 : *Cephalozia bicuspidata* (L.) Dumort.
생육지 : 주로 아고산대 산지의 고목 위, 땅 위 또는 부식토 위에 매트모양으로 모여 자란다.
형태 : 식물체는 소형이고 주로 황록색~연한 녹색이지만 적색~갈색~흑색인 경우도 있다. 줄기는 길이 5~10mm이며 가지는 드물게 갈라진다. 줄기의 지름은 0.5~1.5mm로 매우 가늘다. 잎은 줄기 옆으로 개출하지만 다소 배측으로 치우치며 기부는 줄기에서 사선으로 비스듬히 붙는다. 잎은 길이 1mm 이하이고 난상 타원형~넓은 타원형이며 끝은 U자 또는 V자형으로 잎 길이의 1/2 지점까지 2열한다. 열편은 삼각형이고 끝은 뾰족하다. 복엽은 없다. 암수한그루이다. 화피는 줄기 끝에서 나온다.
유사종과의 구분법 : 반달게발이끼(*C. lunulifolia*)는 꽃게발이끼와 비슷하지만 잎이 반달모양이고 2개의 열편 끝이 맞닿거나 거의 겹치는 것이 다른 점이다.
세계분포 : 한국, 일본, 러시아(동부), 유럽, 북아메리카
국내분포 : 강원(설악산)

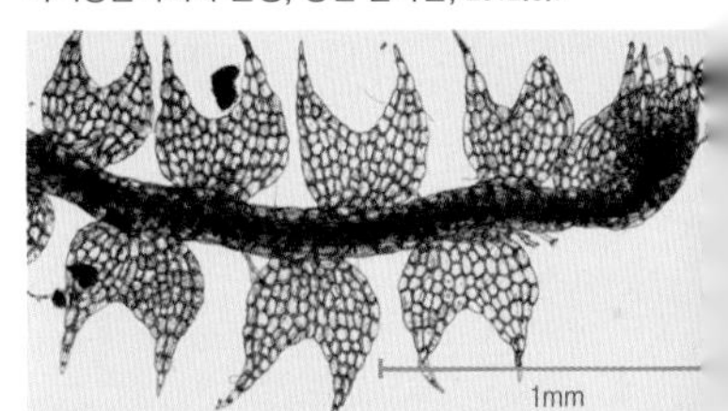

복면

반달게발이끼, 경남 밀양시, 2012.11.16

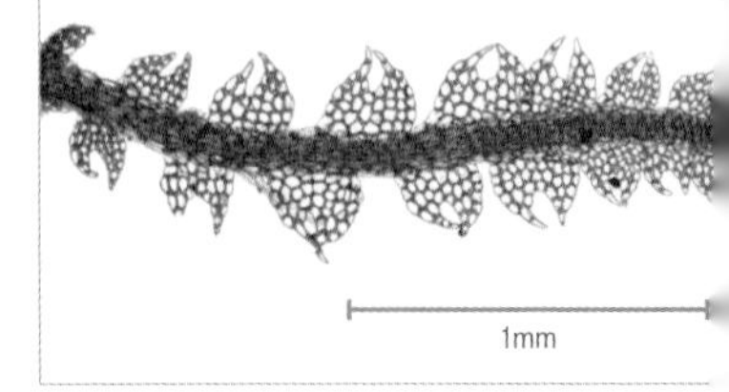

반달게발이끼, 복면

전북 대둔산, 2013.3.16

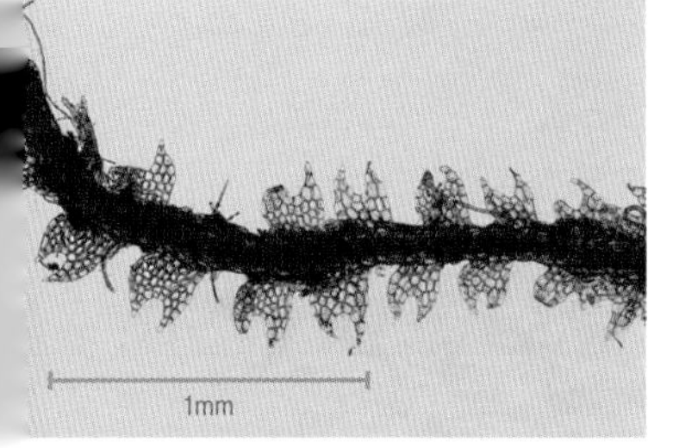

복면

전북 대둔산, 2013.3.16

게발이끼 

학명 : *Cephalozia otaruensis* Stephani

생육지 : 주로 산지 계곡부 주변의 땅 위 또는 썩은 나무, 바위 겉에 모여 자란다.

형태 : 식물체는 소형이며 연한 녹색~녹색이지만 간혹 붉은 빛이 돌기도 한다. 줄기는 길이 5~15mm이고 가지는 드물게 갈라진다. 잎은 길이 0.3~0.45mm이고 난형이며 잎 길이의 1/2 지점까지 U자형으로 깊게 2열한다. 열편은 삼각형이고 끝은 뾰족하다. 복엽은 없다. 화피는 길이 2.0~2.2mm이고 타원상 사각형이며 화피 선단 구부는 긴 털모양이다.

유사종과의 구분법 : 산게발이끼(*C. leucantha*)에 비해 잎의 너비가 줄기보다 수배 넓으며 잎몸세포가 얇은 것이 특징이다.

세계분포 : 한국, 일본, 러시아(동부)

국내분포 : 북한(관모봉, 금강산, 북포태산, 삼지연, 추애산 등), 인천(강화도), 경기(남한산), 강원(설악산), 경남(지리산), 전북(대둔산, 덕유산, 마이산), 전남(두륜산)

경남 밀양시, 2012.11.16

잔댕이이끼

학명 : *Odontoschisma grosseverrucosum* Stephani
생육지 : 산지의 죽은 나무 또는 습한 바위 겉에 붙어 자란다.
형태 : 식물체는 연한 녹색~녹색이며, 줄기는 1~2cm이고 옆으로 기면서 자란다. 줄기는 전체 크기에 비해 굵은 편이며 잎은 줄기에서 다소 넓게 개출하여 달린다. 잎은 길이 0.4mm이고 원형이며 끝은 둥글거나 약간 오목하고 가장자리는 밋밋하다. 복엽은 없다. 헛뿌리는 줄기 복면에서 나온다.
유사종과의 구분법 : 댕기이끼(*O. denudata*)와 매우 유사하지만 잎몸세포(10~20μm)와 삼각체의 크기가 작으며 잎 겉면에 돌기가 뚜렷한 점으로 구분한다.
세계분포 : 한국, 중국, 일본, 타이완, 타이
국내분포 : 경남(천황산)

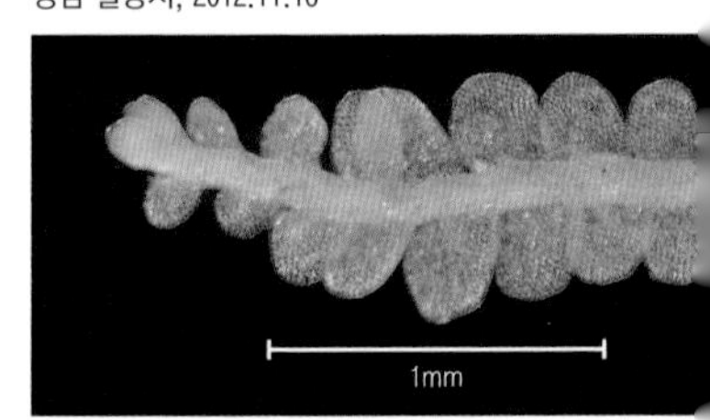

복면

잎, 경남 밀양시, 2012.11.16

마른 모습, 경남 밀양시, 2012.11.16

전북 부안군, 2012.4.14

가시겉게발이끼

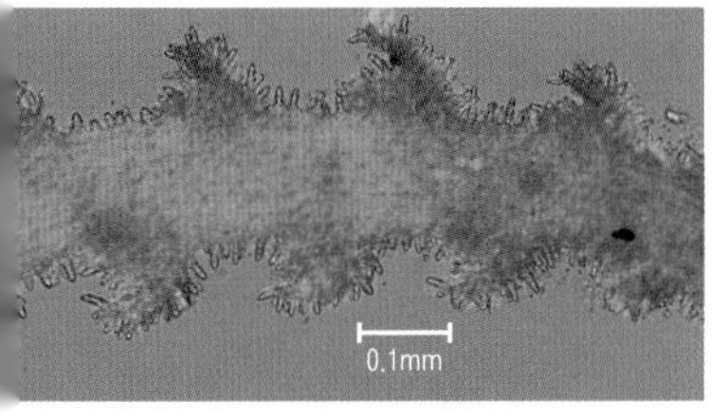

복면

마른 모습, 경남 양산시, 2012.5.11

들겉게발이끼, 경기 연천군, 2012.8.27

학명 : *Cephaloziella spinicaulis* Douin

생육지 : 해발고도가 낮은 산지의 물기가 많은 흙 위 또는 습한 바위, 나무줄기에 붙어 자란다.

형태 : 식물체는 녹색~진한 녹색이지만 건조하면 회색빛이 돌기도 한다. 줄기는 길이 3~6mm이고 가지는 드물게 기부에서 갈라진다. 줄기는 지름 0.1~0.2mm로 가늘며, 가시모양의 돌기가 줄기 전체에 나있다. 잎은 떨어져서 줄기에 2줄로 붙는다. 잎은 길이 0.12~0.15mm이고 끝부분은 깊게 2개로 갈라진다. 잎에도 가시 같은 돌기가 빽빽이 난다. 복엽은 줄기의 돌기 때문에 명확하지 않으며 흔적만 남아 있다. 암수한그루이다. 화피는 난형이고 3개의 능선이 있으며 가시 같은 돌기가 빽빽이 난다. 줄기와 잎에 가시 같은 돌기가 빽빽이 나는 것이 특징이다.

유사종과의 구분법 : 들겉게발이끼(*C. divaricata*)는 잎의 표면에 돌기가 없이 평활하고 복엽이 비교적 큰 편(길이 0.02~0.03mm)으로 형태가 뚜렷하며, 암수딴그루이고 흔히 아고산대 산지에 자란다.

세계분포 : 한국, 일본, 러시아, 북아메리카

국내분포 : 경기(연천), 충남(계룡산), 경북(청송), 경남(가야산, 양산), 전북(덕유산, 부안, 진안)

강원 설악산, 2012.8.7

산긴엄마이끼

학명 : *Diplophyllum taxifolium* (Wahlenb.) Dumort.
생육지 : 주로 아고대 산지의 습한 부식토 위 또는 흙이 쌓인 바위 위에 모여 자란다.
형태 : 식물체는 흔히 연한 녹색~황록색이지만 붉은빛이 돌기도 한다. 줄기는 길이 1~2cm이며 가지는 줄기 중앙부에서 많이 갈라진다. 잎은 배편(열편)과 복편(소열편)으로 되어 있다. 잎의 배편은 길이 0.7~0.9mm이고 장타원상 혀모형이며 기부는 약간 굽어져 있다. 배편은 복편 길이의 1/2~2/3 정도 길이이다. 복편은 장타원형~사각상 혀모양이며 끝은 둔하거나 뾰족하고 가장자리에 넓은 삼각형의 뚜렷한 치돌기가 있다. 복엽은 없다. 암수딴그루이다. 화피는 길이 2.3~2.6mm이고 난상 타원형이며 6개 이상의 세로 능선이 있다.
유사종과의 구분법 : 흰긴엄마이끼(*D. albicans*)는 산긴엄마이끼에 비해 잎에 윤기가 있고 중앙부 표면에 흰빛의 세포층 무늬가 있는 것이 특징이다. 건조하거나 고사했을 경우 흰색을 띤다.
세계분포 : 한국, 중국, 일본, 러시아, 북아메리카
국내분포 : 경기(북한산), 강원(설악산), 경남(밀양), 경북(울릉도 성인봉), 전북(덕유산)

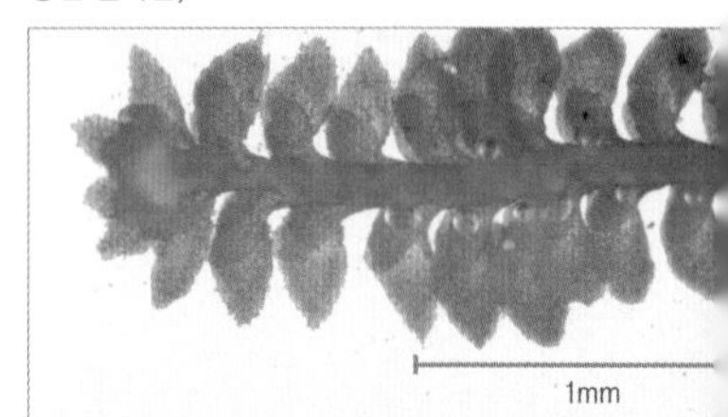

복면

경남 밀양시, 2012.11.16

흰긴엄마이끼, 복면

강원 설악산, 2012.8.7

흰긴엄마이끼, 경북 울릉군, 2012.4.12

강원 설악산, 2012.8.7

긴엄마이끼

학명 : *Macrodiplophyllum plicatum* (Lindb.) Perss.

생육지 : 주로 아고대 산지의 반음지 부식토 위 또는 흙이 쌓인 바위 위에 모여 자란다.

형태 : 식물체는 황록색이며, 줄기는 길이 2~4cm이고 가지는 기부에서 약간 갈라진다. 잎은 배편(열편)과 복편(소열편)으로 구분된다. 잎의 배편은 복편의 2/3 정도 길이이며 끝은 둥글다. 복편은 길이 1.4~3.5mm이고 긴 혀모양~혀모양이며(길이가 너비의 2.5배 이상), 끝은 둥글고 가장자리는 밋밋하거나 미세한 치돌기가 있다. 복엽은 없다. 암수딴그루이다. 화피는 원통형이다.

유사종과의 구분법 : 산긴엄마이끼(*D. taxifolium*)와 비슷하지만 비교적 대형이며, 복편 끝부분이 둥글고 가장자리는 밋밋하거나 미세한 치돌기가 있는 것이 다른 점이다.

세계분포 : 한국, 일본, 유럽, 북아메리카

국내분포 : 북한(금강산), 강원(태백산, 설악산), 경남(지리산)

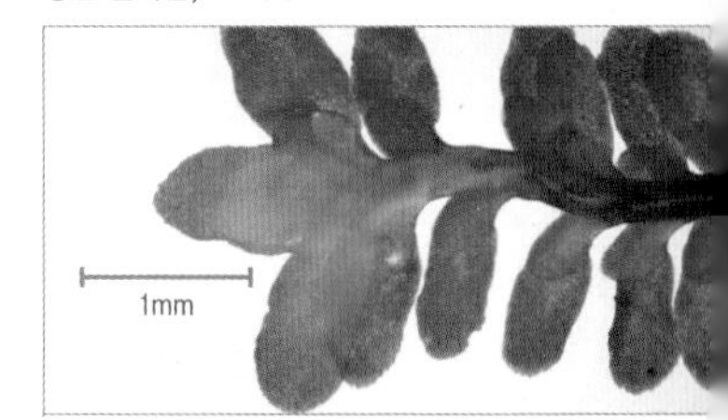

복면

마른 모습, 강원 설악산, 2012.8.7

전북 대둔산, 2013.3.16

들엄마이끼

1mm

복면

마른 모습, 전남 해남군, 2012.4.4

전남 해남군, 2012.4.4

학명 : *Scapania integerrima* Stephani

생육지 : 산지의 습한 바위 겉에 붙어 자란다.

형태 : 식물체는 녹색~녹갈색~적갈색이며, 줄기는 길이 1~2cm이고 비스듬히 자란다. 잎은 배편(열편)과 복편(소열편)으로 되어 있다. 배편은 길이 1mm 정도(복편 길이의 1/3~1/2 정도)이고 삼각상 난형이며 끝부분 가장자리에 삼각상 치돌기가 있다. 복편은 길이 1.6~1.8mm이고 타원상 난형이며 끝은 둔하거나 뾰족하고 상반부 가장자리에는 삼각상의 치돌기가 있다. 복엽은 없다. 암수딴그루이다. 화피는 길이 1.8~2.7mm이고 타원형이며 끝부분에 치돌기가 있다.

유사종과의 구분법 : 자주엄마이끼(*S. undulata*)와 비슷하지만 복편의 끝이 둔하거나 뾰족하며 가장자리 상반부에 삼각상 치돌기가 있는 것이 다른 점이다.

세계분포 : 한국, 중국, 일본, 러시아

국내분포 : 북한(묘향산, 백두산), 경남(천황산), 경북(소백산), 전남(대둔산, 해남), 전북(대둔산, 덕유산, 모악산), 제주(한라산)

강원 설악산, 2012.8.7

큰엄마이끼

학명 : *Scapania ampliata* Stephani

생육지 : 주로 아고산대 산지의 바위 위 또는 부식토 위에 모여 자란다.

형태 : 식물체는 녹색~녹갈색이고 가끔 붉은빛이 돌기도 한다. 줄기는 길이 2~4cm이고 비스듬히 서서 자란다. 잎은 배편(열편)과 복편(소열편)으로 이루어져 있다. 잎의 배편은 길이 1.3~1.6mm이고 타원상 난형이며 가장자리에 침상의 치돌기가 있다. 배편은 배측으로 치우쳐 개출한다. 복편은 장타원형~삼각상 난형이며 길이 0.7~0.8mm(배편의 1/2~2/3 크기)이고 너비는 길이의 2/3 이하이다. 가장자리에 삼각상 치돌기가 있다. 복엽은 없다. 암수딴그루이다. 화피는 길이 1.5~1.7mm이고 타원형이며 끝부분에 치돌기가 약간 있다.

유사종과의 구분법 : **울엄마이끼(*S. irrigua*)**는 큰엄마이끼에 비해 배편 가장자리에 침상의 치돌기가 없으며, 복편이 난형~원형이고 너비가 넓은 것(너비가 길이의 2/3 이상)이 특징이다.

세계분포 : 한국, 일본

국내분포 : 경기(용문산), 강원(태백산, 설악산), 경남(지리산), 전남(대둔산), 전북(덕유산), 제주(한라산)

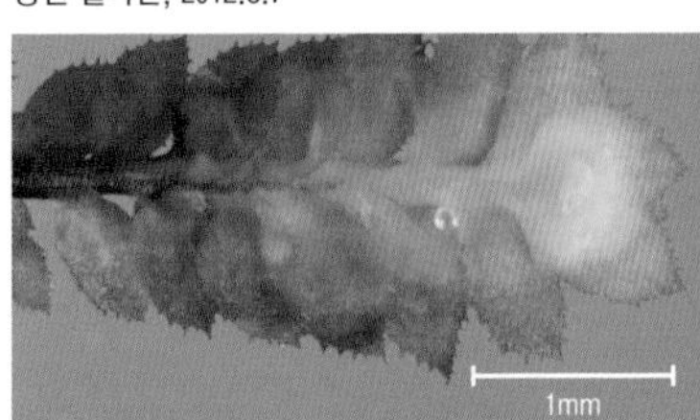

복면

건조된 모습

울엄마이끼, 강원 평창군, 2012.8.8

경남 밀양시, 2012.9.6

복면

털엄마이끼 

학명 : *Scapania ciliata* Sande Lac.

생육지 : 산지의 습한 바위 위 또는 부식토 위에 모여 자라지만 간혹 건조한 바위 지대에서도 관찰된다.

형태 : 식물체는 연한 녹색~황록색이지만 가끔 갈색빛이 돌기도 한다. 줄기는 길이 1~4cm이며 가지는 거의 갈라지지 않지만 갈라질 경우 배편에서 측생한다. 잎의 배편(열편)은 복편 길이의 1/2~3/5 정도이고 난형~원형이며 끝은 둥글고 가장자리에 긴 가시 같은 투명한 치돌기가 빽빽이 난다. 복편(소열편)은 길이 1.5~2.5mm이고 난형이며 끝은 둥글고 가장자리에 긴 가시 같은 투명한 치돌기가 빽빽이 난다. 복엽은 없다. 암수딴그루이다. 화피는 장타원형이고 배면과 복면이 편평하며 줄기 끝에 달린다.

유사종과의 구분법 : 뾰족잎엄마이끼(*S. apiculata*)에 비해 배편이 난형~원형이고 끝이 둥글며 가장자리에 긴 가시 같은 치돌기가 빽빽이 나는 것이 다른 점이다.

세계분포 : 한국, 중국, 일본, 러시아

국내분포 : 북한(묘향산, 백두산), 경남(천황산), 경북(소백산), 전북(덕유산, 모악산), 제주(한라산)

마른 모습, 경남 밀양시, 2012.12.11

제주 한라산, 2012.10.10

산엄마이끼

학명 : *Scapania parvidens* Stephani
생육지 : 북부지방 및 아고산대 산지의 바위 위 또는 부식토 위에 모여 자란다.
형태 : 식물체는 소형이며 황록색~녹색~녹갈색이며 붉은빛이 돌기도 한다. 줄기는 길이 0.5~1cm이고 기면서 자라지만 윗부분은 비스듬히 서며 가지는 갈라지지 않거나 드물게 갈라진다. 잎은 줄기에 촘촘히 붙어 줄기를 완전히 덮는다. 배편(열편)은 길이 1.4~2.4mm이고 도란형이며 길이가 너비의 1.5배 이상이다. 끝은 둔하거나 둥글며 잎끝 가장자리에 치돌기가 있으나 밋밋하기도 하다. 복편(소열편)은 배편과 크기가 비슷하거나 3/4 정도 크기이며 장타원상 난형이고 끝은 둔하거나 둥글다. 복엽은 없다. 암수딴그루이다. 화피는 줄기 끝에 달리며 타원형~넓은 타원형이고 끝은 편평하다. 상하로 압착되어 납작하다.
유사종과의 구분법 : 엄마이끼(*S. curta*)에 비해 잎이 촘촘히 달리며 배편과 복편의 크기가 비슷한 점이 다른 점이다.
세계분포 : 한국, 중국, 일본, 타이완
국내분포 : 제주(한라산)

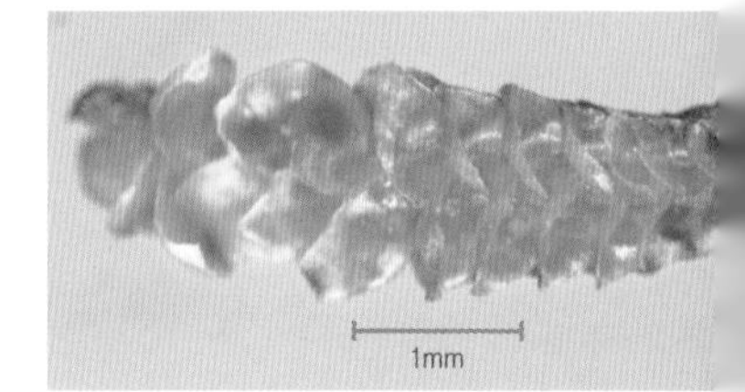

복면

배면

엄마이끼, 강원 화천군, 2012.8.3

경남 밀양시, 2012.11.16

단풍이끼 

복면

학명 : *Plicanthus birmensis* (Stephani) R. M. Schust.
생육지 : 산지의 건조한 바위틈 또는 바위 겉에 붙어 자란다.
형태 : 식물체는 녹색~진한 녹색~황갈색~녹갈색이며 줄기는 길이 2~3cm이고 곧추서거나 비스듬히 누워 자란다. 잎은 줄기에 비스듬히 붙는다. 잎은 3/4 지점까지 3갈래로 갈라지며 배측의 열편이 가장 크다. 열편은 피침형이며 끝은 길게 뾰족하고 기부 가장자리에 치돌기가 약간 있다. 복엽은 2/3 지점까지 2갈래로 갈라지며 기부 가장자리에 치돌기가 약간 있다.
유사종과의 구분법 : 가시단풍이끼(*P. hirtellus*)와 비슷하지만 잎과 복엽 기부 가장자리에 치돌기가 없거나 약간 있는 것이 다른 점이다. 쌍갈고리이끼과(Herbertaceae)의 쌍갈고리이끼(*Herbertus aduncus*)는 단풍이끼와 비슷하지만 잎이 2개로 깊게 갈라지는 것이 다른 점이다.
세계분포 : 한국, 중국, 일본, 러시아
국내분포 : 전국

잎, 전북 장흥군, 2013.4.1

경남 밀양시, 2012.9.6

경기 연천군, 2012.4.29

잔타래잎이끼

학명 : *Sphenolobus minutus* (Schreb.) Berggr.

생육지 : 주로 북부지방 및 아고산대 산지의 바위 겉에 붙어 자란다.

형태 : 식물체는 녹색~녹갈색~적갈색이며, 줄기는 길이 0.5~1.5cm이며 가지가 기부에서 갈라진다. 헛뿌리는 무색이고 줄기 복면에서 나온다. 잎은 줄기에 거의 수직으로 붙으며 길이가 너비보다 길고 끝은 1/4~2/5 지점까지 2열로 갈라진다. 열편은 삼각모양이고 좌우가 약간 비대칭이며 끝은 뾰족하고 가장자리는 밋밋하다. 복엽은 없다.

유사종과의 구분법 : 둥근타래잎이끼(*S. saxicola*)는 잔타래잎이끼와 비슷하지만 잎의 길이가 너비보다 짧고 끝이 1/2 지점까지 깊게 2열하며, 배편이 난형이고 끝이 둔한 것이 다른 점이다.

세계분포 : 한국, 중국, 일본, 유럽, 북아메리카

국내분포 : 북한(금강산, 묘향산, 백두산, 소백산 등), 경기(연천), 강원(화천), 전북(덕유산)

복면

둥근타래잎이끼, 강원 화천군

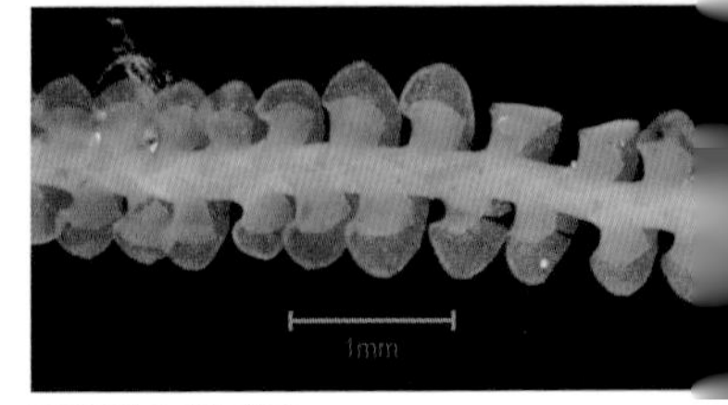

둥근타래잎이끼, 복면

경남 양산시, 2012.5.11

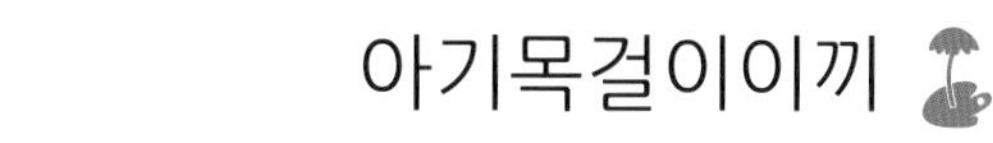

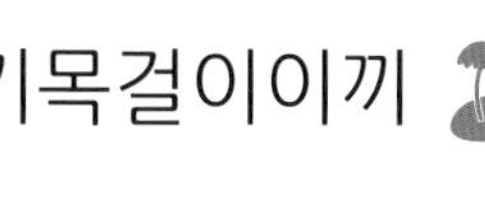

아기목걸이이끼

경기 연천군, 2012.4.29

경기 연천군, 2012.4.29

전남 해남군, 2012.4.4

학명 : *Calypogeia arguta* Nees & Mont. ex Nees

생육지 : 산지의 습한 땅 위, 고목 위 또는 바위 곁에 모여 자란다.

형태 : 식물체는 연한 녹색~황록색~황갈색이며, 줄기는 길이 1cm 정도이고 횡단면은 편평하다. 줄기는 기면서 길게 자라고 가지가 드물게 갈라지며 무성아가 달리는 줄기는 선다. 잎은 길이 0.5~1.0mm이고 삼각형~넓은 혀모양이며 다소 편평하다. 끝은 얕게 U자형으로 2열하고 가장자리는 밋밋하다. 복엽은 줄기 지름보다 약간 더 넓고 2~4열한다. 암수딴그루이다.

유사종과의 구분법 : 들목걸이이끼(*C. tosana*)에 비해 소형이며 잎이 줄기에 복와상으로 붙지 않고 잎끝이 U자형으로 다소 깊게 갈라지는 것이 다른 점이다.

세계분포 : 북반구

국내분포 : 북한(금강산, 낭림산, 대성산, 백두산 등), 서울(도봉산, 북한산), 경기(연천), 충북(속리산), 경남(양산), 경북(울릉도), 전남(해남, 진도), 전북(덕유산, 부안), 제주(한라산)

강원 평창군, 2012.8.8

들목걸이이끼

학명 : *Calypogeia tosana* (Stephani) Stephani

생육지 : 주로 해발고도가 높은 산지의 습한 땅 위, 고목 위 또는 바위 곁에 모여 자란다.

형태 : 식물체는 백록색~연한 녹색~황록색이며, 줄기는 길이 1~2cm이고 횡단면은 둥글다. 줄기는 기면서 길게 자라며 가지가 드물게 갈라진다. 잎은 줄기에 약간 겹쳐져 복와상으로 붙는다. 잎은 길이 1.0~1.3mm이고 삼각상 난형~난상 원형이다. 끝은 흔히 얕게 2열하지만 뾰족하거나 둥글기도 하며 가장자리는 밋밋하다. 복엽은 약 1/2 지점까지 2~4열하며 너비는 줄기 지름의 약 2배 정도이다. 암수한그루이다.

유사종과의 구분법 : **기와이끼(*C. neesiana*)**는 들목걸이이끼와 비슷하지만 잎끝이 둥글거나 잎 길이의 1/3 정도로 얕게 2열하며 복엽이 신장형이고 너비가 줄기 지름의 2~3배인 것이 다름 점이다.

세계분포 : 한국, 중국, 일본, 러시아, 타이완

국내분포 : 전국

복면

경기 연천군, 2012.8.27

기와이끼, 경남 밀양시, 2012.11.16

강원 화천군, 2012.8.3

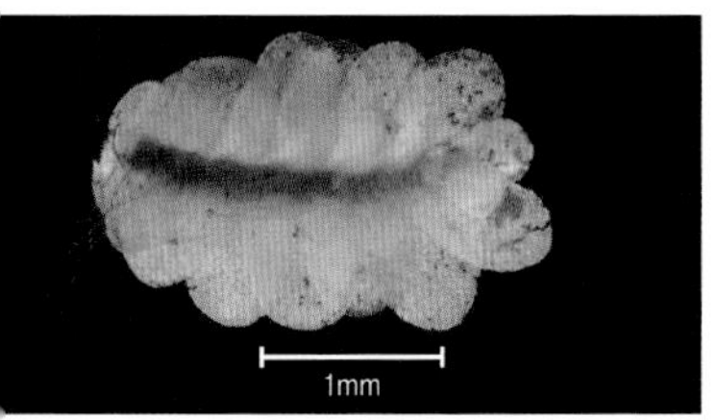

복면

꼭지망울이끼

학명 : *Liochlaena subulata* (A. Evans) Schljakov

생육지 : 산지의 습한 흙이 쌓여 있는 바위 위 또는 드물게 흙 위에 모여 자란다.

형태 : 식물체는 연한 녹색~녹갈색이고 붉은빛이 돌기도 한다. 줄기는 길이 1~3cm이고 가지가 많이 갈라지며 끝은 비스듬히 서고 무성아 줄기가 생기기도 한다. 잎은 줄기에 비스듬히 붙으며 복와상으로 겹쳐진다. 잎은 줄기 옆으로 넓게 개출하고 배측으로 치우쳐 붙는다. 길이 1.5~2.5mm이고 난상 혀모양이며 끝은 둥글고 가장자리는 밋밋하다. 복엽은 없다. 암수딴그루이다. 화피는 원통형~도란형이고 끝은 뾰족하다.

유사종과의 구분법 : 망울이끼속(*Jungermannia*)의 종들과 비슷하지만 화피가 원통형으로 끝이 편평하고 선단 중앙부는 새부리모양처럼 뾰족하며, 줄기 끝에 무성아가 달리는 줄기가 생기기도 하는 것이 특징이다. 망울이끼과(Jungermanniaceae)의 **심장형망울이끼(*Jungermannia exsertifolia*)**는 화피의 끝이 새의 부리처럼 급히 뾰족해지지 않고 차츰 뾰족해지며, 잎이 심장형이고 길이와 너비가 비슷한 것이 특징이다.

세계분포 : 한국, 중국, 일본, 타이완, 인도, 유럽, 북아메리카

국내분포 : 전국

강원 횡성군, 2012.5.12

심장형망울이끼, 강원 정선군, 2012.4.27

제주, 2013.3.26

큰망울이끼

학명 : *Plectocolea infusca* Mitt.
생육지 : 산지의 노출된 습한 흙이나 계곡가의 바위 겉에 모여 자란다.
형태 : 식물체는 녹색~황록색~녹갈색이며, 줄기는 2~3cm 정도이고 가지는 거의 갈라지지 않는다. 헛뿌리는 무색~자주색이며 길고 복면에 빽빽이 난다. 잎은 줄기에 비스듬히 붙으며 복와상으로 겹쳐진다. 잎은 길이 1.2~1.7mm이고 난상 혀 모양이며 끝은 둥글거나 둔하고 가장자리는 밋밋하다. 복엽은 없다. 암수딴그루이다. 화피는 장난형~원추형이며 표면에 6개의 능선이 있다.
유사종과의 구분법 : 들망울이끼(*P. truncata*)는 큰망울이끼에 비해 잎이 작고 난형이며, 화피에 희미한 3개의 능선이 있는 것이 다른 점이다.
세계분포 : 한국, 중국, 일본, 러시아
국내분포 : 전국

복면

잎, 제주, 2013.3.26

잎, 전남 해남군, 2012.4.4

삭, 전남 해남군, 2012.4.4

들망울이끼, 경북 울릉군, 2012.4.11

제주 한라산, 2012.10.10

양끝통이끼

복면

제주 한라산, 2012.10.10

학명 : *Marsupella tubulosa* Stephani

생육지 : 산지의 습한 흙이나 바위에 작은 매트모양으로 모여 자란다.

형태 : 식물체는 연한 녹색~녹색~적갈색이고 윤기가 나며, 줄기는 길이 0.5~2.0cm이고 가지는 기부에서 갈라진다. 헛뿌리는 무색이거나 약간 붉은빛을 띤다. 잎은 줄기에 비스듬히 붙으며 복와상으로 촘촘히 겹쳐진다. 잎은 길이 0.3~0.8mm(너비와 같은 길이)이고 난상 원형~원형이며 끝은 1/5~1/3까지 2갈래로 갈라진다. 열편 끝은 둥글거나 둔하고 가장자리는 밋밋하다. 복엽은 없다. 암수딴그루이다. 화피는 원추형이며 암포엽보다 약간 작다.

유사종과의 구분법 : 가는양끝통이끼(*M. pseudofunkii*)와 비슷하지만 잎이 보다 크고 잎의 열편이 뾰족한 것이 다른 점이다.

세계분포 : 한국, 중국, 일본, 타이완, 러시아(동부), 북아메리카

국내분포 : 전국

제주 한라산, 2012.10.10

마른 모습, 제주 한라산, 2012.10.10

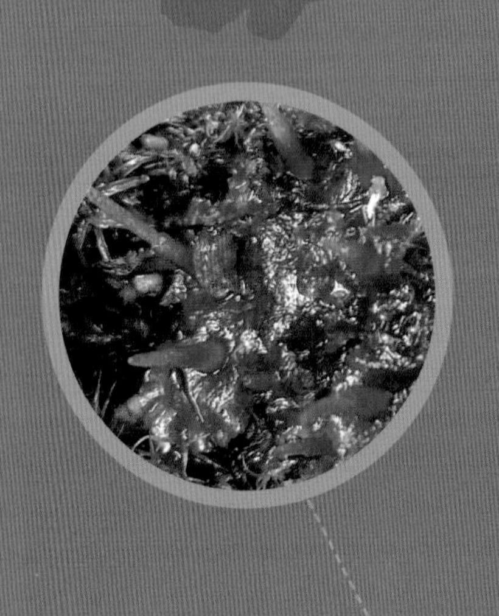

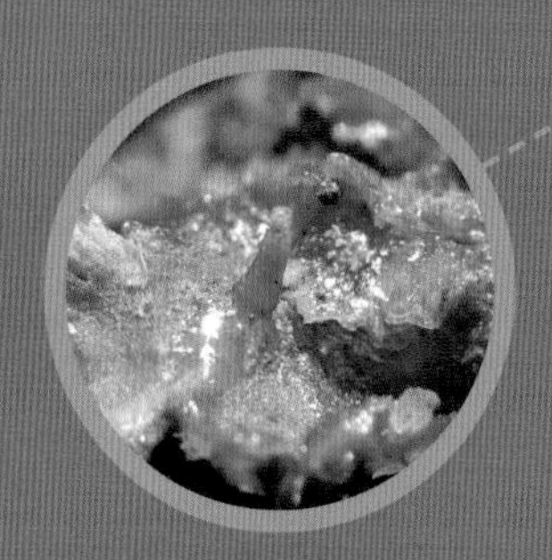

Anthocerotophyta

각태류식물문

강원 강릉시, 2012.10.17

 뿔이끼

학명 : *Anthoceros punctatus* L.

생육지 : 습지 주변의 물기 있는 흙이나 바위 위 또는 민가 마당의 습한 곳에서 모여 자란다.

형태 : 엽상체는 연한 녹색~황록색~진한 녹색이고 로제트형으로 자라며 너비는 1~2cm정도이다. 엽상체는 둥근 모양에 가깝고 다양한 모양의 열편으로 약간 갈라지며 잎맥은 희미하다. 가장자리는 불규칙한 물결모양으로 오므라지며 요철이 심하다. 암수한그루이다. 암생식기와 수생식기는 엽상체 조직 속에서 생기며 포자체(삭)는 원통형이고 길이는 1~3cm로 긴 편이다. 포자는 검은색이나 자주색을 띠기도 한다.

유사종과의 구분법 : 짧은뿔이끼과(*Notothyladaceae*)의 마당뿔이끼(*P. carolinianus*)에 비해 엽상체는 흔히 연한 녹색이고 가장자리가 물결모양으로 심하여 주름지며 포자는 흑색~흑자색인 것이 특징이다.

세계분포 : 북반구

국내분포 : 강원(강릉), 충남(공주, 청양)

포자체 초기, 강원 강릉시, 2012.9.6

포자체, 강원 강릉시, 2012.10.17

엽상체, 강원 강릉시, 2012.9.6

엽상체, 제주, 2013.3.26

제주뿔이끼

학명 : *Folioceros fuciformis* (Mont.) D. C. Bhardwaj
생육지 : 계곡가의 습한 땅 위나 바위 겉에 붙어 자란다.
형태 : 엽상체는 녹색~진한 녹색이며 길이 2~3cm, 너비 4~6mm이고 두꺼운 다육질이다. 가장자리는 물결모양~깃모양으로 잘게 갈라져 있으며 배면에는 소돌기가 빽빽이 난다. 암수한그루이다. 포막의 표면에도 소돌기가 있다. 포자체(삭)는 길이 2~6cm이다. 탄사는 선형의 2~3개의 세포로 되어 있다. 포자는 흑갈색이다. 무성아는 없다.
유사종과의 구분법 : 뿔이끼(*A. punctatus*)에 비해 엽상체가 흔히 진한 녹색이고 배면에 소돌기가 빽빽이 나는 것이 특징이다.
세계분포 : 동아시아~동남아시아
국내분포 : 제주

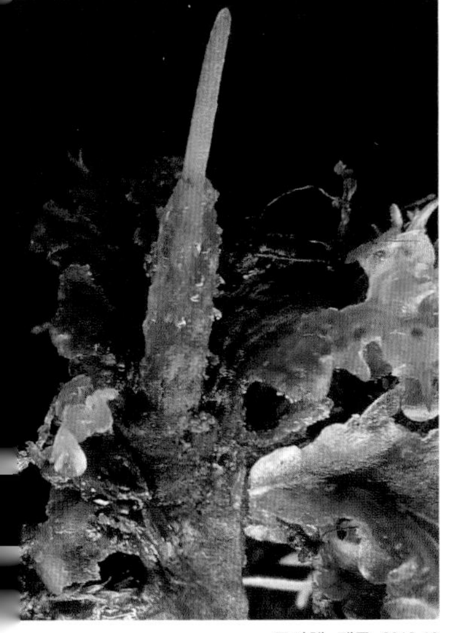
포자체, 제주, 2012.10

포자체, 제주, 2013.3.26

경남 밀양시, 2012.9.6

 마당뿔이끼

학명 : *Phaeoceros carolinianus* (Michx.) Prosk.
생육지 : 습지 주변의 물기 있는 흙 위 또는 사찰, 민가 마당의 습한 곳에 모여 자란다.
형태 : 엽상체는 녹색~진한 녹색이고 로제트형으로 자라며 너비는 2~3cm까지 자란다. 엽상체의 가장자리는 불규칙한 물결 모양이다. 무성아는 없다. 암수한그루이다. 포자체(삭)는 길이 3~4cm이고 포자는 황록색이다.
유사종과의 구분법 : 뿔이끼(*A. punctatus*)에 비해 식물체가 흔히 진한 녹색이며 포자가 황록색이다.
세계분포 : 전 세계
국내분포 : 충남(공주), 경남(밀양), 경북(팔공산)

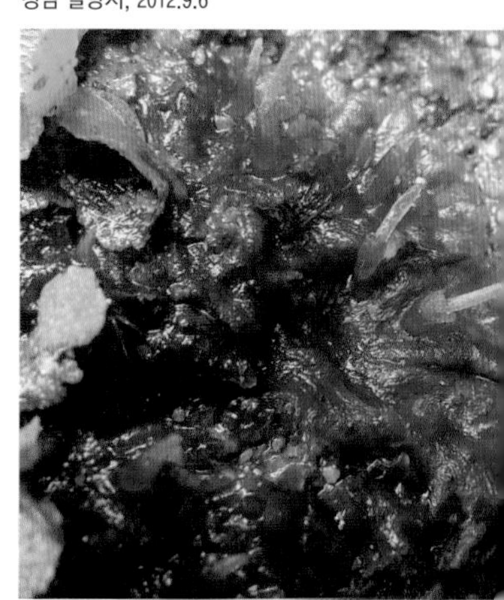

엽상체, 경남 밀양시, 2012.9.6

경남 밀양시, 2012.9.6

경남 밀양시, 2012.9.6

용어설명

개출 잎이나 털 등이 줄기에서 서로 겹치지 않고 옆으로 벋어나는 모양을 말한다.

경부(collum, neck) 1. 선류의 삭 중에서 포자실과 삭병 사이의 팽창된 부분이다.
2. 장란기 상부의 가늘어진 부분이다.

경엽체(leafy gametophyte) 선태류의 잎과 줄기가 뚜렷이 분화된 배우체를 말한다.

구환(annulus) 대부분의 선류에서 나타나며, 삭의 삭개 기부와 삭치(朔齒) 외측의 표피 세포가 방사방향으로 신장하여 형성되는 고리모양의 두꺼운 세포군이다.

기실(air chamber) 우산이끼류의 엽상체, 생식기 표피에 발달된 조직 사이의 공극을 말한다.

내삭치(endostome, inner peristome) 선류의 삭치가 2열인 경우 안쪽 열을 말한다.

모엽(paraphyllium) 줄기나 가지의 잎 사이에서 자라는 실모양, 별모양 또는 잎모양인 부속 기관이다. 각 종에 따라 다르며 종 분류의 중요한 기준이 된다.

무성아(propagula, brood body, gemma, propagulum) 주로 배우체에서 무성적으로 만들어지며 여러 가지 모양이 있다. 발아하면 원사체가 만들어지며 그 위에서 새로운 이끼가 만들어진다.

배상체(cupule) 우산이끼속의 엽상체 위에 있는, 무성아가 생기는 그릇 모양의 구조이다.

배우체(gametophyte, gametophore) n세대이고 보통 잎, 줄기, 헛뿌리로 되어 있고 장란기와 장정기가 생긴다.

배편(=열편, dorsal lobe) 태류의 잎이 크고 작은 잎으로 2분열되어 있을 때, 배쪽 열편을 말한다.

복엽(underleaf) 줄기나 가지의 복측에 붙어 있는 잎이며, 잎이나 줄기 및 가지의 가장자리 쪽에 배열한 측엽과 구별할 때 사용한다.

복인편(ventral scale) 우산이끼류나 리본이끼류의 엽상체 복면에 있는 작은 인편을 말하며, 각 종에 따라 그 모양과 색깔에 차이가 있다.

복편(=소열편, ventral lobe) 태류의 잎이 2갈래로 되어 있을 때, 복측에 있는 잎의 열편이다.

삭(capsule, sporangium) 포자낭이라고도 하며, 포자실이라는 뜻으로 사용하는 경우도 있다. 주로 삭개, 삭치, 포자실, 경부 등으로 되어 있다.

삭개(operculum) 선류의 삭의 정단부분을 덮고 있는 뚜껑모양의 기관이다.

삭모(calyptra) 선류의 삭을 모자모양으로 덮고 있는 것이며, 장란기의 복부의 세포벽이 발달한 것이다.

삭병(seta) 삭의 밑에 있는 긴 자루로, 길이나 색깔이 각 종류에 따라 거의 같다. 또 표면에 유두가 있는 경우도 있다. 태류에서는 삭병의 단면구조가 중요시된다.

삭치(peristome) 선류의 삭 입구 주변에 발달된 치상돌기 구조이다. 여러 가지 모양이 있으며 선류의 분류에 중요한 자료가 된다.

수생식기탁(male receptacle) 우산이끼류의 장정기가 생기는 특별한 상구조로 보통 납작하고 둥근 모양이며 자루가 있다. 또는 수생식기상이라 한다.

수꽃(perigonium, androecium) 태류 배우체에 생기는 수그루의 생식기관이다. 장정기, 측사, 포엽, 복포엽과 이들이 착생하는 줄기나 가지 전체를 말한다. 또는 수꽃차례라고도 한다.

스테라이드(stereid) 선류의 잎맥 횡단면 속에 있는 세포벽이 두꺼운 후막세포층이다.

암생식기탁(female receptacle) 우산이끼류의 장란기가 생기는 특별한 구조 부분이며, 보통 반상이고 일반적으로 자루가 붙어 있다. 암생식기상이라고도 한다.

암수딴그루(dicicous, dicecious) 수그루 및 암그루의 생식기관이 다른 그루에 있는 것을 말한다.

암수한그루(monoicous, monoecious) 수그루 및 암그루의 생식기관이 같은 식물체에 있는 것이다.

암포엽(perichaetial bract, perichaetial leaf) 장란기의 주변에 있으나 포자가 발달된 후에는 삭병의 밑부분을 둘러싸고 있는 잎을 말한다.

암꽃(gynoecium) 태류 배우체에 생기는 암그루의 생식기관인데 장란기, 화피, 포엽, 복포엽 및 이들이 착생하는 가지나 줄기 전체를 말한다. 암꽃차례라고도 한다.

엽상체(thallus) 우산이끼류나 리본이끼류에 볼 수 있는 줄기와 잎이 분화되지 않은 납작한 배우체이다.

외삭치(exostome) 선류의 삭치가 내외 2열인 경우 바깥쪽 열을 말하며 보통 16개의 가늘고 긴 치돌기로 되어 있다.

원사체(protonema) 선태류의 포자가 발아해서 생긴 것으로, 가지가 생긴 실모양이 보통이지만 덩어리모양인 것과 납작 둥그스름한 것 등도 있으며, 이 위에서 싹이 생겨 잎이나 줄기가 달린 배우체로 발달하는 것이 보통이다.

위모엽(pseudoparaphyllium) 선류 줄기의 표면에서 가지의 밑부분이나 장차 가지가 나올 부분에만 생기는 모엽과 비슷한 구조이다.

유두(papilla) 세포벽의 외면에 있는 작은 돌기를 말하며 끝이 뾰족한 것, 둥근 것, 끝이 갈라진 것 등 여러 가지 모양이 있다.

유체(old body) 태류의 세포 내용물로 기름 성분이다. 모양이나 수가 각 종에 따라 특징이 된다.

전연 잎 또는 그 잎의 열편 가장자리에 치나 돌기가 없는 매끈한 상태이다.

장란기(archegonium) 난자가 생기는 암그루의 생식기관이다.

장정기(antheridium) 정자가 생기는 수그루의 생식기관이다.

축주(columella) 삭의 중심부에 발달된 긴 축이다.

치돌기(segment, process) 선류의 내삭치 중의 중요한 부분을 말하며 또는 잎가장자리의 세포돌기를 말한다.

침생(cryptopre) 기공의 공변세포가 주변의 표피세포벽 면보다 들어가 있는 것을 말한다.

탄사(elater) 태류나 뿔이끼류의 삭 속에 들어 있는 보통 실모양의 나선상 구조이며 건습 운동에 의하여 포자를 분산시킨다.

포막(involucre) 우산이끼류 등의 장란기를 싼 막이다.

포엽(bract, perigonial leaf) 장란기나 장정기의 화피를 싼 잎이다. 보통 잎과는 그 크기나 모양이 다른 경우가 많고 각 종의 특징이 된다.

포자체(sporophyte, sporophore) 2n세대로 포자를 만든다. 주로 삭, 삭병, 족으로 되어 있다.

헛뿌리(rhizoid) 선태류의 줄기에 붙는 실모양인 구조를 말하며, 수분 흡수나 기물에 부착하는 일을 하며, 잎이나 복엽에서 나오기도 한다.

현(marined, bordered) 선류의 잎가장자리에 띠모양으로 발달되어 있으며, 그 모양이나 색깔이 잎 중앙 세포와 구별되고 확실히 분화된 세포군을 말한다.

화피(perianth) 태류 포자체의 보호기관이며, 보통은 주름진 주머니모양이고 포엽과 캘리프트라 사이에 있다.

참고문헌

국립생물자원관. 2011. 국가 생물종 목록집(선태류). 국립생물자원관, 인천.

박광우, 최경. 2007. 한국 선태식물 목록. 국립수목원, 포천.

송종석. 2002. 한국의 선태식물의 식물상과 종다양성 연구. 과학기술부, 서울.

최두문. 1980. 한국동식물도감: 제24권 식물편(선태류). 문교부, 서울.

Atherton, I., S. Bosanquet, and M. Lawley. 2010. Mosses and liverworts of Britain and Ireland: a field guide. British Bryological Society.

Bakalin, V. A. 2003. Notes on *Lophozia* IV: Some new taxa of *Lophozia* sensu stricto. Annales Botanici Fennici 40: 47-52.

Bakalin, V. A. 2004. Notes on *Lophozia* V: Comments on Sect. *Sudeticae*, Longidentatae and Savicziae. Arctoa 13: 229-240.

Flora of North America Editorial Committee (eds.). 2007. Flora of North America Vol. 27 Part I. Oxford University Press, New York.

Iwatsuki, Z. 2001. Mosses an Liverworts of Japan. Heibonsha. Tokyo. (in Japanese)

Jia, Y. X.J. He, and J.M. Xu. 2006. Notes on two species of Brotherella (Bryopsida: Sematophyllaceae) from Asia. Journal of Bryology 28: 268-277.

John, J. A. 2011. *Lophozia incisa* New to Missouri and the Interior Highlands. Evansia 28(3): 72-73.

Noguchi, A. 1987. Illustrated Moss Flora of Japan 1. Daigaku Printing Co. Ltd, Hirosima.

Noguchi, A. 1988. Illustrated Moss Flora of Japan 2. Daigaku Printing Co. Ltd, Hirosima.

Noguchi, A. 1989. Illustrated Moss Flora of Japan 3. Daigaku Printing Co. Ltd, Hirosima.

Noguchi, A. 1991. Illustrated Moss Flora of Japan 4. Daigaku Printing Co. Ltd, Hirosima.

Singh, A.P., D. Kumar, and V. Nath. 2008. Studies on the Genera *Frullania* Raddi and *Jubula* Dum. from Meghalaya (India): Eastern Himalayas. Taiwania 53(1): 51-84.

Sotiaux, A., A. Pioli, A. Royaud, R. Schumacker, and A. Vanderpoorten. 2007. A checklist of the bryophytes of Corsica (France): New records and a review of the literature. Journal of Bryology 29(1): 41-53.

Zuo, B.R., T. Cao, and S.L. Guo. 2007. Comparison and assessment of three East-Asian species of the genus *Scapania* (Hepaticae: Scapaniaceae). Acta Phytotaxonomica Sinica 45(5): 742-750.

한글명 찾아보기

ㄹ

ㅁ

ㅂ

ㅅ

ㅇ

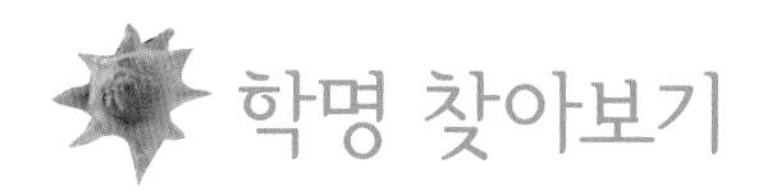

학명 찾아보기

* 표시는 유사종

T

U

V

W

X

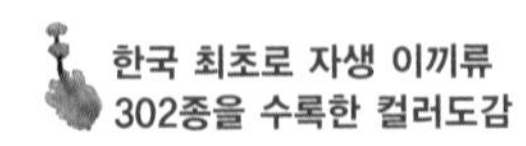

선태식물 관찰도감

초판 1쇄 인쇄 2014년 1월 10일
초판 5쇄 발행 2024년 6월 28일

지은이 국립생물자원관
집필 국립생물자원관 김진석, 김선유, 이병윤
전북대학교 생명과학과 윤영준, 최승세, 선병윤
사진 국립생물자원관 김진석, 김선유, 국립수목원 이강협

펴낸곳 지오북(**GEO**BOOK)
펴낸이 황영심
편집 전유경, 김민정, 유지혜
표지디자인 rim association
본문디자인 rim association, 장영숙

주소 서울특별시 종로구 새문안로5가길 28, 1015호
(적선동 광화문플래티넘)
Tel_02-732-0337
Fax_02-732-9337
eMail_geobookpub@naver.com
www.geobook.co.kr
cafe.naver.com/geobookpub

출판등록번호 제300-2003-211
출판등록일 2003년 11월 27일

ISBN 978-89-94242-29-3 96480

이 도서의 국립중앙도서관 출판시도서목록(CIP)은 서지정보유통지원시스템 홈페이지
(http://seoji.nl.go.kr)와 국가자료공동목록시스템(http://www.nl.go.kr/kolisnet)에서
이용하실 수 있습니다. (CIP제어번호: CIP2013027175)